普通高等教育电气类"十三五"系列教材
普通高等教育"十一五"国家级规划教材

电气工程 CAD

（第三版）

主　编　刘国亭
副主编　雷志勇　葛传虎　吴旭东

中国水利水电出版社
www.waterpub.com.cn
·北京·

内 容 提 要

本书以 AutoCAD 2012 中文版为平台，由《普通高等教育"十一五"国家级规划教材 电气工程CAD（第二版）》改编而成。本书较全面地介绍了 AutoCAD 在电气设计方面的应用方法与技巧。为方便使用 AutoCAD 2007 中文版等早期版本的用户，本书对典型应用都给出了新旧版本不同的操作方法。本书主要介绍 AutoCAD 软件的基本知识、基本图形元素的绘制、图形编辑、图形注释、图块与外部参照、自定义工作环境、图纸布局与打印，以及电气工程图绘制的基本知识和电气工程图绘制实例等内容。

本书适合作为高职高专院校及本科院校电气类专业的计算机辅助设计教材，还可供电类在职职工岗位培训、社会培训或自学使用。

本书配有 CAD 图例和电子课件，读者可以从中国水利水电出版社"行水云课"平台免费下载。

图书在版编目（CIP）数据

电气工程CAD / 刘国亭主编. -- 3版. -- 北京：中国水利水电出版社, 2019.6(2025.7重印).
普通高等教育电气类"十三五"系列教材 普通高等教育"十一五"国家级规划教材
ISBN 978-7-5170-7758-9

Ⅰ.①电… Ⅱ.①刘… Ⅲ.①电工技术－计算机辅助设计－AutoCAD软件－高等学校－教材 Ⅳ.①TM02-39

中国版本图书馆CIP数据核字(2019)第120138号

书　名	普通高等教育电气类"十三五"系列教材 普通高等教育"十一五"国家级规划教材 **电气工程CAD（第三版）** DIANQI GONGCHENG CAD
作　者	主编　刘国亭　副主编　雷志勇　葛传虎　吴旭东
出版发行	中国水利水电出版社 （北京市海淀区玉渊潭南路1号D座　100038） 网址：www.waterpub.com.cn E-mail: sales@mwr.gov.cn 电话：（010）68545888（营销中心）
经　售	北京科水图书销售有限公司 电话：（010）68545874、63202643 全国各地新华书店和相关出版物销售网点
排　版	中国水利水电出版社微机排版中心
印　刷	清淞永业（天津）印刷有限公司
规　格	184mm×260mm　16开本　15.25印张　362千字
版　次	2008年1月第1版第1次印刷 2019年6月第3版　2025年7月第5次印刷
印　数	16001—23000 册
定　价	**54.00元**

凡购买我社图书，如有缺页、倒页、脱页的，本社营销中心负责调换

版权所有·侵权必究

第三版前言

本书是以 AutoCAD 2012 中文版为平台，对《电气工程 CAD（第二版）》（普通高等教育"十一五"国家级规划教材）改编而成。在编写过程中，对相对于早期版本改动较大的典型应用，给出了相应的对照讲述。本书适合使用 AutoCAD 2007 中文版及以上版本的用户使用。

本书在内容选材方面以针对性、实用性、够用为原则。对原版教材内容进行了适当的删改，对功能区界面的使用、参数化绘图、推断约束等 AutoCAD 的新功能作了必要的讲述。经过作者对典型电气控制、变电、配电、电子、建筑电气等电气领域的工程图纸设计实例的改编，使读者能更便捷地掌握用计算机辅助进行电气设计的方法。本书内容更加凝练，对 AutoCAD 软件基本知识的讲解言简意赅。在着重介绍 AutoCAD 使用技巧的同时，还注重提高读者的自学能力。

本书适合作为高等职业院校电气类专业的计算机辅助设计教材，还可供电气类在岗职工岗位培训、社会培训或自学使用。

本书由刘国亭主编，刘增良主审。雷志勇、葛传虎、吴旭东、李国芹、姚永华参加了本书的部分编写工作。在编写过程中，采纳了有关院校教师对原教材提出的宝贵意见，在此一并表示感谢。

由于作者水平有限，书中难免存在疏漏和不妥，敬请读者通过作者邮箱 hbczlgt@163.com 批评指正。

作者

2019.3

第二版前言

本书是基于 AutoCAD 2008 中文版，在本书第一版的基础上修订而成的。本书适合 AutoCAD 2006 中文版及以上版本的用户使用。

本书在编写过程中，保持了原有的风格。为进一步突出教材的实用性，我们结合读者的反馈意见，对本书的内容做了合理的增加和删改。

由于某些实例是基于前面章节的，建议在按例题所述的步骤练习后，保存文件为图名，例如：图 2-1、图 2-11（b）、图 2-31、图 3-36、图 3-56 等。

本书由刘国亭执笔改编，刘增良、夏国明、陈光会、李振斌、姚永华、刘军、李国芹等参加了本书的部分编写工作。

由于作者水平有限，书中难免存在疏漏和不妥，敬请读者批评指正。

作者
2009.6

第一版前言

AutoCAD是美国Autodesk公司推出的一种通用的计算机辅助绘图和设计软件包。它广泛应用于建筑、机械、电气、轻工等专业领域的设计。

在多年教学实践中发现有关AutoCAD电气应用的书籍一直很匮乏，针对这一情况，我们于2003年总结多年电气CAD课程的教学经验，在校内讲义的基础上编写出版了《电气工程CAD》一书。该书出版后，得到了广大读者的厚爱，并被许多高校选作电类专业的CAD教材。随着教育教学改革的深化，以及AutoCAD版本的不断升级，决定在本书第二版的基础上再进行修订，以给读者奉献一本更好的教材。本书被教育部审定为普通高等教育"十一五"国家级规划教材。

本书在编写过程中，保持了原有的风格，内容凝练、篇幅适当、循序渐进，并坚持针对性、实用性、易学性的原则。本书实例所介绍的绘图方法和技巧，许多是作者在多年教学实践和实际工程设计中积累的经验和总结，希望能对读者的学习起到抛砖引玉的作用。

为进一步突出教材的实用性，我们对本书的篇章结构重新进行了精心的策划，对其内容做了合理的增加和删改。本书的主要特点是：

（1）合理安排教学内容的顺序。本书就相当于一本详细的讲稿，既便于教师备课，又便于自学。

（2）对AutoCAD 2006基本知识的介绍言简意赅，使读者能在最短的时间内掌握AutoCAD 2006的基本应用。

（3）精选电气控制、变电、配电、电子等电气领域的工程图纸，循序渐进地介绍AutoCAD 2006在电气工程领域的应用。所选的实例基本上都保持了绘图过程的完整性和独立性，使读者在学习时，可按图索骥，所学即所得。

（4）在注重介绍 AutoCAD 2006 的使用技巧的同时，对其辅助几何设计功能也有所介绍。

（5）简明介绍了自定义工作环境及外部参照等高级应用功能。

（6）本书所有实例都符合国家有关制图标准。

刘国亭编写第 3、5、6、7 章和第 9 章的第 2、3、4、6 节，刘增良编写第 1、2、8 章和第 9 章的第 1 节，夏国明编写第 4 章和第 9 章的第 7 节，李国芹编写第 9 章的第 5、8 节。全书由刘国亭统稿。

霍利民教授担任本书主审，并提出了许多宝贵意见，在此表示感谢。

在本书编著过程中，得到了有关院校教师和电气工程技术人员刘文贵、刘军、李铁岭、姚永华、李燕、郝巧红、陈元才、张学军、王洪威、郭羽等同志的大力支持与帮助，在此对这些同志及相关参考文献的作者一并表示感谢。

本书适合作为高职高专院校及本科院校电气类专业的 CAD 教材，还可供电类在职职工岗位培训、社会培训或自学使用。

由于作者水平有限，书中难免存在疏漏和不妥，敬请读者批评指正。

作者

2007.10

目 录

第三版前言
第二版前言
第一版前言

第1章 AutoCAD 2012 中文版的基本知识 ·················· 1
  1.1 AutoCAD 的功能 ·················· 1
  1.2 AutoCAD 2012 中文版的启动和退出 ·················· 1
  1.3 工作界面 ·················· 2
  1.4 AutoCAD 2012 中文版的命令格式及使用 ·················· 7
  1.5 绘图环境 ·················· 10
  1.6 文件操作 ·················· 11
  1.7 图层特性管理器 ·················· 13
  1.8 图形显示控制 ·················· 19
  1.9 使用 AutoCAD 帮助 ·················· 23

第2章 基本图形元素的绘制 ·················· 24
  2.1 二维点坐标的表示及输入方式 ·················· 24
  2.2 绘制直线命令 LINE ·················· 25
  2.3 绘制圆命令 CIRCLE ·················· 26
  2.4 绘制矩形命令 RECTANG ·················· 27
  2.5 辅助绘图工具 ·················· 29
  2.6 绘制圆弧命令 ARC ·················· 37
  2.7 绘制椭圆命令 ELLIPSE ·················· 39
  2.8 绘制正多边形命令 POLYGON ·················· 39
  2.9 绘制圆环命令 DONUT ·················· 40
  2.10 绘制多段线命令 POLYLINE ·················· 41
  2.11 绘制点命令 ·················· 42
  2.12 绘制构造线和射线 ·················· 44
  2.13 绘制多线命令 MLINE ·················· 45
  2.14 图案填充命令 BHATCH ·················· 50
  2.15 绘制样条曲线命令 SPLINE ·················· 55

2.16 创建边界和面域·· 55
2.17 查询图形几何信息·· 56
2.18 参数化绘图与推断约束·· 58

第3章 图形编辑 ·· 64
3.1 对象选择·· 64
3.2 删除图形命令 ERASE ··· 67
3.3 复制图形命令 COPY ·· 67
3.4 镜像图形命令 MIRROR ······································ 68
3.5 偏移命令 OFFSET ··· 69
3.6 阵列命令 ARRAY ·· 70
3.7 移动图形命令 MOVE ··· 73
3.8 修剪命令 TRIM ··· 74
3.9 旋转图形命令 ROTATE ······································ 76
3.10 比例缩放命令 SCALE ······································· 77
3.11 拉长命令 LENGTHEN ······································ 79
3.12 打断命令 BREAK ·· 80
3.13 延伸命令 EXTEND ·· 80
3.14 拉伸命令 STRETCH ·· 81
3.15 倒角和圆角 ··· 82
3.16 分解命令 EXPLODE ·· 84
3.17 多段线编辑命令 PEDIT ···································· 85
3.18 合并命令 JOIN ·· 86
3.19 夹点编辑 ·· 87
3.20 对齐命令 ALIGN ··· 89
3.21 特性选项板 ··· 90
3.22 特性匹配 ·· 92
3.23 综合练习 ·· 93

第4章 图形注释 ·· 95
4.1 文字样式·· 95
4.2 单行文字·· 97
4.3 多行文字·· 99
4.4 尺寸标注··· 101
4.5 创建表格··· 112

第5章 图块与外部参照 ·· 116
5.1 块的基本概念··· 116
5.2 创建块命令 BLOCK ·· 117

5.3 插入块命令 INSERT ·· 118
5.4 创建和使用电气符号库 ·· 119
5.5 写块命令 WBLOCK ·· 127
5.6 块的重定义与修改 ·· 128
5.7 块的属性 ·· 130
5.8 外部参照 ·· 137

第 6 章 自定义工作环境 ·· 142
6.1 选项对话框 ·· 142
6.2 自定义工具选项板 ·· 146
6.3 自定义用户界面 ·· 147

第 7 章 图纸布局与打印 ·· 152
7.1 添加绘图设备 ·· 152
7.2 图纸布局 ·· 154
7.3 打印 ·· 159

第 8 章 电气工程图绘制的基本知识 ······························· 167
8.1 电气工程图的分类及特点 ······································ 167
8.2 电气工程 CAD 制图一般规则概述 ························· 169

第 9 章 电气工程图绘制实例 ··· 175
9.1 电动机控制电路图 ·· 175
9.2 电气主接线图 ·· 181
9.3 电气总平面布置图 ·· 184
9.4 高压开关柜盘面布置图 ··· 192
9.5 电力金具图 ·· 196
9.6 电缆敷设施工图 ·· 203
9.7 建筑照明平面图 ·· 208
9.8 数字电压表线路图 ·· 215
9.9 主变主保护原理图 ·· 223
9.10 电缆铅套管加工图 ·· 229

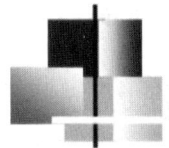

第 1 章

AutoCAD 2012 中文版的基本知识

1.1 AutoCAD 的功能

AutoCAD 是美国 Autodesk 公司开发的世界领先的计算机辅助设计软件,广泛应用于建筑、机械、电气、服装、轻工等领域的设计,它拥有数以百万计的用户。其基本功能如下:

- 提供绘制直线、圆、多段线等基本图形的命令,用来构成复杂图形。
- 提供对图形进行修改、编辑的工具,如删除、移动、旋转、复制、偏移、修剪、圆角等。
- 通过显示控制的缩放或平移,可以方便地观察图形的全貌或详细察看其局部细节,并具有透视、投影、轴测图、着色等多种图形显示方式。
- 提供栅格、正交、极轴、对象捕捉及追踪等多种精确绘图辅助工具。
- 提供块及属性等功能。
- 使用图层管理器管理不同专业和类型的图线。
- 可对指定的图形区域进行图案填充。
- 提供在图形中书写、编辑文字的功能。
- 提供了机械、建筑、电力电子等专业常用的规定符号和标准件,使用户得以提高绘图效率。
- 可以根据所绘制的图形进行测量和标注尺寸。
- 创建三维几何模型,并可以对其进行修改和提取几何及物理特性。
- 提供了一体化的打印输出体系。
- 具有桌面交互式访问 Internet 的功能,并将用户的工作环境扩展到了虚拟的、动态的 Web 世界。使用设计中心、外部参照等功能可方便地实现数据共享及协同设计。
- AutoCAD 提供了一种内部编程语言——AutoLISP,使用它可以完成计算与自动绘图功能。在 AutoCAD 平台上,还可以使用 C、C++、ARX、Visual BASICA 等语言开发适合特定行业使用的 CAD 产品。

1.2 AutoCAD 2012 中文版的启动和退出

1.2.1 启动

启动 AutoCAD 2012 中文版有以下三种方式:
- 双击桌面上的【AutoCAD 2012-Simplified Chinese】快捷图标。

- 【开始】→【所有程序】→【Autodesk】→【AutoCAD 2012-Simplified Chinese】→【AutoCAD 2012-Simplified Chinese】。
- 双击打开一个已存在的与 AutoCAD 关联的文件，如 dwg、dwt、dwf 格式的文件。

1.2.2 退出

退出 AutoCAD 2012 中文版有以下五种方式：

- 单击标题栏上的关闭按钮 ⊠ 。
- 双击应用程序菜单图标 ▲ 。
- 单击应用程序菜单图标 ▲ →【退出 AutoCAD 2012】。
- 在命令窗口输入 QUIT✓（"✓"表示按回车键，下文同此说明）。
- 按 Alt+F4 快捷键。

1.3 工作界面

启动 AutoCAD 2012 中文版，工作界面如图 1.1 所示，它由标题栏、应用程序菜单、快速访问工具栏、菜单栏、功能区、绘图窗口、模型/布局选项卡、命令窗口、工具选项板、信息中心、状态栏、工具栏等组成。现将构成界面的各部分分别介绍如下。

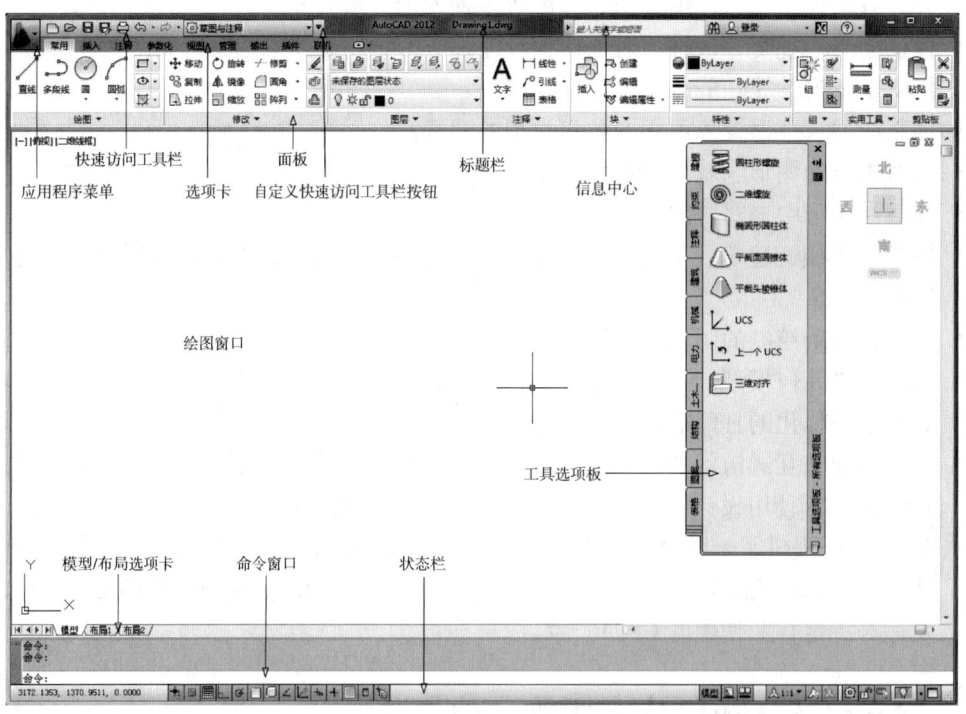

图 1.1 AutoCAD 2012 中文版的工作界面

1.3.1 标题栏

标题栏用于显示 AutoCAD 2012 中文版当前所操作的文件名称。单击位于标题栏右侧的各个按钮，可分别实现当前窗口的最小化、还原（或最大化）以及关闭 AutoCAD 等操作。

1.3.2 应用程序菜单

单击应用程序菜单按钮![img], 弹出应用程序菜单面板, 如图 1.2 所示。该面板提供了 AutoCAD 经典界面中【文件】菜单的常用命令、【搜索命令】对话框以及【最近使用的文档】等工具。

在【搜索命令】框中输入要查询的命令（或字母），即可提供相应的命令供用户选择执行。

在【最近打开的文档】区，当鼠标在文档名上停留时，会自动显示一个预览图形和其他的文档信息。对于最近需要经常用到的文档，可以单击其文件名后的图钉按钮![img], 使其图标变为![img], 从而使该文档固定显示在最近打开的文档列表中, 方便用户使用。

1.3.3 快速访问工具栏

快速访问工具栏位于应用程序窗口顶部（功能区上方或下方），可提供对定义的命令集的直接访问。

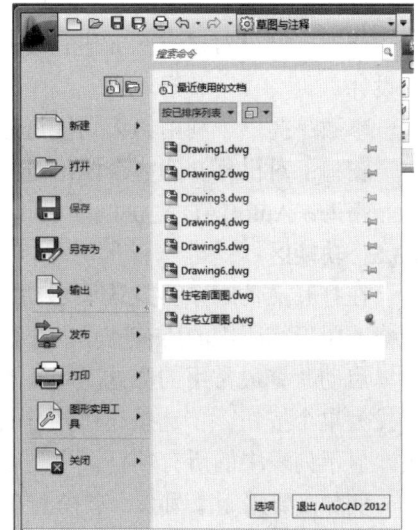

图 1.2 应用程序菜单面板

快速访问工具栏始终位于程序中的同一位置，但显示在其上的命令随当前工作空间的不同而有所不同。

单击【自定义快速访问工具栏】按钮![img], 在展开的面板中选择【显示菜单栏】, 则在文件窗口上方显示菜单栏, 如图 1.3 所示。

图 1.3 菜单栏

1.3.4 菜单栏

AutoCAD 的菜单栏提供了方便快捷的命令选项，几乎包含了进行相关操作的所有命令。常用菜单有文件、编辑、格式、绘图、标注、修改等，下面对各菜单的主要功能加以介绍。

文件：主要用于图形文件的打开、保存、关闭、打印、发布等操作。

编辑：完成标准 Windows 程序的复制、粘贴、剪切、清除等操作，对最近执行的命令进行放弃或重做。

视图：实现对图形的缩放、平移等操作，实现多视口、多方向或从不同的局部观察图形，实现对三维图形的着色、渲染、消隐观察。

插入：将块、图形、DWG 参照、DWF 底图光栅图像、字段、布局以及超链接等插入当前图形。

格式：对图形界限、图层、线型、颜色、文字样式、标注样式、表格样式、点样式、多线样式、单位等进行设置。

工具：实现查询、更新字段、数据提取、快速选择等功能，调用块编辑器、设计中心、工具选项板、图纸集管理器，调用 AutoCAD 经典界面的工具栏。

绘图：包括 AutoCAD 几乎所有的绘制二维、三维对象的命令。

标注：完成对图形的尺寸标注、引线注释等操作。

修改：通过对已有图元进行复制、移动、偏移、镜像、阵列、修剪等操作，完成图形的设计。

参数：提供了利用约束功能进行参数化绘图的命令工具。

窗口：对已打开的多个图形进行显示切换或平铺显示。

帮助：AutoCAD 提供的联机帮助系统。

1.3.5 功能区

在打开文件时，会默认显示功能区，功能区由选项卡和面板组成，提供一个包括创建或修改图形等所需的所有工具的小型选项板。

启动命令最常用的方式是单击面板上的单选按钮。根据可用空间，多个单选按钮可以收拢为单个按钮。单选按钮可用作切换按钮，即允许用户通过单击该按钮下方或右侧的箭头，显示列表中的所有项目，供选择使用，选择的项目将切换为当前显示状态。

例如，要采用【圆心、半径】方式画圆，可单击【常用】选项卡中【绘图】面板上的按钮启动命令；要采用其他方式画圆，则只要单击按钮下方的，然后在弹出的面板上选择相应的画圆方式。此时按钮图标将被新的画圆方式图标所替代。

光标在某个工具按钮上稍作停留，会弹出上下文选项卡，提供对该命令的解释以及图示，以及时帮助用户进行正确的操作。

单击面板标题右侧的箭头，即可显示滑出式面板以显示其他工具和控件。默认情况下，当单击其他面板时，滑出式面板将自动关闭。若要使面板处于展开状态，需单击滑出式面板左下角的图钉按钮，使其图标变为。

拖动面板标题栏至合适位置，则该面板将在放置的位置浮动。浮动面板在被放回到功能区前将一直处于打开状态。拖动浮动面板标题栏至其原始位置，或单击浮动面板右上方的按钮，即可将其放回到功能区。

有些功能区面板会包含与该面板相关的对话框。例如，打开【注释】选项卡，单击【文字】面板标题栏右侧的对话框启动器图标，可以显示相关的【文字样式】对话框。

在功能区上任意位置单击右键，可弹出快捷菜单，以设置显示或清除选项卡或面板；在面板命令按钮上单击右键还可以选择将该命令（组）添加到快速启动工具栏。

1.3.6 绘图窗口

绘图窗口是绘制、显示和编辑图形的区域，此区域无边界。利用视图缩放功能可以使绘图区无限增大或缩小，因此无论多大的图形，都可以置于其中，这极大地方便了绘图。

1.3.7 模型/布局选项卡

绘图窗口的左下方是模型/布局选项卡，布局空间又分为图纸和模型空间，可通过单击状态右侧的模型或图纸按钮切换。图形的绘制与编辑一般都应在模型空间下进行，而布局空间侧重于调整图纸布局，直至布局合理后打印出图。

1.3.8 命令窗口

命令窗口由命令行窗口和命令历史窗口两部分组成。命令行窗口用于显示用户从键盘输入的内容，命令历史窗口含有 AutoCAD 启动后所执行过的全部命令及提示信息，可根据需要改变其大小或调整其位置。

AutoCAD 中所有命令都可以通过命令行实现。从菜单或工具栏启动命令时，在命令窗口中也会显示命令提示和命令记录。

1.3.9 工具选项板

【工具选项板】提供了组织图块、图案填充和常用命令的有效方法。用户可以将自己常用的图块、图案填充和常用命令组织到指定的工具选项板中，合理使用工具选项板，可以有效地提高绘图效率。

单击【工具选项板】右下角的【自动隐藏】按钮，可以使【工具选项板】缩小为一个条状标题栏，当光标移至条状标题栏上时，【工具选项板】又会自动全部显示出来。还可以在【工具选项板】的标题栏或其空白处单击右键，在弹出的快捷菜单中选择透明选项，设置较大的透明级别，以方便观察被【工具选项板】遮住的图形。

【工具选项板】的开关是【工具】→【工具选项板】菜单或 Ctrl+3 快捷键。

1.3.10 信息中心

信息中心主要应用于访问 AutoCAD 的帮助文件。在信息中输入关键字，回车即可进入帮助文件，访问到相关的词条。

1.3.11 状态栏

AutoCAD 2012 中文版用户界面的最下方是状态栏。在状态栏的左边显示的是当前光标所处的三维坐标；状态栏的中间是绘图辅助工具按钮，包括捕捉、栅格、正交、极轴、对象捕捉、对象追踪、DUCS、DYN、线宽等，可通过鼠标单击切换这些工具按钮的打开或关闭状态。状态栏的最右侧首先是新增的【图形状态栏】，用于设置【注释性】对象的比例及是否显示；再右侧的【应用程序状态栏】按钮，用于设置是否显示状态行上的各个功能项目；最右侧是【全屏显示】按钮，可实现绘图窗口在全屏显示与标准显示状态之间的切换。

1.3.12 工具栏

单击状态栏上的按钮，在弹出的面板中选择【AutoCAD 经典】工作空间，则工作界面切换到图 1.4 所示的经典工作界面。也可在【快速访问工具栏】中展开工作空间下拉框选择【AutoCAD 经典】，切换到经典工作界面。下面仅对 AutoCAD 经典工作界面中的工具栏加以介绍。

AutoCAD 2012 中文版默认启动的工具栏除了前面介绍的快速访问工具栏，还有标准、样式、工作空间、图层、特性、绘图、修改及绘图次序 8 个工具栏，如图 1.4 所示。

其他常用的工具栏还有对象捕捉、标注、视口等，所有工具栏都由一系列图标组成，鼠标指向某图标，稍停则会自动显示该图标的名称及功能，单击该图标可实现相应的功能或启动相应的命令。

为保持屏幕简洁，有效扩大作图屏幕，建议只有需要时才调用相关的工具栏，而将在一定时间内用不到的工具栏关闭。可以通过拖动操作改变工具栏的位置。

调用或关闭工具栏需要先调出工具栏快捷菜单，方法如下：
- 菜单：【工具】→【工具栏】→【AutoCAD】。
- 用鼠标右键单击已显示的任意工具栏按钮。

工具栏快捷菜单如图 1.5 所示。选择没有勾选标记的菜单，将调出对应的工具栏；选择有勾选标记的菜单，将关闭对应的工具栏。

第 1 章　AutoCAD 2012 中文版的基本知识

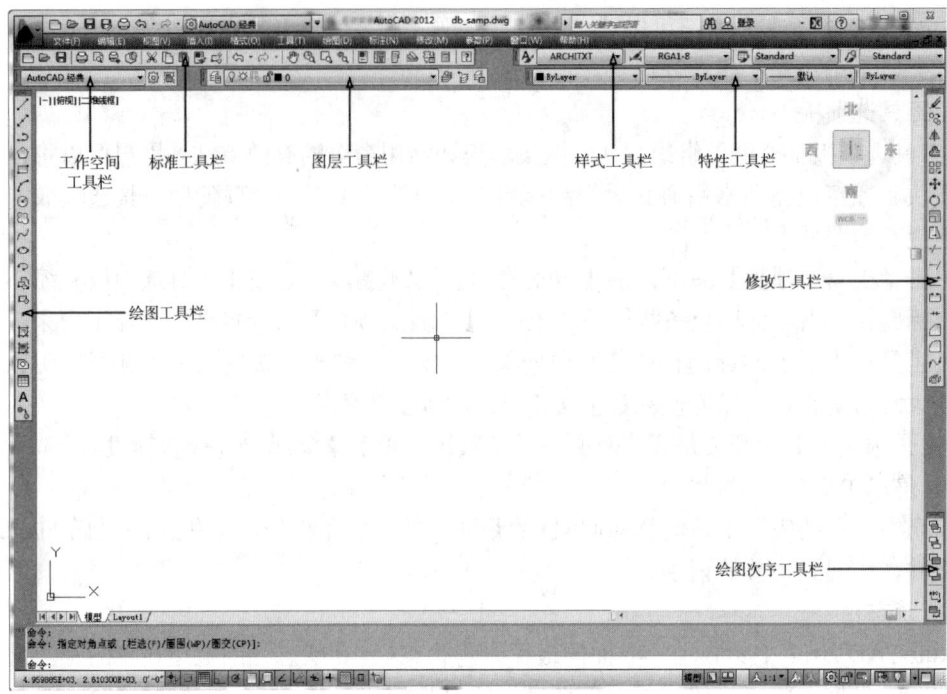

图 1.4　AutoCAD 的经典工作界面

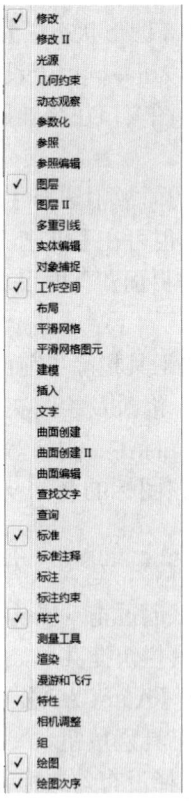

图 1.5　工具栏快捷菜单

1.4 AutoCAD 2012 中文版的命令格式及使用

在 AutoCAD 2012 中文版环境下绘图及修改图形都是靠调用相关命令和输入有关参数来进行的。AutoCAD 2012 中文版提供了多种执行命令的方式方便用户使用。

1.4.1 一般命令及选项输入方法

当命令窗口出现提示"命令："时，表示 AutoCAD 已处于准备执行命令的状态。此时，可按下列方式之一来输入命令。

1. 从键盘输入命令名称

例如，用键盘输入画圆命令的操作如下：

命令：CIRCLE↙

指定圆的圆心或 [三点（3P）/两点（2P）/切点、切点、半径（T）]:

此时用户可选择的操作如下：

（1）用鼠标在屏幕上单击（也可输入点坐标，见第 2 章 2.1 节）确定圆心，这是默认操作。指定圆心后，命令行又出现提示：

指定圆的半径或 [直径（D）] <默认值>:

此时可用键盘输入数据作为半径，然后回车加以确认。也可以直接回车，指定尖括号内的默认值为半径。默认值是最近一次用户输入的值，例如，画了一个半径为 50 的圆后，再以"圆心、半径"方式画圆时，尖括号内的默认值就是 50，而以"圆心、直径"方式画圆时，尖括号内的默认值则是 100。

（2）输入选项确定画圆的方式：中括号内给出了最常用方式的选项。例如，要采用三点画圆方式，可采用下列方式之一。

1）在命令行输入 3P，然后按回车键。

2）单击右键，在弹出的快捷菜单中选择【三点（3P）】选项。

3）在动态输入（【状态栏】上的 ╬ 按钮）功能打开的状态下，屏幕上出现动态跟随的提示小窗口，使用键盘上的向下键调出菜单进行选择"3P"，然后按回车键。

为使用方便，AutoCAD 为大部分命令提供了别名（简捷命令），如 CIRCLE 命令的别名是"C"，即在"命令："提示符下输入"C↙"，也可以启动画圆命令。表 1.1 列出了几个常用的命令别名。

表 1.1　　　　　　　　常用的命令别名

命令全名	命令别名	对应操作	命令全名	命令别名	对应操作
Arc	A	画圆弧	Group	G	编组
Block	B	定义块	Bhatch	H	图案填充
Circle	C	画圆	Insert	I	块插入
Dimstyle	D	标注样式	Line	L	画直线
Erase	E	删除	Move	M	移动
Fillet	F	倒圆角	Offset	O	偏移

续表

命令全名	命令别名	对应操作	命令全名	命令别名	对应操作
Pan	P	视图平移	Undo	U	撤销上一次操作
Redraw	R	重画	View	V	视图
Stretch	S	拉伸	Wblock	W	写块
Mtext	T	多行文字	Zoom	Z	视图缩放

AutoCAD 2012 中文版还提供了命令自动完成功能，例如，在"命令："提示符下输入"L"，会自动弹出所有以"L"开头的命令列表，供用户选择，如图1.6所示。

2. 从菜单输入命令

仍以三点方式画圆为例，从菜单输入命令的步骤如下：

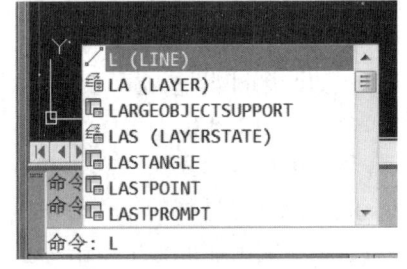

图1.6 命令自动完成功能

（1）激活【绘图】菜单。

（2）鼠标指向其下拉菜单中的【圆（C）】选项。

（3）最后在自动弹出的子菜单中选择【三点（3）】选项。

上述操作过程以后采用简化表述：【绘图】→【圆】→【三点】。

3. 从工具栏输入命令

例如，单击【绘图】工具栏上的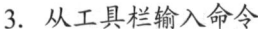图标，即可启动画圆命令。

应该指出，使用以上三种命令输入方式中的任何一种方式，命令行都会出现提示，不同的是使用菜单或工具条输入命令时会在输入的相应命令前带有一条短下划线，如：

命令：_circle 指定圆的圆心或 [三点（3P）/两点（2P）/切点、切点、半径（T）]：3p↙

4. 从功能区输入命令

【常用】选项卡→【绘图】面板→ ，然后在命令行输入"3p↙"；或者【常用】选项卡→【绘图】面板→ → 。

5. 从快捷菜单输入命令

许多命令都有快捷菜单。单击右键时，AutoCAD会根据系统当前状态显示出相应的快捷菜单，供用户用光标选择输入。

从功能区输入命令与从工具栏输入命令都是通过选择命令图标执行命令，二者从本质上是一样的，不过多数情况下前者执行起来更方便些。

由于用户使用工具栏或面板的习惯不同，为简便起见，以后本书中将从工具栏和从面板输入命令合并为一种，例如，上述第三、四种命令输入方式可简化为：单击【绘图】工具栏（或面板）上的 图标。

1.4.2 透明命令

透明命令是指在另一条命令运行期间可执行的命令。执行完透明命令后，原来被暂时停止的命令将继续执行。

在 AutoCAD 中，常用的透明命令有视图缩放（ZOOM）命令、视图平移（PAN）命令、帮助（HELP）命令、图层（LAYER）命令、设置图形界限（LIMITS）命令以及状态栏上的绘图辅助工具。

在某个命令运行期间，调用透明命令可采用以下三种方式：
- 单击透明命令按钮。
- 从右键快捷菜单中选择。
- 在命令行输入一个撇号（'），接着输入要使用的透明命令。

1.4.3 命令的重复、终止、放弃与重做

1. 重复命令

结束一个命令后，重复执行这个命令常用以下两种方式：
- 在"命令："提示符下按回车键或空格键。
- 在绘图区单击右键，从快捷菜单中选择重复这个命令。

2. 终止命令

在命令执行过程中，用户可以随时按 Esc 键终止执行命令。

3. 放弃最近完成的操作

放弃最近完成的单个操作有以下五种方式：
- 【编辑】→【放弃】。
- 按 Ctrl+Z 组合键。
- 单击【标准】工具栏上或【快速访问】工具栏上的【放弃】按钮。
- 快捷菜单：没有任何命令运行也没有任何对象被选中时，在绘图区域单击右键，然后选择【放弃】。
- 命令行：UNDO↙，在随后出现的提示后直接按回车键可放弃上一个操作；在提示后面输入要放弃的操作数目，可取消最近执行的多个操作。

要一次撤销多个命令，还可以单击【放弃】按钮后面的，从中选择要放弃的连续操作。只有 UNDO 才可以通过指定数目实现一次放弃多个操作，其简化命令 U 以及上述前四种方式一次只能取消单个操作。

4. 重做最近放弃的操作

重做最近放弃的单个操作有以下五种方式：
- 【编辑】→【重做】。
- 按 Ctrl+Y 组合键。
- 单击【标准】工具栏或【快速访问】工具栏上的【重做】按钮。
- 快捷菜单：执行放弃操作后，在绘图区单击鼠标右键，然后选择【重做】。
- 命令行：REDO↙，在随后出现的提示后直接按回车键仅恢复最后放弃的命令；在提示后面输入要恢复的操作数目，可恢复最近放弃的多个命令。

要一次恢复多个命令，还可以单击【重做】按钮后面的，从中选择要恢复的连续操作。

1.5 绘图环境

1.5.1 设置绘图界限

绘图界限即用户的工作区域和图纸的边界，在 AutoCAD 中，图形界限的设置不受限制，建议采用 1∶1 的比例绘制图形，最后再按照一定的比例打印输出。

设置绘图界限可以采用以下两种方式：

- 命令行：LIMITS↙。
- 【格式】→【图形界限】。

例如，设置 A2 图幅的图形界限的操作步骤如下：

(1)【格式】→【图形界限】，命令行提示为

命令：'_LIMITS

重新设置模型空间界限：

指定左下角点或 [开（ON）/关（OFF）] <0.0000，0.0000>: ↙（保持默认原点不变）

指定右上角点<420.0000，297.0000>: 594，420↙ [原来的坐标（420，297）表示出 A3 图幅的宽和高，输入新的坐标（594，420）表示 A2 图幅的宽和高]

(2) 执行"缩放全图"的操作，以使图形界限尽可能大地充满整个绘图窗口。可采用以下三种方式之一。

- 在命令行输入 ZOOM 命令，然后选择"A"选项。
- 单击【缩放】工具栏上的 按钮。
- 【视图】→【缩放】→【全部】。

1.5.2 设置图形单位

图形单位是设置长度和角度的度量单位和显示精度，以及角度的测量起始位置与方向。设置图形单位可采用以下两种方式：

- 命令行：UNITS↙。
- 【格式】→【单位】。

执行命令后，会弹出图 1.7 所示的对话框，下面介绍该对话框中各部分的功能。

(1)【长度】及【角度】选项区：可以通过下拉列表框来选择长度和角度的记数类型以及各自的精度，一般情况下，都采用"小数"类型。选中【顺时针】复选框，可以确定顺时针为角度正方向，否则，AutoCAD 默认逆时针为角度的正方向。

(2)【插入时的缩放单位】选项区：【用于缩放插入内容的单位】选项用于设置将当前图形与其他图形相互引用时所使用的单位。例如，当前图形该选项设置为"毫米"，而被引用的图形该选项设置为"厘米"，则将被引用图形插入到当前图形时，被插入的图形将被放大 10 倍。

在对话框的下方有一个【方向】按钮，单击它会弹出【方向控制】对话框，如图 1.8 所示，用户可在该对话框中设置角度测量的起始位置。AutoCAD 默认角度测量的起始位置即 0°方向是东（E）。

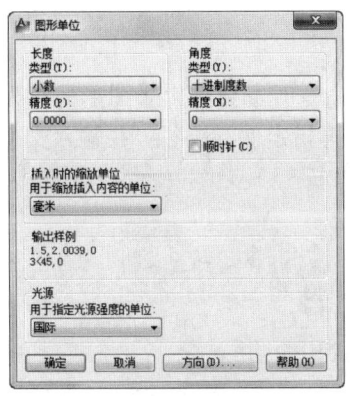 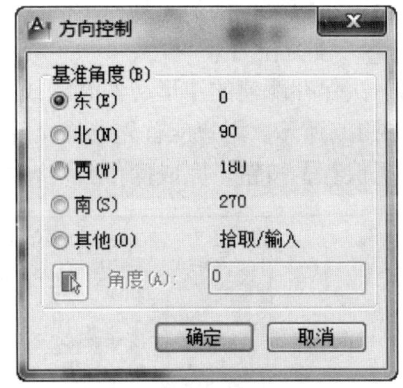

图 1.7 【图形单位】对话框　　　　　图 1.8 【方向控制】对话框

1.6 文件操作

1.6.1 新建文件

新建文件有以下四种方式：

- 【文件】→【新建】。
- 命令行：NEW↙。
- 单击【标准】工具栏或【快速访问】工具栏上的【新建】按钮 ▢。
- ▲→【新建】。

启动新建文件命令后，会弹出【选择样板】对话框，用户可在名称栏中选择所需样板文件或展开【查找范围】下拉列表框，定位到自定义样板文件，然后单击【打开】按钮，则自动生成以.dwg 为扩展名的图形文件。

样板文件以.dwt 为扩展名，其中保存了许多绘图使用的初始设置，如图层、文字样式、尺寸标注样式、图形界限以及布局设置等，避免了许多重复性的操作，可以提高绘图效率。虽然 AutoCAD 提供了大量的样板文件，但是鉴于各行业的特点，一般需要创建自己的样板文件。

建议初学者选择样板文件 acadiso.dwt 新建文件，这一文件是 AutoCAD 默认的公制样板文件。

1.6.2 保存文件

保存文件有以下四种方式：

- 【文件】→【保存】。
- 命令行：SAVE↙。
- 单击【标准】工具栏或【快速访问】工具栏上的【保存】按钮 ▢。
- ▲→【保存】。

要保存文件的副本或改变文件的保存类型，可采用以下四种方式：

- 【文件】→【另存为】。
- 命令行：SAVEAS↙。

- 单击【快速访问】工具栏上的【另存为】按钮。
- → 【另存为】。

第一次保存新建的图形文件时，或执行 SAVEAS 命令时，会弹出【图形另存为】对话框，如图 1.9 所示。用户应首先选择文件的保存类型，再指定保存路径，并输入文件名，最后单击【保存】按钮，完成操作。

图 1.9 【图形另存为】对话框

1.6.3 打开文件

打开文件有以下四种方式：
- 【文件】→【打开】。
- 命令行：OPEN↙。
- 单击【标准】工具栏或【快速访问】工具栏上的【打开】按钮。
- → 【打开】。

启动打开文件命令后，会弹出【选择文件】对话框，如图 1.10 所示，用户可按下列操作打开文件：

（1）在【文件类型】框中选择确定文件类型。

（2）在【名称】栏中选择所需文件或展开【搜索】下拉列表框，定位到欲打开文件的路径。

（3）双击欲打开的文件，或选择欲打开的文件后，再单击【打开】按钮。

如果一个图形文件很大很复杂，打开和编辑都很费时间，而打开后用户所关心的或计划改动的地方很少，此时可以使用"局部打开"功能，方法是单击【打开】按钮右侧的按钮，在弹出的快捷菜单中选择【局部打开】。

1.6.4 关闭文件

AutoCAD 提供了多图档可同时打开的工作环境，关闭当前文件有以下四种方式：

1.7 图层特性管理器

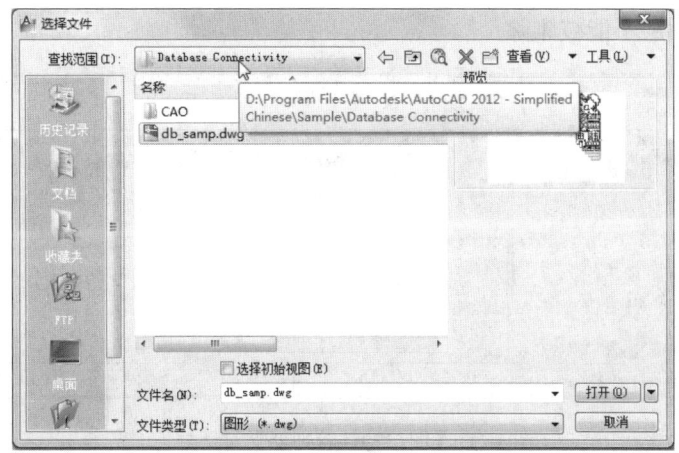

图 1.10 【选择文件】对话框

- 【文件】→【关闭】。
- 命令行：CLOSE↙。
- ▲→【关闭】。
- 单击菜单栏最右侧的【关闭】按钮×。

1.7 图层特性管理器

图层是 AutoCAD 把图形中的对象分类管理和综合控制的工具，一个个的图层可想象为若干张没有厚度的透明纸（这些层是完全对齐的，具有相同的图形界限、坐标系统和缩放比例因子）。可把图形中各实体按性质分别画在不同的层上，然后将这些透明的纸叠加起来可得到复杂的图形。使用图层可以很好地统一同类图形实体颜色、线型、线宽等特性。使用图层控制开关，可以方便地控制同类图形实体的可见性和可操作性，方便对较复杂的图形进行编辑。

调用【图层特性管理器】可采用以下三种方式：
- 单击【图层】工具栏（或面板）上的 按钮。
- 【格式】→【图层】。
- 命令行：LAYER↙。

【图层特性管理器】对话框如图 1.11 所示，在此对话框中，用户可完成创建图层，删除图层，设置颜色和线型、线宽、透明度，是否打印输出，控制图层状态等操作。

1.7.1 新建图层

单击【新建图层】按钮 ，列表框中显示出名为"图层 1"的新层，用户可以输入一个新的名字代替该缺省名称，此处输入新图层的名称为"中心线"，以备后续学习使用。

1.7.2 删除图层

选择要删除的层，然后单击【删除图层】按钮 ×。

注意，下列图层不能被删除：

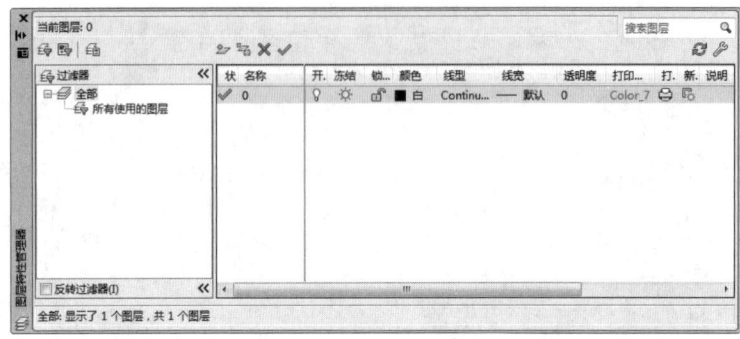

图 1.11 【图层特性管理器】对话框

- 0 层和 Defpoints 层。0 层是新建图形文件时，由 AutoCAD 默认创建的图层；Defpoints 层是进行图形尺寸标注时，由 AutoCAD 默认创建的图层。
- 当前层和含有实体的图层。
- 外部参照依赖的图层。

1.7.3 设置当前图层

用户只能在当前图层上绘制图形，而且所绘制的实体特性将从属于当前图层的设置。当前层的层名和属性状态都显示在【图层】工具栏上。

设置当前层有以下四种方式：

- 在【图层特性管理器】对话框中，选择所需图层，然后单击【置为当前】按钮。
- 单击【图层】工具栏（或面板）上的 按钮，然后选择某个图形实体，即可将该实体所在的图层设置为当前层。也可以先选择某个图形实体，再单击该按钮。
- 在【图层】工具栏（或面板）的【图层控制】下拉列表框中，单击所需图层的名称即可将该层置为当前。
- 命令行：CLAYER↙。

1.7.4 图层颜色

为了区分不同的图层，应为不同的图层设置不同的颜色。

例如，将"中心线"层的颜色设置为红色，操作步骤如下：

（1）在【图层特性管理器】对话框中，选择"中心线"层。

（2）单击该图层名称后的颜色图标按钮 □白，弹出【选择颜色】对话框，如图 1.12 所示。

（3）在该对话框中选择 1 号索引颜色即红色，然后单击【确定】按钮，返回【图层特性管理器】对话框。

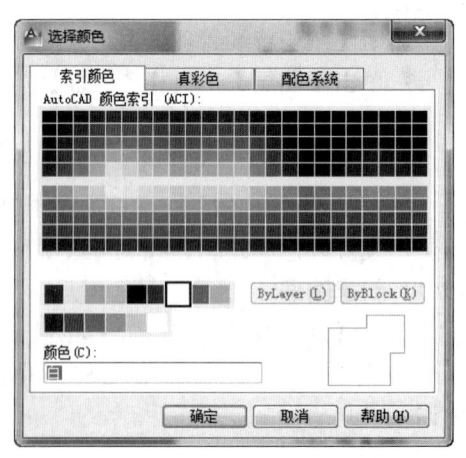

图 1.12 【选择颜色】对话框

(4)单击【确定】按钮,完成图层颜色设置。

在作图过程中临时设置当前颜色有以下三种方式:

- 在【特性】工具栏(或面板)的【颜色控制】下拉列表框中选择所列出的颜色,或单击【选择颜色】,调出【选择颜色】对话框。
- 【格式】→【颜色】。
- 命令行:COLOR↙。

建议绘制一般图形时尽量使用 1~9 号索引颜色,并且尽量保持图形元素的颜色与其所在图层的颜色一致。

1.7.5 图层线型

AutoCAD 绘图使用的默认线型为连续线型 Continuous,其他线型则应加载后才能使用。用户可根据自己的需要为图层设置不同的线型。

例如,将"中心线"层的线型设置为"CENTER",操作步骤如下:

(1)在【图层特性管理器】对话框中,选择"中心线"层。

(2)单击该图层名称后的线型图标按钮 Continu... ,弹出【选择线型】对话框,如图1.13 所示。

(3)单击【加载】按钮,弹出【加载或重载线型】对话框,如图 1.14 所示。

(4)在【可用线型】框中选择"CENTER"线型,再单击【确定】按钮,返回【选择线型】对话框。这样"CENTER"线型就被加载。

(5)选择"CENTER"线型,然后单击【确定】按钮,完成图层线型设置。

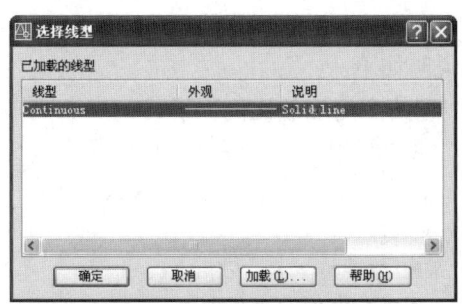
图 1.13 【选择线型】对话框

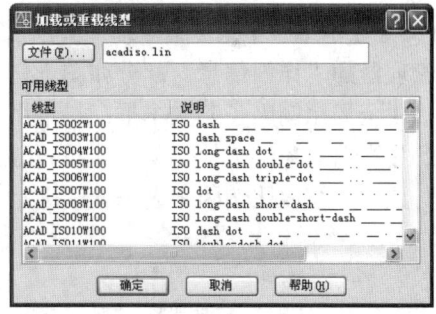
图 1.14 【加载或重载线型】对话框

在作图过程中临时设置当前线型有以下三种方式:

- 在【特性】工具栏(或面板)的【线型控制】下拉列表框中选择已加载的线型,或选择【其他】选项,调出【线型管理器】对话框,如图 1.15 所示,以加载所需线型。
- 【格式】→【线型】。
- 命令行:LINETYPE↙。

下面对【线型管理器】对话框加以必要的说明:

(1)【线型过滤器】:确定在线型列表中显示哪些线型。

(2)【反向过滤器】:根据与选定的过滤条件相反的条件显示线型。

(3)【加载】按钮：显示【加载或重载线型】对话框。如果需要同时加载多个线型，可在按住 Ctrl 键的同时加以选择。

(4)【当前】按钮：将选定线型设置为当前线型。

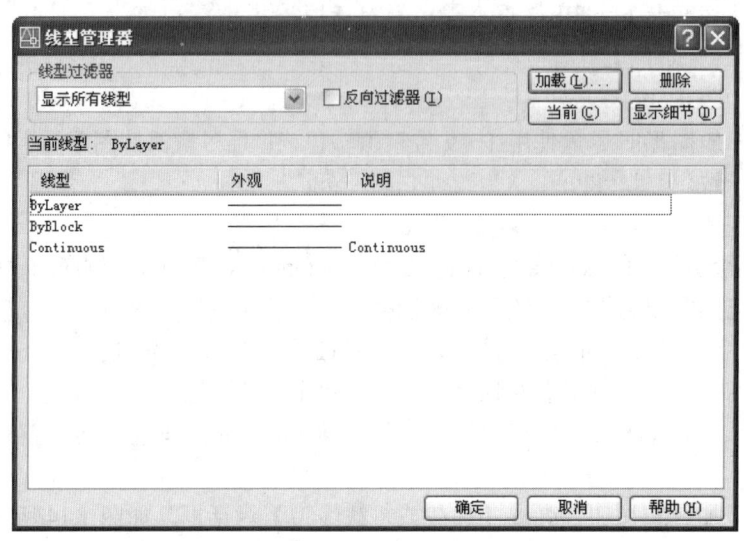

图 1.15 【线型管理器】对话框

(5)【删除】按钮：从图形中删除选定的线型。只能删除未使用的线型，不能删除"ByLayer""ByBlock"和"Continuous"线型。

(6)【显示细节】或【隐藏细节】按钮：控制是否显示线型管理器的"详细信息"部分。线型管理器的"详细信息"部分如图 1.16 所示，说明如下：

1)【全局比例因子】文本框：显示用于所有线型的全局缩放比例因子。

2)【当前对象缩放比例】文本框：设置新建对象的线型比例。最终的比例是全局比例因子与该对象缩放比例因子之积。

图 1.16 【线型管理器】对话框的"详细信息"部分

按 1∶1 绘制过大或过小尺寸的工程图时，很可能所使用的非连续线型不能正确显示，解决的办法是设置相应的过大或较小的全局比例因子，必要时还要设置合适的当前对象缩放比例。

3)【缩放时使用图纸空间单位】：按相同的比例在图纸空间和模型空间缩放线型。当使用多个视口时，该选项很有用。

1.7.6 图层线宽

在 AutoCAD 中，首次新建图层（如前述的"中心线"层）时使用"默认"线宽设置，用户可以为每个图层指定新的线宽。

例如，将"中心线"层的线宽设置为 0.2 毫米，操作步骤如下：

（1）在【图层特性管理器】对话框中，选择"中心线"层。

（2）单击该图层名称后的线宽图标按钮"── 默认"，弹出【线宽】对话框，如图 1.17 所示。

（3）选择 0.2 毫米的线宽，再单击【确定】按钮，完成图层线宽设置。

在作图过程中临时设置当前线宽有以下四种方式：

- 在【特性】工具栏的【线宽控制】下拉列表框中选择。
- 【格式】→【线宽】。
- 命令行：LWEIGHT↙。
- 右键单击【状态】栏上的【线宽】按钮，在弹出的快捷菜单中选择【设置】。

上述后三种方式，都是通过调出【线宽设置】对话框以进行线宽设置。【线宽设置】对话框如图 1.18 所示，从中可知 AutoCAD 的"默认"线宽是 0.25 毫米。可以展开【默认】下拉列表，设置新的默认线宽值。下面对【线宽设置】对话框的其他功能加以必要的说明。

图 1.17 【线宽】对话框

图 1.18 【线宽设置】对话框

（1）【显示线宽】：选中与否，等同于【状态栏】上的【线宽】按钮 ✚ 的开关状态。

（2）【调整显示比例】：用以调整线宽的显示比例。

1.7.7 图层透明度

设置图层透明度可根据需要降低特定图层上所有对象的可见性，以提升图形品质。将透明度应用于某个图层后，将以相同的透明度级别创建添加到该图层的所有对象。

1.7.8 打印状态

【图层特性管理器】中的图标 表示图层的打印/不打印状态，单击该图标即可实现打印/不打印间的切换。

1.7.9 图层的状态控制

AutoCAD 提供了一组图层状态控制开关，用以控制图层的实体的可见性和可操作性。图层的状态控制既可以通过【图层特性管理器】设置，又可以通过【图层】工具栏（或面板）设置。【图层】工具栏（或面板）上的图层控制下拉列表框如图 1.19 所示。

1. 开/关（ON/OFF）状态

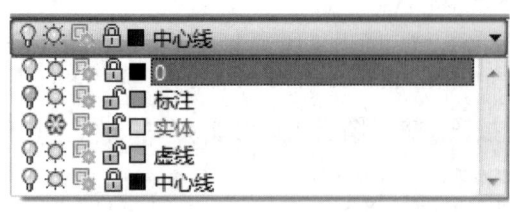

图 1.19 图层控制下拉列表框

图层下拉列表中的图标 ♀/♀ 代表图层打开/关闭，单击该图标可实现图层打开与关闭间的切换。

在工程设计中，经常将与当前设计无关的图层关闭，使被操作对象更加明显地显示，以提高绘图效率。

位于关闭图层上的图形是不可见的，也不可被打印，但可以重生成，可以被某些选择集命令（如 all 方式）选择并修改。

2. 冻结/解冻（Freeze/Thaw）状态

图层下拉列表框中的图标 ❄/☀ 表示图层的冻结/解冻状态，单击该图标即可实现冻结/解冻间的切换。

被冻结的图层上的图形既不可见也不可被打印，也不能重生成，直到解冻被冻结的图层时，才重生成并显示该层上的对象，这样有利于在绘制复杂的图形时提高绘图速度。

3. 锁定/解锁（Lock/Unlock）状态

图层下拉列表框中的图标 🔒/🔓 表示图层的锁定/解锁状态，单击该图标即可实现锁定/解锁间的切换。

锁定图层上的对象将暗显，以提供视觉参考并可以捕捉暗显对象。这将降低图形的视觉复杂程度，提高编辑效率。用户可以在锁定的图层上添加对象，对已有图形不能进行编辑和修改，但图形仍可被打印。

下面通过新建样板文件"01 电气.dwt"，总结前面学习的相关基础知识，在后续学习过程中，将以该样板为基础，陆续将对辅助绘图工具的设置、新建的图层、文字样式、标注样式、工具选项板以及布局添加进来，形成一个较完整的样板文件，以供第 9 章各绘图实例使用。

【例 1.1】 新建样板文件"01 电气.dwt"。操作如下：

（1）利用样板文件"acadiso.dwt"新建图形文件。

1）单击【快速访问】工具栏上的【新建】按钮 。

2）在【选择样板】对话框中选择 acadiso.dwt，然后单击【打开】按钮。

（2）设置当前工作空间。

在【快速访问工具栏】中展开工作空间下拉框选择【草图与注释】，设置当前工作空间为【草图与注释】。

（3）创建图层。

单击【图层】面板上的 按钮，调出【图层特性管理器】，按图 1.20 所示新建图层。

（4）调出菜单栏。

单击【快速访问工具栏】后面的【自定义快速访问工具栏】按钮，在展开的面板中选择【显示菜单栏】。

1.8　图形显示控制

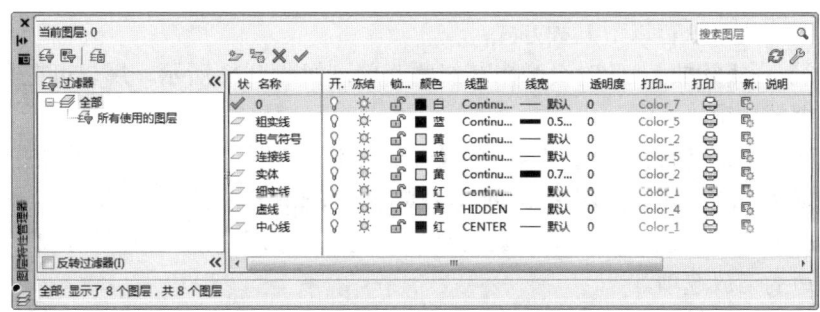

图 1.20　设置图层

（5）调出【标准】、【样式】、【绘图】和【修改】工具栏。当前的工作界面如图 1.21 所示。

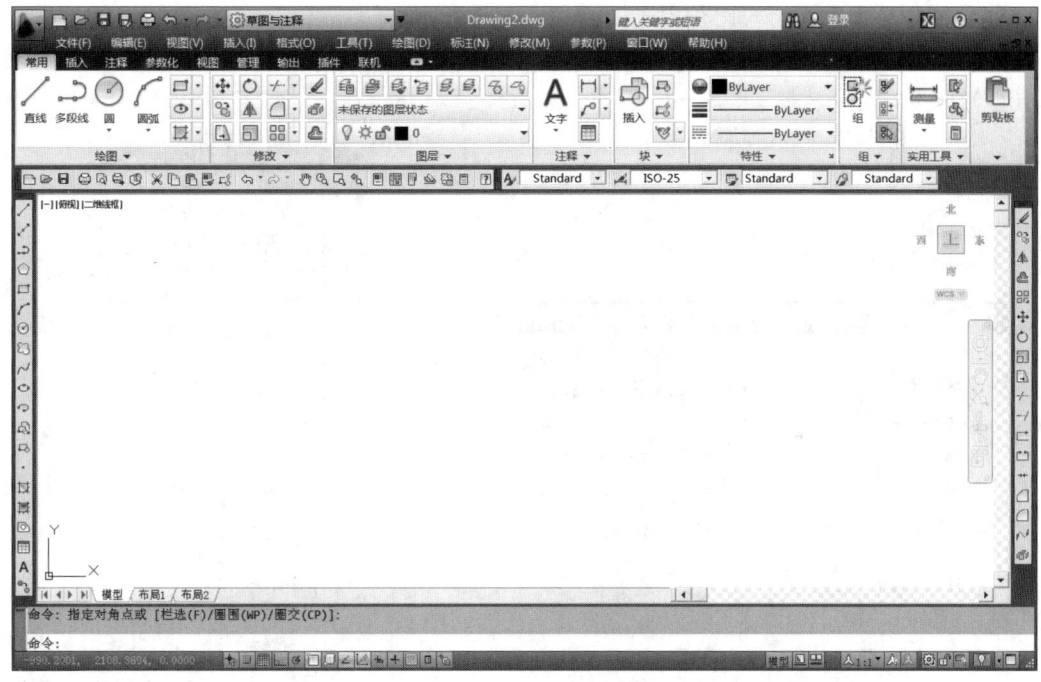

图 1.21　兼有功能区、菜单栏和工具栏的工作界面

（6）将文件保存为样板文件，文件名为"01 电气.dwt"，然后关闭该文件。

1.8　图形显示控制

图形显示控制就是控制图形在屏幕上的显示状态。掌握图形显示控制的常用命令和技巧，对提高绘图效率有很大的帮助。

1.8.1　视图缩放

视图缩放命令可以显示放大或缩小屏幕上的图形，从而方便地观察图形全局或局部细节，或准确地进行绘制实体、捕捉目标等操作。这里的缩小和放大只是改变图形的显示大小，并不改变图形的真实大小。

启动视图缩放命令有以下五种方式：
- 【视图】→【缩放】。此时会弹出其级联菜单，如图1.22所示，用户可在其中选择相应的缩放选项。
- 功能区：激活【视图】选项卡上的【二维导航】面板，单击 范围 按钮后面的 ，则出现滑出式面板，如图1.23所示，移动鼠标选择相应的缩放选项。
- 在【标准】工具栏上单选按钮 上单击左键，则出现滑出式工具栏，拖动鼠标以选择合适的缩放选项。
- 调出【缩放】工具栏，选择相应的缩放选项。
- 命令行：ZOOM↙。

执行ZOOM命令后，在命令行出现如下提示：
指定窗口的角点，输入比例因子（nX 或 nXP），或者
[全部（A）/中心（C）/动态（D）/范围（E）/上一个（P）/比例（S）/窗口（W）/对象（O）] <实时>：

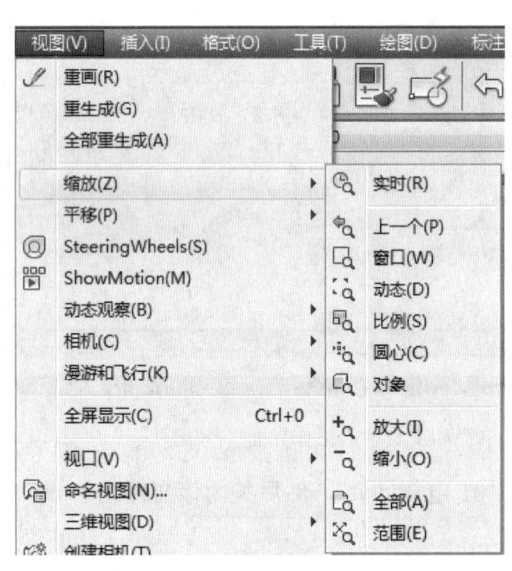

图1.22 【视图】菜单

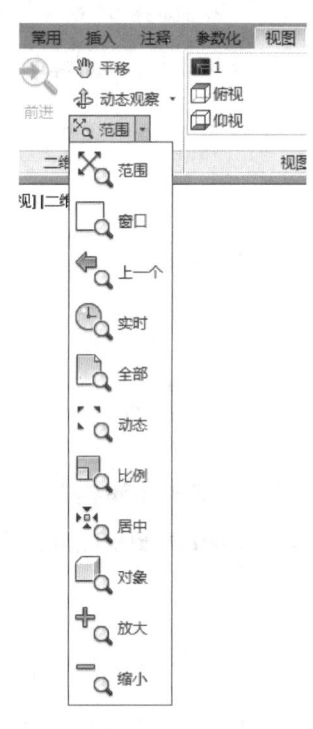

图1.23 功能区中的【缩放】面板

由于AutoCAD 2009后的版本中【缩放】功能的图标相比AutoCAD 2008及更早版本变化较大，表1.2给出了AutoCAD 2008中各种缩放方式的图标。

表1.2　　　　　　　　　　AutoCAD 2008中各种缩放方式的图标

缩放方式	实时	上一个	窗口	动态	比例	圆心	对象	放大	缩小	全部	范围
图标											

1.8 图形显示控制

下面介绍各种视图缩放方式的功能及使用。

1. 窗口（W）

在屏幕上拾取两个点，以这两点为对角点所形成的矩形范围内的图形放大到全屏幕。

2. 动态（D）

执行该选项时，屏幕中间将显示一个内有"×"符号的矩形方框，其大小不能改变，只能任意移动，此时称该框为平移视图框。单击鼠标左键，"×"符号消失，在矩形内部方框出现一个指向该框右边线的箭头，它不能平移，但移动鼠标可以调节大小，以确定要放大的区域，此时称该框为缩放视图框。可用鼠标左键在两种视图框间进行切换。最后，按 Enter 键，即可将视图框所选区域放大显示。

3. 比例（S）

按输入的缩放系数缩放当前图形。

缩放系数的输入有下列三种格式：

（1）相对图形界限：直接输入一个数值，则按图形界限"缩放"。如输入"0.5"表示缩小到图形界限的一半显示。缩放中心为前一个视图的中心。

（2）相对当前视图：在输入数值后加"x"，则该缩放系数是相对于当前视图的缩放系数，例如，"0.5x"表示将图形显示缩小为 0.5 倍。

（3）相对图纸空间单位：要相对图纸空间按比例缩放视图，可在输入的数值后加"xp"，例如，输入 0.5xp 表示以图纸空间单位的 1/2 显示模型空间。

4. 中心点（C）

重设视图的显示中心和缩放倍数。启用【中心点（C）】方式后，命令行提示：

[全部（A）/中心（C）/动态（D）/范围（E）/上一个（P）/比例（S）/窗口（W）/对象（O）]<实时>:_c

指定中心点：

输入比例或高度<当前值>:

当前值为视图纵向的高度。若输入的高度比当前值小，则放大；输入的值比当前值大，则缩小。其缩放系数等于"当前窗口的高度/输入的高度"的比值。

也可以直接输入缩放系数，后跟字母 x 或 xp，类似于使用比例选项。

5. 对象（O）

将选择的对象充满屏幕显示。

6. 放大（I）

将当前视图放大一倍显示。

7. 缩小（O）

将当前视图缩小一倍显示。

8. 全部（A）

按照图形界限或图形的实际范围显示全图，如果图形超出了图形界限，则将图形界限及图形同时尽可能大地充满屏幕显示，否则按图形界限尽可能大地充满屏幕显示。

9. 范围（E）

无论图形是否超出图形界限，都最大限度地将图形全部显示在整个屏幕上。

10. 上一个（P）

返回前一个视图，可逐步退回到前边 10 个显示过的视图。这一方式常与窗口缩放配合使用。

11. 实时

实现图形的连续缩放。按下鼠标左键，向下拖动鼠标图形缩小，向上拖动鼠标图形放大，松开鼠标左键则停止缩放。

在执行实时缩放命令时单击右键可激活图 1.24 所示的快捷菜单，可从中选择最常用的视图操作命令即 ZOOM 命令的常用选项，便于灵活地进行视图操作。

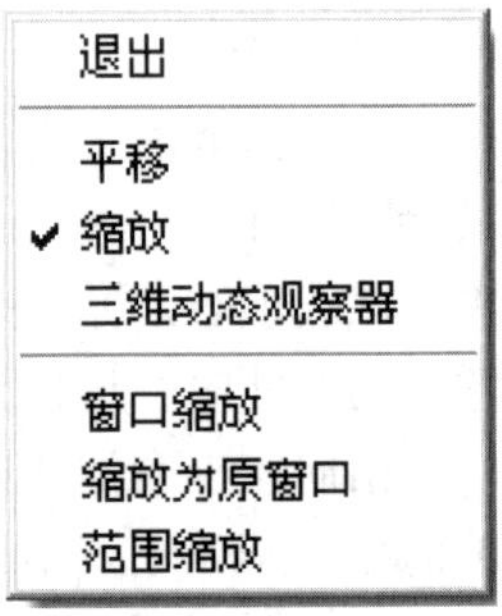

图 1.24　视图显示切换快捷菜单

1.8.2　视图平移

AutoCAD 提供了对全图进行平移的实时平移命令（PAN）。激活该命令后，用户可以通过拖动鼠标的方式移动整个图形，使图纸的特定部分位于当前的显示屏幕中。

启动实时平移的命令有以下四种方式：

- 菜单：【视图】→【平移】→【实时】。
- 功能区：激活【视图】选项卡上的【二维导航】面板，单击 平移。
- 单击标准工具栏上的 图标。
- 命令行：PAN✓。

执行该命令后，光标变为小手掌形状，按住鼠标左键移动光标，窗口中的图形将按光标移动的方向移动，松开鼠标左键，则平移停止。用户可根据需要调整鼠标位置，以便继续平移图形，直到显示出所需要的部位。按 Esc 键或 Enter 键可结束实时平移操作。在执行实时平移命令的过程中单击鼠标右键，弹出如图 1.22 所示的快捷菜单，可实现"实时平移"与"缩放"间的切换，或选择【退出】以退出此命令。

AutoCAD 为使用三键鼠标的用户提供了一种快捷的实时缩放与实时平移的方法：滚动鼠标中键（即滚轮）可实现实时缩放操作；按下鼠标中键移动鼠标，则直接执行实时平移操作。另外，双击中键可以执行范围缩放。

1.8.3　重画与重生成

1. 重画命令（REDRAW）

用于刷新当前视图的屏幕显示，以清除在绘图过程中进行删除或修改后形成的残留画面。

启动重画命令的方式有两种：

- 【视图】→【重画】。
- 命令行：REDRAW（简捷命令为 R）✓。

2. 重生成命令（REGEN）

用于根据最新设置更新图形数据库，重新计算所有图形对象的屏幕坐标并刷新当前视图的屏幕显示，重新建立图形数据库索引以优化显示和对象选取的速度，重新平滑圆、圆弧、椭圆和样条曲线等。对于复杂的图形，重生成需要较长的时间。

启动该命令的方式：

- 【视图】→【重生成】。

- 命令行：REGEN（简捷命令为 RE）↙。

1.9 使用 AutoCAD 帮助

AutoCAD 2012 中文版中，除了利用【信息中心】获得帮助外，还提供了多种形式的帮助，用户可激活【帮助】菜单加以了解。本节将对帮助菜单中常用的主要选项加以简单介绍。

选择【帮助】菜单上的【帮助】子菜单，或单击【信息中心】面板（或【标准】工具栏）上的 ⓘ · 按钮，可调出图 1.25 所示的【Autodesk Exchange-AutoCAD】窗口。其中，【用户手册】按功能主题提供帮助，【命令参考】按数字及字母顺序提供对命令、系统变量的帮助，【自定义手册】提供了自定义用户界面、线型、图案填充等的方法。该窗口还提供快速入门视频、教程、搜索资源等方式，使用户方便地获得帮助。在执行命令时，按 F1 功能键，或单击【帮助】按钮 ?，也可以调出【Autodesk Exchange-AutoCAD】窗口，并准确定位在当前命令的帮助位置，使用起来更方便。利用快速入门视频，用户可以观看对 AutoCAD 2012 用户界面中基本工具的演示，了解 AutoCAD 2012 中最重要的新增功能和增强功能。

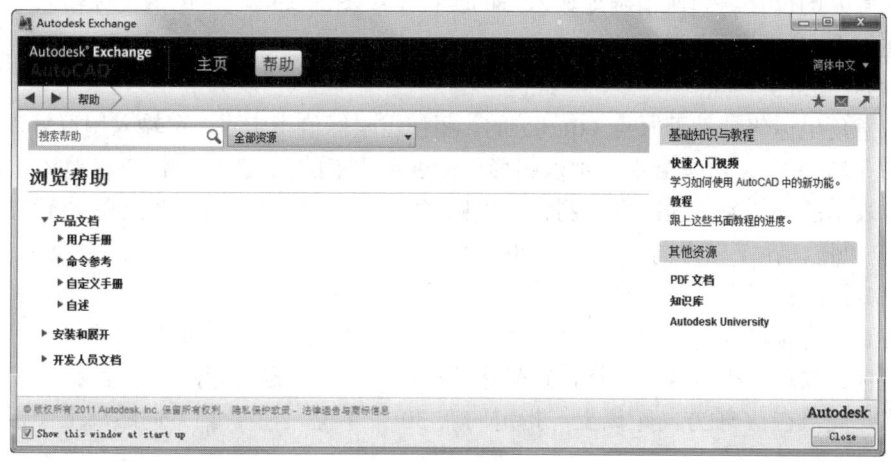

图 1.25 【Autodesk Exchange- AutoCAD】窗口

第 2 章

基本图形元素的绘制

无论多么复杂的图形,都是由基本图形元素经过一定的组合并加以编辑而成的,熟练掌握基本图形的绘制技巧,是灵活、准确、高效地绘制图形的基础。

2.1 二维点坐标的表示及输入方式

2.1.1 二维点坐标的表示方式

执行绘图命令时,系统常常需要用户指定点(如直线的起点和端点、圆的圆心、矩形的对角点等)的位置。如何精确地输入点的坐标是绘图的关键,常用的坐标输入方式有四种,分述如下。

1. 绝对直角坐标

绝对直角坐标值是基于原点(0,0)的。要使用坐标值指定点,可输入用逗号隔开的 X 值和 Y 值(X,Y)。X 值是沿水平轴以图形单位表示的正的或负的距离,Y 值是沿垂直轴以图形单位表示的正的或负的距离。例如,坐标(30,40)指定一点,此点在 X 轴方向距离原点 30 个单位,在 Y 轴方向距离原点 40 个单位。

2. 相对直角坐标

相对直角坐标值是基于上一输入点的。如果知道某点与上一点的位置关系,可使用相对直角坐标。要指定相对直角坐标,在坐标的前面加一个@符号。例如,坐标(@30,40)指定一点,此点在 X 轴方向距离上一指定的点 30 个单位,在 Y 轴方向距离上一指定的点 40 个单位。

3. 绝对极坐标

绝对极坐标可以用某点相对原点的距离以及该点与原点的连线与 0°方向(通常为 X 轴正方向)的夹角来表示。其格式为距离<角度。例如,坐标(20<60)指定一点,该点距原点 20 个单位,它与原点的连线与 0°方向的夹角为 60°。

4. 相对极坐标

相对极坐标可以用某点相对上一输入点的距离以及该点与上一点的连线与 0°方向(通常为 X 轴正方向)的夹角来表示,其格式为@距离<角度。例如,坐标(@20<60)指定一点,该点距上一点 20 个单位,它与上一点的连线与 0°方向的夹角为 60°。

2.1.2 二维点坐标的输入方式

1. 在命令行直接输入

当命令提示需要指定点时,可以在提示后面直接输入点的坐标并按 Enter 键。注意输入坐标时不要带括号。

2. 使用"动态输入"的方式

"动态输入"在光标附近提供了一个命令界面,以帮助用户专注于绘图区域。在【动态输入】工具栏提示中输入坐标值的步骤:

(1) 在状态栏上,确定动态输入按钮 处于启用(亮显)状态。

(2) 当命令提示需要指定点时,使用以下方法之一来输入坐标值:

1) 输入直角坐标:先输入 X 坐标值和逗号,然后输入 Y 坐标值并按 Enter 键。确定第一点后要输入绝对直角坐标,需先输入#符号。

2) 输入极坐标:首先按在命令行输入坐标的标准格式指定一点,用极坐标输入后续点时,先输入距上一点的距离并按 Tab 键(或输入"<"),然后输入角度值并按 Enter 键。

要注意的是,连续输入坐标时,只有第一个点是绝对坐标,而其他点都是相对坐标。

3. 直接距离输入

当命令提示需要指定点时,先将光标移动到某个方向,然后输入距离值并按 Enter 键。这种方式实际上相当于输入相对极坐标。

2.2 绘制直线命令 LINE

使用绘制直线命令,可以创建一条或一系列邻接的线段。

执行 LINE 命令可采用以下三种方式:

- 【绘图】工具栏(或面板)✎。
- 命令行:LINE✓。
- 菜单:【绘图】→【直线】。

【例 2.1】 绘制图 2.1 所示的图形,最后保存文件。

(1) 以第 1 章 1.7 节创建的样板文件"01 电气.dwt"开始,新建文件。

(2) 将"实体"层置为当前层。

(3) 启动画直线命令。

(4) 在"指定第一点:"提示下输入坐标(0,0)。

(5) 在"指定下一点或 [放弃(U)]:"提示下输入坐标(100<60)。

(6) 依次在"指定下一点或 [闭合(C)/放弃(U)]:"提示下输入其他点坐标(@40,0),(@0,-25),(@50,0),(@0,25),(@40,0),(@100<-60)。

(7) 在"指定下一点或 [闭合(C)/放弃(U)]:"提示下输入 C,然后按 Enter 键。

效果如图 2.1 所示。

(8) 将文件保存为"图 2.1.dwg"。

以上操作如果采用动态输入方式,书面表述如下:

(1) 启动画直线命令。

(2) 在工具栏(或面板)提示"指定第一点:"时,输入坐标(0,0)(注意观察工具栏显示)。

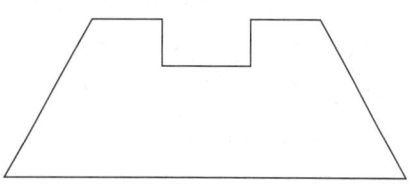

图 2.1 坐标输入方式及直线命令练习

(3) 输入相对极坐标（@100<60）的操作步骤：输入距离 100，然后按 Tab 键，切换到角度框输入角度 60，最后按 Enter 键。

(4) 输入相对直角坐标（@40, 0）的操作：输入"40, 0"。

(5) 输入相对坐标（@0, −25），（@50, 0），（@0, 25），（@40, 0），（@100<−60），其中输入坐标（@100<−60）的方法是：鼠标移动到欲画线段的大致方向，输入距离 100，然后按 Tab 键，切换到角度框输入角度 60，最后按 Enter 键。

(6) 输入 C，然后按 Enter 键（或按键盘上的向下方向键，在小黑点指向闭合选项时按 Enter 键）。

说明：

(1) 要在使用 LINE 命令时撤销前面绘制的线段，可输入"U✓"或在右键菜单中选择【放弃】。

(2) 要以最近绘制的直线的末端点为起点绘制新的直线，可重新启动 LINE 命令，并在"指定第一点："提示下按 Enter 键。

2.3 绘制圆命令 CIRCLE

可以用六种方式创建圆。默认方法是指定圆心和半径。

执行 CIRCLE 命令可采用以下三种方式：

- 【绘图】工具栏（或面板） ⊙。
- 命令行：CIRCLE✓。
- 菜单：【绘图】→【圆】。

【例 2.2】 常用画圆方式举例。

(1) 单击 ⊙ 图标，启动画圆命令：

命令：_circle 指定圆的圆心或 [三点（3P）/两点（2P）/切点、切点、半径（T）]: 3p✓

指定圆上的第一个点：50, 100✓

指定圆上的第二个点：100, 150✓

指定圆上的第三个点：150, 100✓（得到图 2.2 中的圆 1）

(2) 在右键菜单中选择【重复圆】，命令行提示：

命令：_circle 指定圆的圆心或 [三点（3P）/两点（2P）/切点、切点、半径（T）]: 250, 100✓

指定圆的半径或 [直径（D）] <50.0000>: 40✓（得到图 2.2 中的圆 2）

(3) 按 Enter 键，重复画圆命令：

命令：_circle 指定圆的圆心或 [三点（3P）/两点（2P）/切点、切点、半径（T）]: 2P✓

指定圆直径的第一个端点：150, 100✓

指定圆直径的第二个端点：210, 100✓（得到图 2.2 中的圆 3）

(4) 按【空格】键，重复画圆命令，用相切、相切、半径方式画圆。

命令：_circle 指定圆的圆心或 [三点（3P）/两点（2P）/切点、切点、半径（T）]: T✓

指定对象与圆的第一个切点：（在圆 1 左上方边界停留片刻，出现递延切点标记，单击

左键确认与该圆相切）

指定对象与圆的第二个切点：（在圆 3 上方边界停留片刻，出现递延切点标记，单击左键确认与该圆相切）

指定圆的半径<30.0000>：25↙（得到图 2.2 中的圆 4）

（5）【绘图】→【圆】→【切点、切点、切点】（或【绘图】面板上的◯）。

命令：_circle 指定圆的圆心或 [三点（3P）/两点（2P）/切点、切点、半径（T）]：_3p

指定圆上的第一个点：_tan 到

指定圆上的第二个点：_tan 到

指定圆上的第三个点：_tan 到

按命令行提示，分别拾取圆 1、4、3 上的递延切点（得到图 2.2 中的圆 5）。

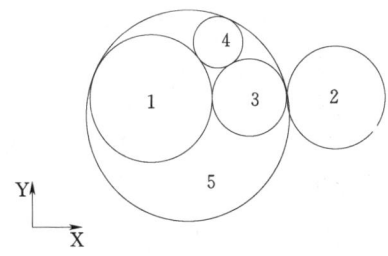

图 2.2　几种常用画圆方式举例

2.4　绘制矩形命令 RECTANG

执行 RECTANG 命令可采用以下三种方式：

- 【绘图】工具栏（或面板）▭。
- 命令行：RECTANG↙。
- 菜单：【绘图】→【矩形】。

启动绘制矩形命令后，只需先后确定矩形的两个对角点便可绘出矩形。现将命令行提示的有关绘制矩形方式的选项介绍如下：

命令：_rectang

指定第一个角点或 [倒角（C）/标高（E）/圆角（F）/厚度（T）/宽度（W）]：0，0↙

指定另一个角点或 [面积（A）/尺寸（D）/旋转（R）]：420，297↙

倒角（C）：以设定的距离来做矩形的倒角。

圆角（F）：以设定的半径值来做矩形的圆角。

标高（E）：设置三维矩形距离地平面的高度。

厚度（T）：设置矩形的三维厚度值。

宽度（W）：设置矩形边的线宽值，为区别于矩形的宽边长度，下文称为固定线宽。

面积（A）：按给定面积以及一个边长参数绘制矩形。

尺寸（D）：按给定长度和宽度绘制矩形，并要求指定矩形相对第一点的位置。

旋转（R）：按给定角度绘制旋转矩形。

应该指出，以上除了面积和尺寸选项，其他选项中在更改设置前，在本图的绘制过程中一直有效。

【例 2.3】　常用画矩形命令举例。

（1）绘制标准 A3 图框。

1）在【特性】工具栏（或面板）中，将线宽设置为 0.25。

2）启动画矩形命令。

指定第一个角点或 [倒角（C）/标高（E）/圆角（F）/厚度（T）/宽度（W）]：0，0↙

指定另一个角点或 [面积（A）/尺寸（D）/旋转（R）]：420，297↙

3）在【特性】工具栏（或面板）中，将线宽设置为0.7。

4）启动绘矩形命令。

指定第一个角点或 [倒角（C）/标高（E）/圆角（F）/厚度（T）/宽度（W）]：25，5↙

指定另一个角点或 [面积（A）/尺寸（D）/旋转（R）]：415，292↙

效果如图2.3中的图框。

（2）以【圆角】及【宽度】选项，绘制长度为100，宽70，圆角半径15，固定线宽为0.7的矩形。

命令：_rectang

指定第一个角点或 [倒角（C）/标高（E）/圆角（F）/厚度（T）/宽度（W）]：F↙

指定矩形的圆角半径<0.0000>：15↙

指定第一个角点或 [倒角（C）/标高（E）/圆角（F）/厚度（T）/宽度（W）]：W↙

指定矩形的线宽<0.0000>：0.7↙

指定第一个角点或 [倒角（C）/标高（E）/圆角（F）/厚度（T）/宽度（W）]：150，150↙

指定另一个角点或 [面积（A）/尺寸（D）/旋转（R）]：@100，70↙

效果如图2.3中的矩形1。

（3）以【面积】选项绘制长度为90、面积为4000的矩形。

命令：_rectang

当前矩形模式：圆角=15.0000　宽度=0.7000

指定第一个角点或 [倒角（C）/标高（E）/圆角（F）/厚度（T）/宽度（W）]：F↙

指定矩形的圆角半径<15.0000>：0↙（改回画直角矩形模式）

指定第一个角点或 [倒角（C）/标高（E）/圆角（F）/厚度（T）/宽度（W）]：W↙

指定矩形的线宽<0.7000>：0↙（取消固定线宽设置）

指定第一个角点或 [倒角（C）/标高（E）/圆角（F）/厚度（T）/宽度（W）]：80，30↙

指定另一个角点或 [面积（A）/尺寸（D）/旋转（R）]：A↙

输入以当前单位计算的矩形面积<100.0000>：4000↙

计算矩形标注时依据 [长度（L）/宽度（W）]<长度>：↙

输入矩形长度<10.0000>：90↙

效果如图2.3中的矩形2。

（4）以【尺寸】及【旋转】选项绘制长度为80、宽度为50、旋转30°的矩形。

命令：_rectang

指定第一个角点或 [倒角（C）/标高（E）/圆角（F）/厚度（T）/宽度（W）]：260，30↙

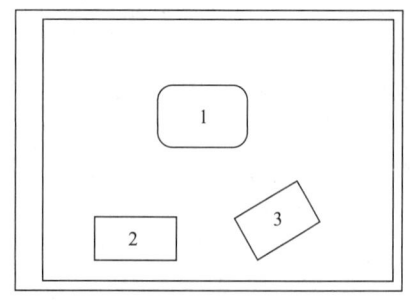

图2.3　几种常用画矩形的方式举例

指定另一个角点或 [面积（A）/尺寸（D）/旋转（R）]: R↙
指定旋转角度或 [拾取点（P）] <0>: 30↙
指定另一个角点或 [面积（A）/尺寸（D）/旋转（R）]: D↙
指定矩形的长度<10.0000>: 80↙
指定矩形的宽度<10.0000>: 50↙

效果如图 2.3 中的矩形 3。

2.5 辅助绘图工具

从 AutoCAD 2009 版开始，状态栏辅助绘图工具按钮默认以图标表示，AutoCAD 2012 的辅助绘图工具如图 2.4（a）所示，其中处于亮显状态的为启用（或打开）状态，处于暗显状态的为关闭状态。AutoCAD 2008 的辅助绘图工具如图 2.4（b）所示，其中处于凹状态的按钮为启用（或打开）状态，处于凸状态的按钮为关闭状态。在按钮上单击鼠标可实现启用与关闭之间的切换。在绘图过程中恰当地运用这些工具，将会极大地提高绘图效率。

(a) AutoCAD 2012

(b) AutoCAD 2008

图 2.4 状态栏辅助绘图工具

2.5.1 正交与极轴

1. 使用正交模式

在正交模式打开的状态下,限制光标只能沿与当前 X 轴或 Y 轴正方向平行的方向移动，从而方便地画出平行于 X 轴或 Y 轴的水平线或垂直线，或使图形沿水平线或垂直线移动。正交模式的开关快捷键是 F8 功能键。

2. 使用极轴追踪

极轴追踪也称为角度追踪，它是按预先给定的角度增量来追踪并定位一个点。显示追踪路径的橡皮筋线是用角度增量控制的，因此这种方式适用于已知追踪方向的情况。

注意：正交与极轴不能同时使用。正交是极轴追踪的一个特例。

使用极轴追踪一般应事先在【草图设置】对话框中进行设置。

调出【草图设置】对话框的方式如下：

- 菜单：【工具】→【草图设置】。
- 在需要设置的项目按钮上单击右键，在弹出的快捷菜单上选择【设置】。

第 2 章 基本图形元素的绘制

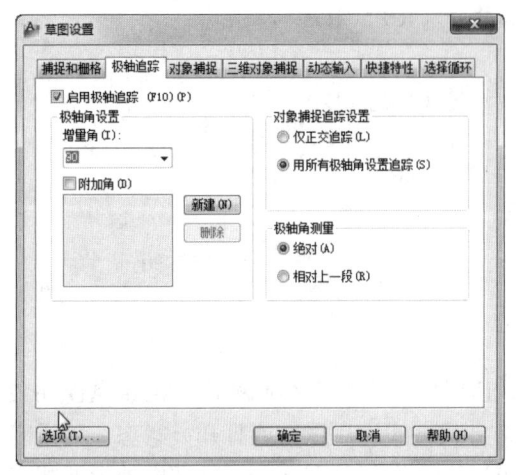

图 2.5 【草图设置】对话框的【极轴追踪】选项卡

【草图设置】对话框的【极轴追踪】选项卡如图 2.5 所示。

（1）启用极轴追踪。确定是否启用 AutoCAD 的极轴追踪功能，其开关快捷键是 F10 功能键。启用极轴追踪功能后，绘图时 AutoCAD 提示用户确定一点时，它能根据指定的捕捉点按指定的角增量进行追踪。

（2）极轴角设置。可以选择沿着 90°、60°、45°、30°、22.5°、18°、15°、10°和 5°的极轴角增量进行追踪。附加角复选框用于设置与角增量无关的特殊角。例如，通过某点绘多条射线，其角度分别为 8°、30°、38°、60°、90°、120°、150°，则宜将角增量设置为 30°，而附加角设置为 8°和 38°。

从 AutoCAD 2009 开始，设置极轴增量角变得更为方便，只要在 按钮上，单击右键，从弹出的快捷菜单中选择增量角即可。

（3）对象捕捉追踪设置。选择【仅正交追踪】单选按钮，可以在启用【对象捕捉追踪】（见本章 2.5.3）时，只显示被追踪点的正交追踪路径；选择【用所有极轴角设置追踪】单选按钮，可以将极轴角设置应用到【对象捕捉追踪】，即此时可以按极轴角增量及附加角设置追踪指定点的路径。

（4）极轴角测量方式。该区有两个单选按钮，选择【绝对】，则追踪线与 0°方向的夹角符合增量角及附加角的设置；而选择【相对上一段】，则追踪线与刚完成的图线方向的夹角符合增量角及附加角的设置。

【例 2.4】 利用正交和极轴功能完成图 2.1 的绘制。

（1）启用【极轴】功能，并设置角增量为 30°。
（2）启动画直线命令。
（3）输入第一点坐标（0，0）。
（4）向右上方移动光标，待出现图 2.6（a）所示极轴标记后，输入距离 100 并按 Enter 键。
（5）打开正交模式，如图 2.6（b）所示，鼠标向右移动指定方向，输入距离 40 并按 Enter 键。
（6）参照第（5）步，绘制后面的相连的 4 条水平及垂直线段。
（7）绘制右侧斜线前，打开极轴追踪模式，向右下方移动鼠标，待出现 300°的追踪线时，输入距离 100 并按 Enter 键。
（8）输入 C，然后按 Enter 键。

2.5.2 捕捉和栅格

【草图设置】对话框的【捕捉和栅格】选项卡如图 2.7 所示。

（1）【启用栅格】：使用栅格类似于在图形下放置一张坐标纸。利用栅格和捕捉配合，便于确定点的位置。控制栅格是否显示的开关为 F7 功能键。栅格不会被打印。

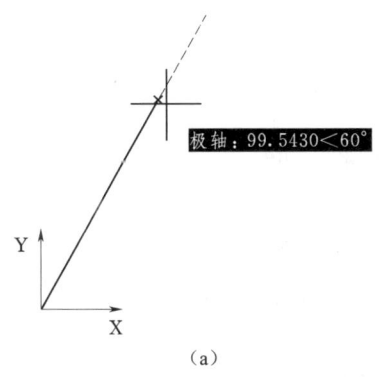
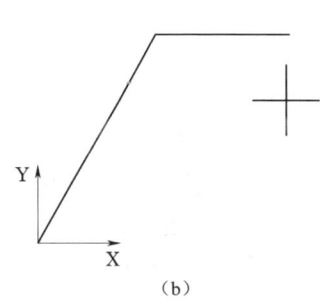

图 2.6 使用极轴追踪及正交模式画直线

(2)【栅格间距】:【栅格间距】区中的【栅格 X 轴间距】、【栅格 Y 轴间距】两个文本框分别用来设置显示栅格在 X、Y 方向上的间距。用户可以根据所绘图形的真实尺寸进行调整。

(3)【启用捕捉】: 捕捉模式用于限制十字光标,使其按照用户定义的间距移动。当捕捉模式打开时,光标似乎附着或捕捉到可见或不可见的栅格。控制是否启用捕捉功能的快捷键为 F9 功能键。

(4)【捕捉间距】:【捕捉间距】区中的【捕捉 X 轴间距】、【捕捉 Y 轴间距】两个文本框分别用来设置捕捉栅格在 X、Y 方向上的间距。捕捉间距没有必要与栅格间距相匹

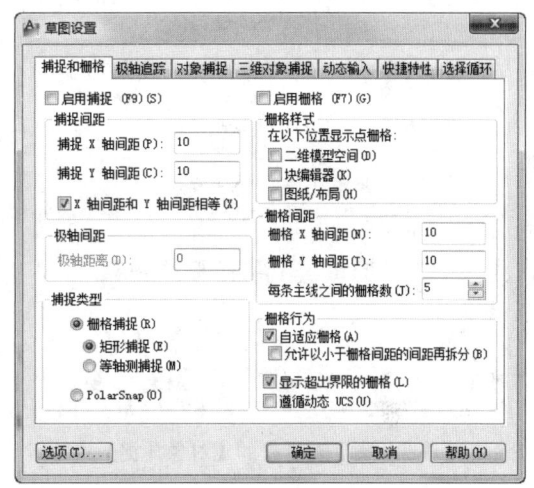

图 2.7 【草图设置】对话框的【捕捉和栅格】选项卡

配。例如,可设置较宽的栅格间距用作参考,但使用较小的捕捉间距以保证定位点时的精确性。

设置栅格的命令是 GRID,设置捕捉的命令是 SNAP。

(5)【捕捉类型】与【极轴间距】: 选中【极轴捕捉】时,对话框中部的【极轴间距】文本框有效,用户可以更改极轴距离值,这样在【极轴追踪】与【捕捉】功能同时打开时,当沿着所设置的极轴角增量及附加角进行追踪时,追踪距离不再连续,而是按【极轴间距】中设置的极轴距离增量追踪。

(6)【栅格行为】:【自适应栅格】用于在缩小时限制栅格密度,【显示超出界限的栅格】中的界限是指图形界限。其他两项一般用于三维绘图时设置栅格的显示方式。

【例 2.5】 利用捕捉和栅格功能绘制图 2.8 所示的电气符号。

(1)打开【捕捉】和【栅格】按钮,并确认当前为【矩形捕捉】模式。

(2)执行【视图】→【缩放】→【全部】,以使栅格区放大至全屏显示。

(3)利用画直线及画圆命令画图示的电气符号,关于操作过程的叙述从略。

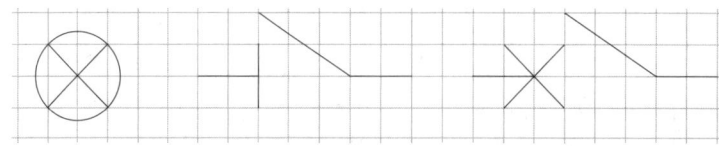

图 2.8 利用捕捉和栅格功能绘制电气符号

2.5.3 对象捕捉与对象追踪

对象捕捉是指将指定点限制为现有对象的某一特征点，如端点、中点、交点或圆心等。使用对象捕捉可以迅速定位对象上的精确位置，而不必知道坐标或绘制辅助线。只要 AutoCAD 提示输入点，就可以指定对象捕捉。

1. 自动捕捉

如果状态栏上【对象捕捉】处于打开状态，当 AutoCAD 提示输入点时，将光标移到对象的对象捕捉位置，将显示标记和工具栏提示，此功能称为自动捕捉。哪些点可以被自动捕捉，需要在【草图设置】对话框的【对象捕捉】选项卡中进行设置，如图 2.9 所示。

（1）【启用对象捕捉】：确定是否启用 AutoCAD 的对象捕捉功能，其开关快捷键是 F3 功能键。

（2）【对象捕捉模式】选项区：该区形象地表示出了 13 种点的标记，被选中的点可以被自动捕捉。下面仅将不易理解的点的类型加以介绍：

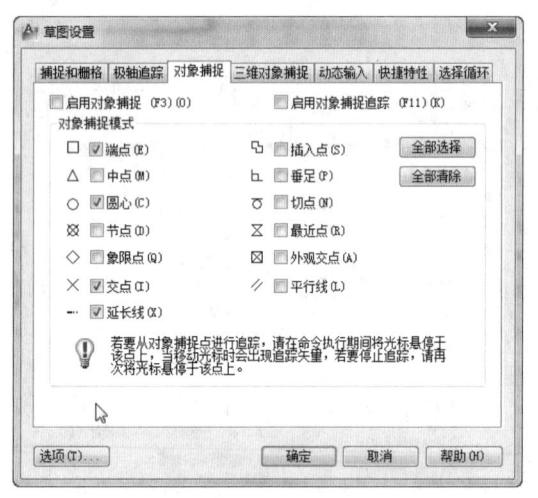

图 2.9 【草图设置】对话框的【对象捕捉】选项卡

- 节点：捕捉单点或对象上的等分点。
- 延伸：当光标经过对象端点时，显示临时延长线，用户可以在这条延长线上确定点以绘制对象。
- 插入点：捕捉创建图块时指定的插入点。
- 最近点：光标移到线条附近时，会出现最近点标记，在线条合适位置附近单击鼠标即可确定输入点落在线条上。
- 外观交点：两个对象在三维空间不相交，但在当前视图中看起来有交点，这个交点即外观交点。
- 平行：通过直线条外的指定点绘制该线条的平行线可使用捕捉到平行功能。

从 AutoCAD 2009 开始，设置自动捕捉点变得更为方便，只要在 按钮上，单击鼠标右键，从弹出的快捷菜单中选择欲捕捉的点即可。

2. 临时捕捉

在绘图过程中，经常用到对象捕捉，但是如果将每类特征点都设置为自动捕捉模式，在捕捉点时很可能会出现不需要的点标记，干扰正确的捕捉。因此，只需将在绘图中经常需要捕捉的点设置为自动捕捉模式，而其余类型的点，需要捕捉时可临时指定，称这种捕

2.5 辅助绘图工具

捉模式为指定对象捕捉或临时捕捉。

启用指定对象捕捉功能有以下四种方式：
- 在对象捕捉按钮 上单击鼠标右键，在弹出的快捷菜单中选择相应点的类型。
- 在【对象捕捉】工具栏中选择相应点的类型。
- 按住 Shift（或 Ctrl）键并单击右键，在弹出的对象捕捉快捷菜单中选择相应点的类型。
- 在命令行提示需要指定点时，输入需要捕捉点的英文代号，并按 Enter 键。各类点的英文代号见表 2.1。

表 2.1 各类点的英文代号

点名称	英文代号	点名称	英文代号	点名称	英文代号
临时追踪点	tt	外观交点	appint	平行线	par
自	from	延长线	ext	节点	nod
两点之间的中点	m2p	圆心	cen	插入点	ins
端点	endp	象限点	qua	最近点	nea
中点	mid	切点	tan	无	non
交点	int	垂足	per		

【对象捕捉】工具栏及【对象捕捉】右键快捷菜单如图 2.10 所示，个别说明如下：
- 【临时追踪点】：即临时启用【对象追踪】。
- 【自】：可以捕捉与指定点在 X 和 Y 方向上位移已知的点。
- 【点过滤器】：用以将原有两个以上点的坐标按过滤条件组合成新的点坐标。
- 【无】：相当于临时取消自动捕捉模式。
- 【对象捕捉设置】：调出【对象捕捉】对话框以进行设置。

3. 对象追踪

使用对象捕捉追踪，将显示相对于获取点的水平、垂直或极轴对齐路径。例如，可以基于对象端点、中点或者对象的交点，沿着某个路径选择一点。

打开状态栏上【对象追踪】按钮，等同于选中图 2.9 所示对话框的【启用对象捕捉追踪】复选框，可以启用对象自动捕捉追踪功能，其开关快捷键是 F11 功能键。绘图时 AutoCAD 提示用户确定一点时，将光标指向被追踪点，出现点标记后，在绘图路径上移动光标，它可以沿着基于该点的对齐路径进行追踪。AutoCAD 支持同时追踪多至 7 个点以联合确定点的位置。

【例 2.6】 打开图 2.1，补充绘制一个半径为 15 的圆，圆心在凹槽底边中点正下方 27 个图形单位，最后另存文件。

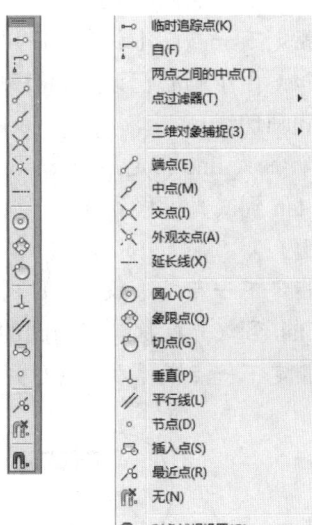

图 2.10 【对象捕捉】工具栏和
【对象捕捉】右键快捷菜单

命令：_circle 指定圆的圆心或 [三点（3P）/两点（2P）/切点、切点、半径（T）]：_tt 指定临时对象追踪点：（单击【对象捕捉】工具栏上的 按钮）

_mid 于（单击【对象捕捉】工具栏上的 按钮，将光标移到凹槽底边中点附近，出现中点标记后，单击鼠标）

指定圆的圆心或 [三点（3P）/两点（2P）/切点、切点、半径（T）]：27↙（向下移动光标，会出现一条表示追踪轨迹的虚线，如图2.11（a）所示，此时输入距离）

指定圆的半径或 [直径（D）]：15↙

效果如图2.11（b）所示。

将当前文件另存为"图2.11.dwg"。

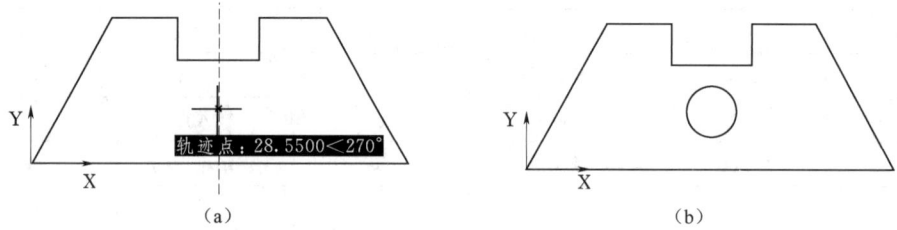

图2.11 利用【对象捕捉】工具栏（或面板）实现对象追踪功能

【例2.7】 绘图2.12（b）所示两圆的圆心连线及公切线。

（1）在【对象捕捉】选项卡中单击【全部清除】按钮，然后复选【圆心】及【切点】项。

（2）选中【启用对象捕捉】复选按钮，然后单击【确定】按钮。

（3）执行如下命令序列。

命令：_line 指定第一点：（捕捉一圆的圆心）

指定下一点或 [放弃（U）]：（捕捉另一圆的圆心）

指定下一点或 [放弃（U）]：↙

（4）由于圆心已设置为自动捕捉，可能画两圆的公切线会受到影响，下面采取临时捕捉模式画切线。

命令：_line 指定第一点：（单击【对象捕捉】工具栏上的 按钮）

_tan 到（光标移到其中一圆的圆周，出现【递延切点】标记，如图2.12（a）所示，单击左键）

指定下一点或 [放弃（U）]：（单击【对象捕捉】工具栏上的 按钮）

_tan 到（光标移到另一圆的圆周，出现递延切点标记，单击左键）

指定下一点或 [放弃（U）]：↙

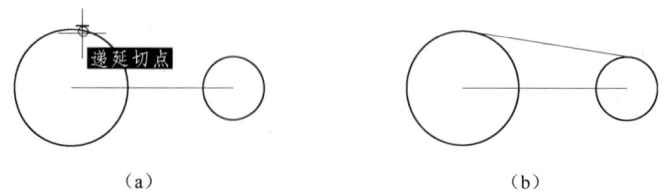

图2.12 对象捕捉示例

2.5 辅助绘图工具

【例 2.8】 绘制图 2.13 所示的中心带有通孔的钢板三视图,最后保存文件。

(1) 以第 1 章 1.7 节创建的样板文件"01 电气.dwt"开始,新建文件。

(2) 在"实体"层绘制主视图以及另两个视图的矩形轮廓。

1) 在【图层】工具栏(或面板)的下拉列表框中,单击"实体"层的名称将该层置为当前。

2) 画正视图中的矩形。

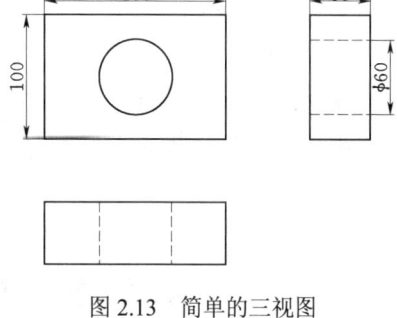

图 2.13 简单的三视图

单击绘图工具栏(或面板)上的画矩形按钮,按命令行提示操作:

命令:_rectang

指定第一个角点或 [倒角(C)/标高(E)/圆角(F)/厚度(T)/宽度(W)]:(在合适位置单击鼠标,指定矩形的左下角点)

指定另一个角点或 [面积(A)/尺寸(D)/旋转(R)]: @150, 100↙

3) 画正视图中的圆。

单击绘图工具栏(或面板)上的画圆按钮,按命令行提示操作:

命令:_circle 指定圆的圆心或 [三点(3P)/两点(2P)/切点、切点、半径(T)]: _m2p (在对象捕捉右键快捷菜单中选择【两点之间的中点】)

中点的第一点: 中点的第二点:(分别捕捉矩形左右两边的中点)

指定圆的半径或 [直径(D)]: 30↙

还可以利用对象追踪捕捉矩形的中心点,操作如下:

a. 确认状态栏上的【对象捕捉】按钮□和【对象追踪】按钮∠都打开,并将【端点】、【中点】、【交点】以及【象限点】设置为自动捕捉模式。

b. 光标移至左侧宽边中点附近,出现中点标记后,水平向右移动鼠标会出现追踪线,然后将光标移至上侧中点附近,出现中点标记后,垂直向下移动鼠标,又出现一条追踪线,在图 2.14(a)所示的状态下单击鼠标即可捕捉到矩形的中心点。

4) 画左视图中的矩形。

单击绘图工具栏(或面板)上的画矩形按钮,按命令行提示操作:

命令:_rectang

指定第一个角点或 [倒角(C)/标高(E)/圆角(F)/厚度(T)/宽度(W)]: 70↙ [如图 2.14(b)所示,向右追踪主视图矩形的右下角点 70 个图形单位:光标移至主视图右下角点附近,出现端点标记后,水平向右移动鼠标会出现追踪线,然后输入距离即指定了左视图矩形的左下角点。]

指定另一个角点或 [面积(A)/尺寸(D)/旋转(R)]: 120↙ (向右追踪主视图矩形的右上角点 120 个图形单位以指定左视图矩形右上角点)

5) 俯视图中的矩形可参照上一步的操作方法绘制,不再赘述。

(3) 画左视图及俯视图中的虚线。

1）将"虚线"层置为当前。
2）画左视图中的虚线。
单击绘图工具栏（或面板）上的画直线按钮，按命令行提示操作。
命令：_line 指定第一点：［向右追踪主视图中圆的上象限点，在追踪路径上出现与左视图矩形左边的交点标记时，单击鼠标即可指定直线的起点，如图 2.14（c）所示。］

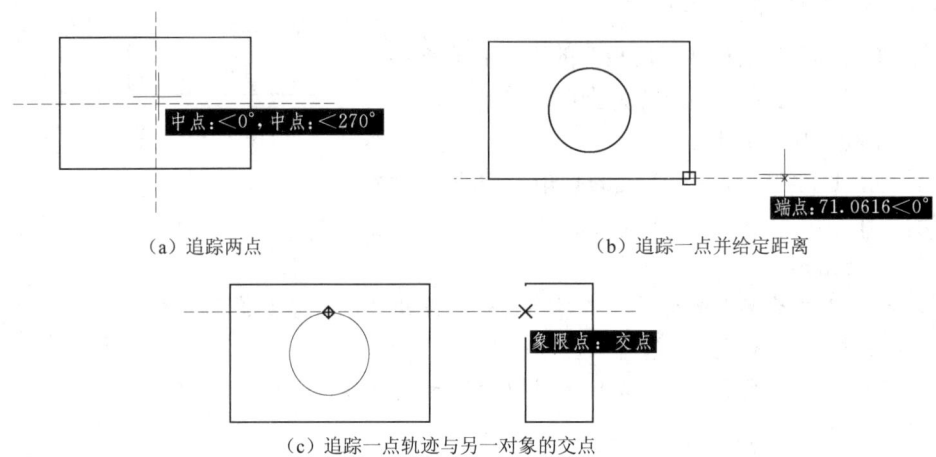

图 2.14　对象追踪示例

指定下一点或［放弃（U）］:（单击【对象捕捉】工具栏（或面板）上的 ⊥ 按钮）
_per 到（将光标水平移至左视图右边，出现垂足标记时，单击鼠标拾取垂足，即指定了直线的端点）
指定下一点或［放弃（U）］:✓
3）左视图及俯视图中的另外三条虚线参照上一步的操作方法绘制，不再赘述。
最后，将当前文件保存为"图 2.13.dwg"。

【例 2.9】　利用【捕捉自】功能绘制 A3 标准图框。
（1）绘制外框线矩形。
命令：_rectang
指定第一个角点或［倒角（C）/标高（E）/圆角（F）/厚度（T）/宽度（W）］:（任意指定一点）
指定另一个角点或［面积（A）/尺寸（D）/旋转（R）］:@420,297✓
（2）绘制内框线矩形。
命令：_rectang
指定第一个角点或［倒角（C）/标高（E）/圆角（F）/厚度（T）/宽度（W）］:（单击对象捕捉工具栏上的 按钮）
_from 基点:（捕捉外框线的左下角点）
<偏移>:@25,5✓
指定另一个角点或［面积（A）/尺寸（D）/旋转（R）］:（单击捕捉工具栏上的 按钮）
_from 基点:（捕捉外框线的右上角点）

<偏移>：@-5，-5↙

A3 标准图框如图 2.3 所示。

2.5.4 动态输入

【草图设置】对话框的【动态输入】选项卡如图 2.15 所示，从中可以对动态输入进行设置。说明如下：

（1）【指针输入】：当启用指针输入且有命令在执行时，十字光标的位置将在光标附近的工具栏提示中显示为坐标。可以在工具栏提示中输入坐标值，而不用在命令行中输入。

单击【指针输入】区的【设置】按钮，可弹出【指针输入设置】设置对话框，用以修改坐标的默认格式，以及控制指针输入工具栏提示何时显示。

图 2.15 【草图设置】对话框的【动态输入】选项卡

（2）【标注输入】：启用标注输入时，当命令提示输入第二点时，工具栏提示将显示距离和角度值。在工具栏提示中的值将随着光标移动而改变。按 Tab 键可以移动到要更改的值。标注输入可用于绘制圆弧、圆、椭圆、直线、多段线等命令。

（3）【动态提示】：启用动态提示时，提示会显示在光标附近的工具栏提示中。用户可以在工具栏提示（而不是在命令行）中输入响应。按向下方向键可以查看和选择选项。按向上方向键可以显示最近的输入。

动态输入不会取代命令窗口。可以隐藏命令窗口以增加绘图屏幕区域，必要时再显示命令窗口，控制命令窗口是否显示的开关是 Ctrl+9 组合键。另外 F2 键是 AutoCAD 文本窗口的开关，在命令窗口关闭的状态下，可根据需要隐藏和显示文本窗口，从而显示命令提示和错误消息。

是否启用动态输入功能的快捷键为 F12 功能键。

【快捷特性】、【选择循环】、【推断约束】功能分别在 3.21 节、3.1 节、2.18 节加以介绍。

2.6 绘制圆弧命令 ARC

绘圆弧的方法有多种，要求已知条件除起点外，还要知道以下条件中的两个：①圆心；②端点；③弧上一点；④包角；⑤弦长；⑥方向；⑦弧长；⑧半径。

执行 ARC 命令可采用以下三种方式：

- 绘图工具栏（或面板）⌒。
- 命令行：ARC↙。
- 菜单：【绘图】→【圆弧】。

【例 2.10】 如图 2.16（a）所示，用两条平行的垂直线表示两根相距 50m（图中用 50 个图形单位表示）的杆塔，已知两杆塔导线悬挂点（此例假设为杆顶）距地 16m（图中用

16个图形单位表示),中间所架设的导线最大弧垂为1.5m。

(1)画表示电杆的直线。

命令:_line 指定第一点:100,100✓

指定下一点或[放弃(U)]:16✓(正交向上导向)

指定下一点或[放弃(U)]:✓

命令:

命令:_line 指定第一点:150,100✓

指定下一点或[放弃(U)]:16✓(正交向上导向)

指定下一点或[放弃(U)]:✓

效果如图2.16(a)所示。下面绘制用弧线表示的导线。

(2)为了确定圆弧的最低点,绘制两直线下端点的水平连接线。

(3)启动画圆弧命令。

命令:_arc 指定圆弧的起点或[圆心(C)]:(捕捉左边直线的上端点)

指定圆弧的第二个点或[圆心(C)/端点(E)]:14.5✓(向上追踪水平线的中点)

指定圆弧的端点:(捕捉右边直线的上端点)

(4)在水平直线上单击鼠标,然后按 Delete 键删除该直线。

效果如图2.16(b)所示。

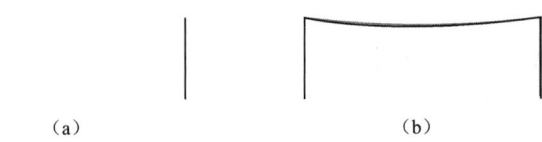

图2.16 绘制悬垂导线示意图

【例2.11】 绘制图2.17所示的敞开角度为90°的门符号。

(1)绘制表示门板的矩形。

1)命令:_rectang

指定第一个角点或[倒角(C)/标高(E)/圆角(F)/厚度(T)/宽度(W)]:(指定左下角点)

指定另一个角点或[面积(A)/尺寸(D)/旋转(R)]:@45,750✓

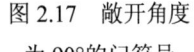

图2.17 敞开角度为90°的门符号

2)执行缩放全图的操作。

(2)绘制表示门的开启方向及角度的圆弧。

命令:_arc 指定圆弧的起点或[圆心(C)]:C✓

指定圆弧的圆心:(捕捉矩形的左下角点)

指定圆弧的起点:(捕捉矩形的左上角点)

指定圆弧的端点或[角度(A)/弦长(L)]:A✓

指定包含角:-90✓

说明:

(1)圆弧具有方向性,默认的方向是逆时针方向。如果要画顺时针方向的圆弧,用三点画弧法或者确定负的角度。

（2）有时直接绘制圆弧比较麻烦，可以使用修剪（TRIM）命令修剪圆得到圆弧，也可使用圆角（FILLET）命令在两个对象之间产生圆弧。

（3）在【绘图】→【圆弧】的子菜单中，选择【继续】，可以绘制与上一条圆弧相切的圆弧。

（4）如果输入负的半径值，则画出优弧。

2.7　绘制椭圆命令 ELLIPSE

使用 ELLIPSE 命令，可以绘制椭圆或椭圆弧，默认的画椭圆方式是确定第一个轴的两个端点，然后给出第二个轴的半轴长。

执行 ELLIPSE 命令可采用以下方式：
- 【绘图】工具栏（或面板）⬭。
- 命令行：ELLIPSE↙。
- 菜单：【绘图】→【椭圆】。

【例 2.12】　绘制如图 2.18 所示的椭圆。

（1）画竖直线长 100。

（2）画水平线长 75：起点为竖线的中点。

（3）以默认方式绘制内部的椭圆。

命令：_ellipse

指定椭圆的轴端点或［圆弧（A）/中心点（C）］：（捕捉水平线的一个端点）

指定轴的另一个端点：（捕捉水平线的另一个端点）

指定另一条半轴长度或［旋转（R）］：25 ↙

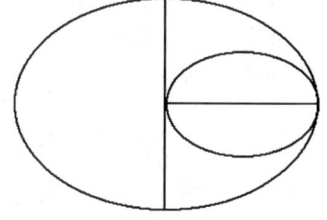

图 2.18　画椭圆示例

（4）单击【绘图】面板上的 ⬭圆心 单选按钮（或【绘图】工具栏上的 ⬭ 按钮），用【圆心】方式绘制外面的椭圆。

命令：_ellipse

指定椭圆的轴端点或［圆弧（A）/中心点（C）］：_c（或 C↙）

指定椭圆的中心点：（捕捉两直线的交点）

指定轴的端点：（捕捉水平线的另一个端点）

指定轴的另一个端点：（捕捉竖直线一个端点）

2.8　绘制正多边形命令 POLYGON

执行 POLYGON 命令可采用以下四种方式：
- 【绘图】工具栏⬠。
- 单击【绘图】面板▭·右侧的下拉三角，选择⬠。
- 命令行：POLYGON↙。

- 菜单:【绘图】→【正多边形】。

【例2.13】 绘制图2.19所示的六角螺母。

(1) 画两个半径分别为50和30的同心圆。

(2) 绘制大圆的外切正六边形。

命令: _polygon 输入边的数目<4>: 6↵

指定正多边形的中心点或 [边 (E)]:(捕捉圆心)

输入选项 [内接于圆 (I) /外切于圆 (C)] <I>: C↵

指定圆的半径:(捕捉大圆的上象限点)

(3) 绘制表示螺纹的圆弧。

命令: _arc 指定圆弧的起点或 [圆心 (C)]: C↵

指定圆弧的圆心:(捕捉圆心)

指定圆弧的起点: @0, -35

指定圆弧的端点或 [角度 (A) /弦长 (L)]: A↵

指定包含角: -270↵

【例2.14】 绘制图2.20所示的具有反馈通道的放大器符号。

绘制图中两个正三角形的操作过程如下:

命令: _polygon 输入边的数目<4>: 3↵

指定正多边形的中心点或 [边 (E)]: E↵

指定边的第一个端点:(在合适位置单击鼠标指定一点)

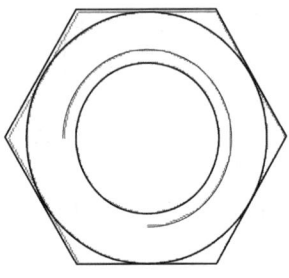

图2.19 六角螺母

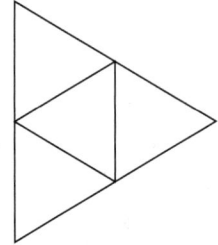

图2.20 具有反馈通道的放大器符号

指定边的第二个端点: 50(正交向下导向)

命令: ↵(重复上一个命令)

命令: _polygon 输入边的数目<3>: ↵

指定正多边形的中心点或 [边 (E)]: E↵

指定边的第一个端点: 指定边的第二个端点:(按逆时针顺序捕捉上述正三角形的两边的中点)

2.9 绘制圆环命令 DONUT

用户只需指定内径和外径,便可连续选取圆心绘出多个圆环。

执行 DONUT 命令可采用的三种方式：
- 展开【绘图】面板，选择 ◎。
- 命令行：DONUT↙。
- 菜单：【绘图】→【圆环】。

【例 2.15】 如图 2.21 所示，绘制表示导线连接处的小黑点。

（1）画两条相交的直线。
（2）绘制填充的实心圆环。

命令：_donut
指定圆环的内径<10.0000>：0↙
指定圆环的外径<20.0000>：5↙
指定圆环的中心点或<退出>：（捕捉两直线的交点）
指定圆环的中心点或<退出>：↙

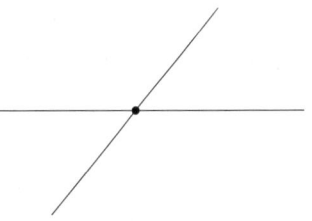

图 2.21　用填充的实心圆环表示导线相接

说明：AutoCAD 用系统变量 FILLMODE 控制图形（包括圆环、多段线、图案填充和具有固定线宽的矩形等）的填充方式，FILLMODE 的默认值为 1 即填充模式，当 FILLMODE 的值设置为 0 时，图形为非填充模式。

2.10　绘制多段线命令 POLYLINE

多段线是 AutoCAD 绘图中比较常见的一种实体，通过绘制多段线，可以得到一个由若干直线和圆弧连接而成的折线或曲线。整条多段线是一个实体，可以统一对其进行编辑。另外，多段线中每段线条还可以设置为不同的线宽，因此，多段线也称为变宽线。前面所讲到的正多边形、矩形、圆环等都属于多段线的特例。

执行 POLYLINE 命令可采用的三种方式：
- 【绘图】工具栏（或面板）。
- 命令行：POLYLINE↙。
- 菜单：【绘图】→【多段线】。

【例 2.16】 绘制图 2.22 所示的图形。

命令：_pline
指定起点：100，100↙
当前线宽为 0.0000
指定下一个点或 [圆弧（A）/半宽（H）/长度（L）/放弃（U）/宽度（W）]：100↙（正交向右导向）
指定下一点或 [圆弧（A）/闭合（C）/半宽（H）/长度（L）/放弃（U）/宽度（W）]：A↙
指定圆弧的端点或 [角度（A）/圆心（CE）/闭合（CL）/方向（D）/半宽（H）/直线（L）/半径（R）/第二个点（S）/放弃（U）/宽度（W）]：60↙
指定圆弧的端点或 [角度（A）/圆心（CE）/闭合（CL）/方向（D）/半宽（H）/直线（L）/半径（R）/第二个点（S）/放弃（U）/宽度（W）]：L↙

指定下一点或 [圆弧（A）/闭合（C）/半宽（H）/长度（L）/放弃（U）/宽度（W）]：100↙（正交向左导向）

指定下一点或 [圆弧（A）/闭合（C）/半宽（H）/长度（L）/放弃（U）/宽度（W）]：A↙

指定圆弧的端点或 [角度（A）/圆心（CE）/闭合（CL）/方向（D）/半宽（H）/直线（L）/半径（R）/第二个点（S）/放弃（U）/宽度（W）]：CL↙

最后，将图形保存为"图2.22.dwg"。

【**例2.17**】 利用多段线可设置各段宽度的特性，绘制图2.23所示的防爆荧光灯符号。

图2.22 闭合的多段线

图2.23 防爆荧光灯符号

（1）打开正交功能，先画一条长5个图形单位的竖线。
（2）启动绘制多段线命令。
（3）捕捉竖线的中点作为多段线的起点。
（4）向右移动光标25个图形单位，单击鼠标确定第一段细线的右端点。
（5）输入W↙。
（6）指定起点宽度<0.0000>：0↙。
指定端点宽度<0.0000>：5↙。
（7）向右移动光标4个图形单位，单击鼠标确定多段线的右端点。
（8）↙。

2.11 绘制点命令

在AutoCAD中，点也是一种图形实体，具有各种实体属性。一般把它们作为绘图时的辅助点，如某些对象的等分点、插入图形符号时的定位点等。

绘点前，应预先设置好点的样式，以便观察及使用。

2.11.1 设置点样式命令 DDPTYPE

执行DDPTYPE命令可采用以下两种方式：
- 命令行：DDPTYPE↙。
- 菜单：【格式】→【点样式】。

执行该命令，出现图2.24所示【点样式】对话框。

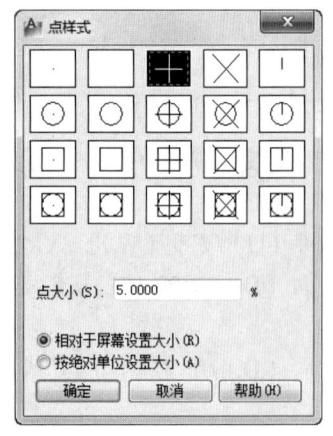
图2.24 【点样式】对话框

对话框的上部是可供选择的点的样式，下部的【点大小】文本框中输入的数值决定点的大小，两个单选按钮决定了点大小的控制方法，其中【相对于屏幕设置尺寸】是指设定点的大小占整个屏幕显示的百分数。虽然在这种方式下，使用ZOOM命令点的显示也会发生变化，但屏幕缩放后,执行 REGEN 命令(重生成)会发现点恢复为原来的显示状态。

2.11.2 绘制单点

绘制单点可采用的方式如下:

- 【绘图】→【点】→【单点】。

2.11.3 绘制多点命令 POINT

- 【绘图】工具栏(或展开【绘图】面板) 。
- 命令行:POINT↙。
- 菜单:【绘图】→【点】→【多点】。

可以通过按 Esc 键结束绘制多点命令。

2.11.4 绘制定数等分点命令 DIVIDE

- 【绘图】面板 。
- 命令行:DIVIDE↙。
- 菜单:【绘图】→【点】→【定数等分】。

2.11.5 绘制定距等分点命令 MEASURE

- 【绘图】面板 。
- 命令行:MEASURE↙。
- 菜单:【绘图】→【点】→【定距等分】。

【例 2.18】 如图 2.25(a)所示的一个钝角,要求画出它的 1/3 角平分线,效果如图 2.25(b)所示。

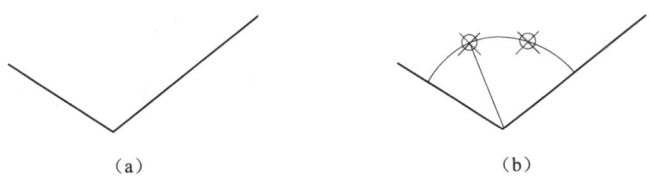

图 2.25 用点等分对象

(1)【绘图】→【圆弧】→【圆心、起点、端点】,命令行提示:

命令:_arc 指定圆弧的起点或 [圆心(C)]:_c 指定圆弧的圆心:(捕捉角的顶点)

指定圆弧的起点:(捕捉右侧边的中点)

指定圆弧的端点或 [角度(A)/弦长(L)]:(捕捉左侧边的中点)

(2)打开【点样式】对话框。

(3)在第二行第四列类型框中单击,选择该类型为点的样式。

(4)单击【确定】按钮,关闭【点样式】对话框。

(5)【绘图】→【点】→【定数等分】,命令行提示:

命令:_divide

选择要定数等分的对象:(选择圆弧)

输入线段数目或 [块(B)]:3↙

(6)绘制从角顶点至一个等分点(节点)的连线。

2.12 绘制构造线和射线

构造线和射线通常用作辅助作图线。构造线一般用于确定机械三视图布局，以及绘制大型建筑平面图时用以标定轴线位置等。

可使用修剪（TRIM）命令剪去构造线的一端使其变成射线，剪去两端使其变成直线。

绘制构造线可采用以下三种方式：
- 【绘图】工具栏（或展开【绘图】面板）。
- 命令行：XLINE↙。
- 菜单：【绘图】→【构造线】。

绘制射线可采用以下三种方式：
- 【绘图】面板。
- 命令行：RAY↙。
- 菜单：【绘图】→【射线】。

【例 2.19】 在样板文件"01 电气.dwt"的基础上添加图层，然后将该样板文件保存为"02 电气.dwt"，并以该样板文件开始绘制图 2.26 所示的某别墅首层平面的轴线。

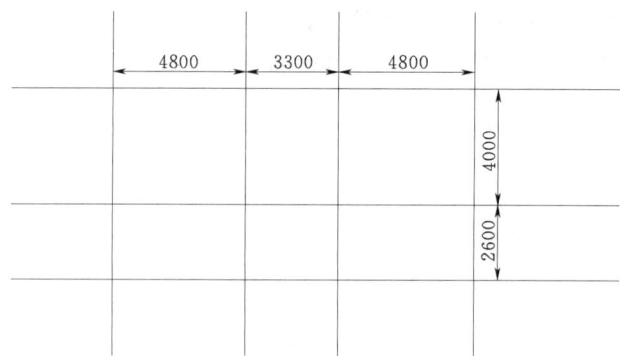

图 2.26 用构造线命令画建筑物轴线

（1）打开第 1 章 1.9 节创建的样板文件"01 电气.dwt"。

（2）按图 2.27 所示新建图层并设置其特性。

状	名称	开	冻...	锁..	颜色	线型	线宽	透明度	打...	打印	新视口...
✓	0	♀	☼	🔓	白	Conti...	—— 默认	0	Col...	🖨	🗔
⇆	标注	♀	☼	🔓	绿	Conti...	—— 默认	0	Col...	🖨	🗔
⇆	窗	♀	☼	🔓	青	Conti...	—— 默认	0	Col...	🖨	🗔
⇆	门	♀	☼	🔓	黄	Conti...	—— 默认	0	Col...	🖨	🗔
⇆	墙	♀	☼	🔓	白	Conti...	—— 0.70 ...	0	Col...	🖨	🗔
⇆	填充	♀	☼	🔓	洋红	Conti...	—— 默认	0	Col...	🖨	🗔
⇆	文字	♀	☼	🔓	绿	Conti...	—— 默认	0	Col...	🖨	🗔
⇆	轴线	♀	☼	🔓	红	Conti...	—— 默认	0	Col...	🖨	🗔

图 2.27 新建图层并设置特性

（3）将当前文件另存为样板文件"02 电气.dwt"。

(4) 以样板文件"02 电气.dwt"开始,新建文件。
(5) 设置图形界限:左下角为(0,0),右上角为(20000,15000)。
(6) 执行缩放全图操作。
(7) 打开【对象捕捉】按钮□和【对象追踪】按钮∠。
(8) 启动 XLINE 命令:

命令: _xline 指定点或 [水平(H)/垂直(V)/角度(A)/二等分(B)/偏移(O)]: H✓
指定通过点:(在屏幕上部单击鼠标,确定第一条构造线的位置,AutoCAD 认为单击鼠标处指定的点为构造线的"中点")
指定通过点: 4000✓ (向下追踪第一条构造线的中点)
指定通过点: 2600✓ (向下追踪第二条构造线的中点)
指定通过点: ✓

至此,水平构造线绘制完毕。垂直构造线可参照上述方法绘制。

2.13 绘制多线命令 MLINE

多线可包含 2~16 条平行线,称这些平行线为多线的元素。通过指定距多线初始位置的偏移量可以确定元素的位置。用户可以创建和保存多线样式,或者使用具有两个元素的缺省样式,还可以为每个元素分别设置颜色、线型等。

2.13.1 绘制多线

执行 MLINE 命令可采用以下两种方式:
- 命令行:MLINE✓。
- 菜单:【绘图】→【多线】。

下面对启动 MLINE 后的命令行提示及选项说明如下:

命令: _mline
当前设置:对正=上,比例=1.00,样式=STANDARD
指定起点或 [对正(J)/比例(S)/样式(ST)]:

- 对正:指定多线与所指定的起点的相对位置关系。"上"表示在指定的起点下方绘制多线,即多线最上一条线的起点与指定的起点重合;"下"表示在指定的起点上方绘制多线,即多线最下一条线的起点与指定的起点重合;"无"表示将光标作为原点绘制多线,即在组成多线的元素中,"元素特性"的偏移为 0.0 的线(可能不可见)的起点与指定的起点重合。
- 比例:该比例值与多线样式中设置的各直线元素偏移值的乘积就是要绘制出的多线的各直线元素的实际偏移值。
- 样式:设置多线组成元素的数目及线型。

【例 2.20】 STANDARD 是 AutoCAD 自带的多线样式,其上、下两条直线元素的距离为 1 图形单位。利用这个线型,在图 2.26 的基础上绘制墙体,绘制效果如图 2.28 所示。

第 2 章 基本图形元素的绘制

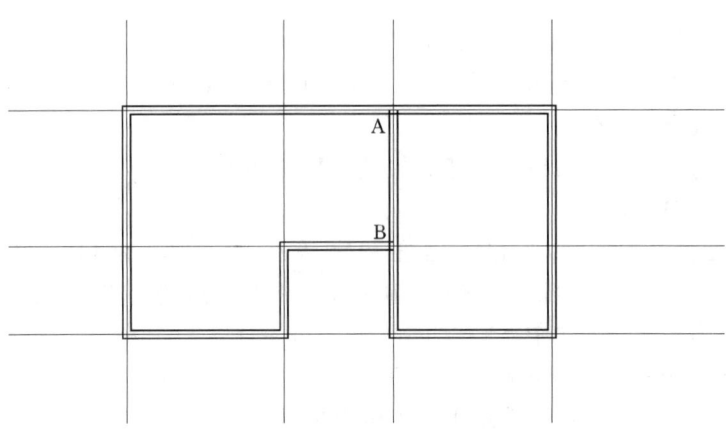

图 2.28 用多线绘制墙体

（1）将"墙线"层置为当前层。

（2）启动 MLINE 命令。

命令：_mline

当前设置：对正=上，比例=20.00，样式=STANDARD

指定起点或 [对正（J）/比例（S）/样式（ST）]：J↙

输入对正类型 [上（T）/无（Z）/下（B）]<上>：Z↙

当前设置：对正=无，比例=20.00，样式=STANDARD

指定起点或 [对正（J）/比例（S）/样式（ST）]：S↙

输入多线比例<20.00>：240↙

当前设置：对正=无，比例=240.00，样式=STANDARD

指定起点或 [对正（J）/比例（S）/样式（ST）]：（捕捉图 2.28 所示的 A 处的轴线交点）

指定下一点：

指定下一点或 [放弃（U）]：

……（按逆时针顺序，依次捕捉轴线交点，最后结束于 B 点）

指定下一点或 [闭合（C）/放弃（U）]：↙

2.13.2 编辑多线命令 MLEDIT

执行编辑多线命令可采取以下两种方式：

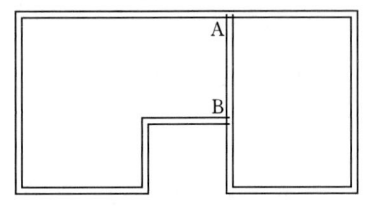

图 2.29 关闭轴线层后的图形

- 命令行：MLEDIT↙。
- 菜单：【修改】→【对象】→【多线】。

【例 2.21】 编辑图 2.28 中的多线，最后保存文件。

（1）为便于编辑，关闭"轴线"层。此时的图形如图 2.29 所示。显然墙线起点及终点的连接处需要打开。

（2）启动 MLEDIT 命令，则弹出图 2.30 所示的对话框。

（3）选中第 2 行第 2 列的【T 形打开】按钮。按命令行提示操作：

2.13 绘制多线命令 MLINE

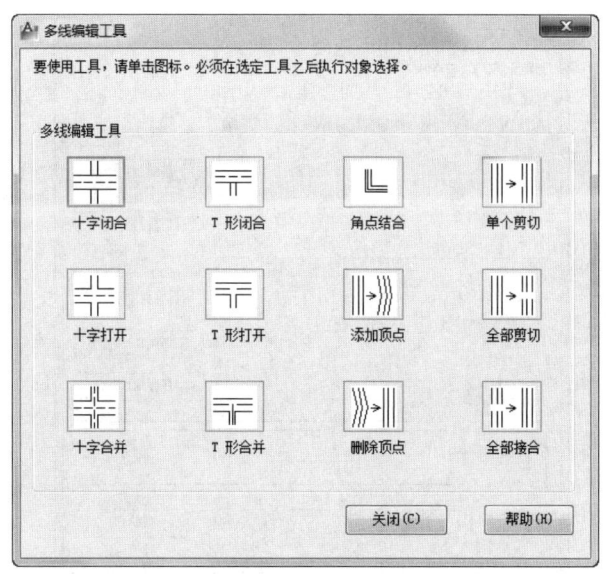

图 2.30 【多线编辑工具】对话框

命令: _mledit

选择第一条多线:（选择 A 处的竖直的多线）

选择第二条多线:（选择 A 处的水平的多线）

选择第一条多线: 或 [放弃（U）]:（选择 B 处的水平的多线）

选择第二条多线:（选择 B 处的竖直的多线）

选择第一条多线或 [放弃（U）]:✓

效果如图 2.31 所示。

（4）将文件保存为"图 2.31.dwg"。

2.13.3 设置多线样式命令 MLSTYLE

此命令使用户能创建自己的多线线型或加载使用已经存在的线型。

执行设置多线样式命令可采取以下两种方式：

图 2.31 修改后的墙体

- 命令行：MLSTYLE✓。
- 菜单：【格式】→【多线样式】。

启动 MLSTYLE 命令后，弹出图 2.32 所示的对话框。在这个对话框中，用户可添加、保存新创建的多线样式，也可加载已有的多线样式。

【例 2.22】 创建名称为 ML7 的多线样式。

（1）启动 MLSTYLE 命令，在弹出的【多线样式】对话框中单击【新建】按钮，弹出【创建新多线样式】对话框。

（2）输入新样式名"ML7"，然后单击【继续】按钮，弹出【新建多线样式】对话框，如图 2.33 所示。在这个对话框中，用户可设置组成多线的各个元素（直线）的线型、颜色以及各条直线间的距离等。

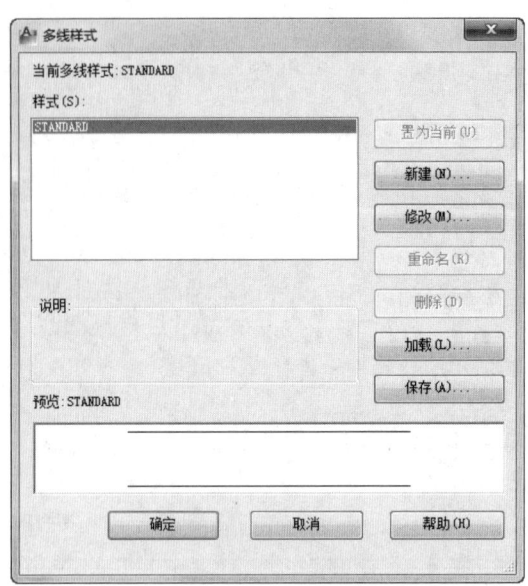

图 2.32 【多线样式】对话框

图 2.33 【新建多线样式】对话框

（3）连续单击【添加】按钮 5 次。

（4）当前，组成多线的元素应该有 7 条直线。从上至下依次选中各元素，并在【偏移】文本框中将其偏移依次设置为 3、2、1、0、-1、-2、-3。当然，用户可同时设置各直线元素的线型及颜色，此例不进行设置，接受初始值。

（5）单击【确定】按钮，返回【多线样式】对话框，会发现在【样式】区新增了"ML7"样式。

（6）如果仅在当前绘图中应用"ML7"样式，可以选中它，然后单击【置为当前】按钮。如果以后还需要这个多线样式，可以将它保存起来：

1）在对话框中单击【保存】按钮，又弹出【保存多线样式】对话框，如图 2.34 所示。

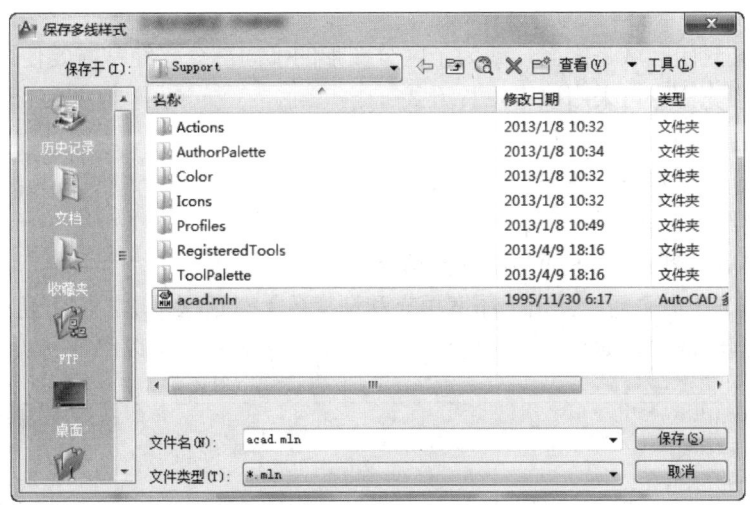

图 2.34 【保存多线样式】对话框

2）在【文件名】文本框中输入 ML7，保存类型为"*.mln"不变。最后单击【保存】按钮，则返回【多线样式】对话框。

3）单击【确定】按钮，新的多线样式自动被设置为当前样式。

【例 2.23】 应用［例 2.22］中所建的多线样式 ML7，完成图 2.35 所示两集成电路块的连接。设两个芯片的长为 12，宽为 24，它们之间的水平距离为 48。

（1）接［例 2.22］，设多线样式 ML7 已被置为当前样式。

（2）启动 MLINE 命令。

（3）设置对正方式为【无】。

（4）设置比例为 3。

（5）捕捉左边矩形的中点为多线起点。

（6）在正交方式下向右导向，输入 24，确定多线的第二个端点。

（7）水平向左追踪右边矩形的长边的中点，直至出现追踪线与多线中心的交点（图 2.36），拾取此点作为多线的第 3 个端点。

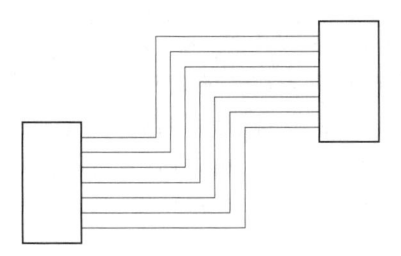

图 2.35 用多线表示集成电路块的连线

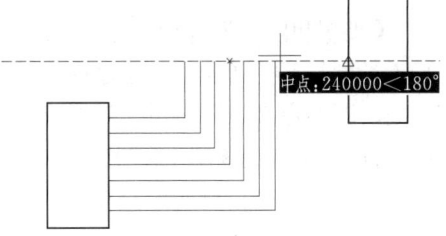

图 2.36 利用对象追踪确定多线的端点

（8）捕捉右边矩形的长边的中点，作为多线的第 4 个端点。按 Enter 键结束命令。

2.14 图案填充命令 BHATCH

为了表示某封闭区域是剖面，或为了区分图形的不同部分，经常需要使用图案填充。
执行图案填充命令可采用以下三种方式：
- 【绘图】工具栏（或面板）。
- 命令行：BHATCH（或 HATCH）✓。
- 菜单：【绘图】→【图案填充】。

2.14.1 AutoCAD 经典工作界面下的图案填充

启动 BHATCH 命令后，弹出【图案填充和渐变色】对话框，单击右下角处的，可展开该对话框的高级选项，如图 2.37 所示。单击右下角处的，可以隐藏高级选项。

图 2.37 【图案填充和渐变色】对话框

1. 【图案填充】选项卡

（1）【类型和图案】选项区。

1）【类型】下拉列表框：通过该框的下拉菜单，用户可确定要填充的图案所属的类型，共有三类，即预定义、用户定义以及自定义。"预定义"选项可以使用系统提供的已定义的图案；"用户定义"选项用于基于图形的当前线型创建直线图案，可以适用当前线型定义指定角度和比例，创建自己的填充图案；"自定义"选项可以根据用户的需求，将定义的填充图案添加到图案文本中。

2）【图案】下拉列表框：列出可用的预定义图案。最近使用的 6 个用户预定义图案出现在列表顶部。单击列表框后面的 按钮，会弹出【填充图案选项板】对话框，便于用户直观地选择所需要的图案。

3)【样例】预览窗口：显示选定图案的预览图像。可以单击预览图像以显示【填充图案选项板】对话框。

4)【自定义图案】下拉列表框：只有在【类型】中选择了【自定义】，此选项才可用。单击列表框后面的 按钮，也会弹出【填充图案选项板】对话框，便于用户直观地选择所需要的自定义图案。

（2）【角度和比例】选项区。

1)【角度】下拉列表框：指定填充图案的旋转角度。

2)【比例】下拉列表框：放大或缩小预定义或自定义图案。只有将【类型】置为【预定义】或【自定义】，此选项才可用。

3)【双向】复选框：对于用户定义的图案，将绘制第二组直线，这些直线与原来的直线成90°角，从而构成交叉填充。只有在【图案填充】选项卡上将【类型】设置为【用户定义】时，此选项才可用。

4)【相对图纸空间】复选框：用于确定是否相对于图纸空间单位缩放填充图案。使用此选项，可很容易地做到以适合于布局的比例显示填充图案。该选项仅适用于布局。

5)【间距】文本框：指定用户定义图案中的相邻平行直线间的距离。

6)【ISO 笔宽】下拉列表框：基于选定笔宽缩放 ISO 预定义图案。

（3）【图案填充原点】选项区。

控制填充图案生成的起始位置。某些图案填充（如砖块图案）需要与图案填充边界上的一点对齐。默认情况下，所有图案填充原点都对应于当前的坐标原点（0，0）。

【指定的原点】：指定新的图案填充原点。单击此选项可使以下选项可用。

1)【单击以设置新原点】：直接指定新的图案填充原点。

2)【默认为边界范围】复选框：可以选择该范围的四个角点及其中心。

（4）【边界】选项区。

1)【添加：拾取点】按钮：单击此按钮，即进入模型空间，用户按提示在需要填充的封闭区域内单击鼠标，则该区域的边界以高亮形式显示。可以连续选取填充区域。选取完毕，按 Enter 键返回边界图案填充对话框。

2)【添加：选择对象】按钮：单击此按钮，用户可通过单击封闭图案边界确定填充区域。

3)【删除边界】按钮：从边界定义中删除以前添加的任何对象。

4)【重新创建边界】按钮：围绕选定的图案填充或填充对象创建多段线或面域，而原边界线保留。

5)【查看选择集】按钮：如果已定义边界，单击此按钮，暂时关闭对话框，显示当前定义的边界。

（5）【选项】选项区。

1)【关联】：控制图案填充与其边界是否关联。关联图案填充与其边界相关联，并且在修改边界时自动更新；非关联填充则独立于它们的边界。

2)【创建独立的图案填充】：控制当指定了几个独立的闭合边界时，创建的图案填充是一体的,还是彼此独立的。

3)【注释性】:这是从 AutoCAD 2008 版开始新增的一个功能,图案填充的注释性主要用于在布局空间有不同比例的视口时,不修改填充比例,填充出打印效果一样的图案。

(6)【继承特性】按钮:单击此按钮,暂时关闭对话框,可以选择已使用的填充样式及特性填充新的封闭区域。

(7)【孤岛】选项区。

指定在最外层边界内填充对象的方法。一般情况下使用【普通】样式。

1)【孤岛检测】:用于控制是否检测内部闭合边界,该边界称为孤岛。

2)【孤岛显示样式】:【普通】、【外部】、【忽略】这三个单选按钮直观地给出了 AutoCAD 判断填充边界的方式。当指定点或选择对象定义填充边界时,在绘图区域单击右键,可以从快捷菜单中选择【普通】、【外部】、【忽略】选项。

(8)【允许的间隙】选项区。

一般要求填充区域是封闭的,但在【公差】文本框中输入数值(1~5000)后,可以设置将对象用作图案填充边界时可以忽略的最大间隙。任何不大于指定值的间隙都将被忽略,并将边界视为封闭。

2.【渐变色】选项卡

【渐变色】选项卡如图 2.38 所示,说明如下:

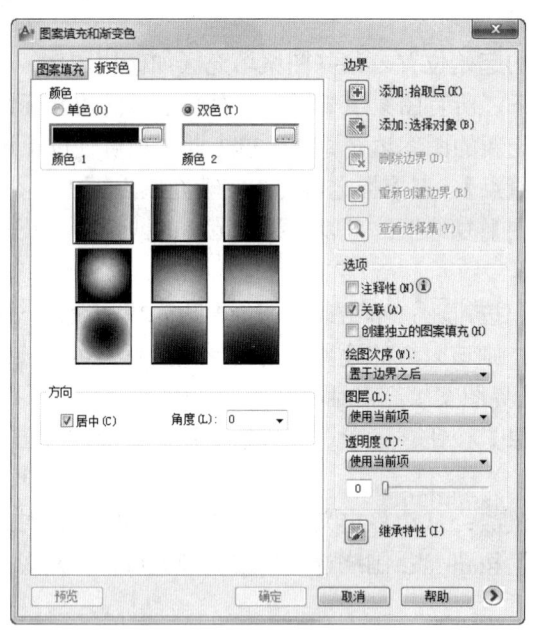

图 2.38 【渐变色】选项卡

(1)【颜色】选项区。

1)【单色】:指定使用从较深着色到较浅色调平滑过渡的单色填充。双击颜色框或单击右侧的 按钮,可弹出【选择颜色】对话框,用以配置填充颜色。可以通过拖动右侧的滑块来调整颜色的深浅。

2.14 图案填充命令 BHATCH

2)【双色】：指定在两种颜色之间平滑过渡的双色渐变填充。

(2)【渐变图案】选项区。

显示九种渐变填充模式的效果图案，供用户选择。

(3)【方向】。

指定渐变色的角度及其是否对称。

1)【居中】复选框：指定对称的渐变配置。如果没有选定此选项，渐变填充将朝左上方变化，创建光源在对象左边的图案。

2)【角度】：指定渐变填充的角度。此选项与指定给图案填充的角度互不影响。

【例 2.24】 打开图 2.31，然后对右侧房间进行图案填充以表示铺设木地板，效果如图 2.39（c）所示。

(1) 将"填充"层置为当前层。

(2) 启动 BHATCH 命令，然后单击【图案】文本框后面的 ![] 按钮。

(3) 在弹出的对话框中选择【其他预定义】选项卡中的 AR-PARQ1 图案。

(4) 单击【确定】按钮，返回【图案填充和渐变色】对话框。

(5) 单击【添加：拾取点】按钮，切换到模型空间。

(6) 在右侧的房间内部单击，确定填充区域。

(7) 按 Enter 键，返回【边界图案填充】对话框。

(8) 单击【预览】按钮。此时的填充效果如图 2.39（a）所示。单块"木地板"的面积太小，应进行放大。

(9) 按 Esc 键返回【图案填充和渐变色】对话框。

(10) 将【比例】改为 3，然后单击【预览】按钮。此时的填充效果如图 2.39（b）所示。

(11) 单击【确定】按钮，完成图案填充命令。为获得更接近真实的效果，还要对图案填充进行编辑。

(12) 在填充图案上双击鼠标，打开【图案填充编辑】对话框。

(13) 选中【指定的原点】按钮，然后单击【单击以设置新原点】按钮 ![]。

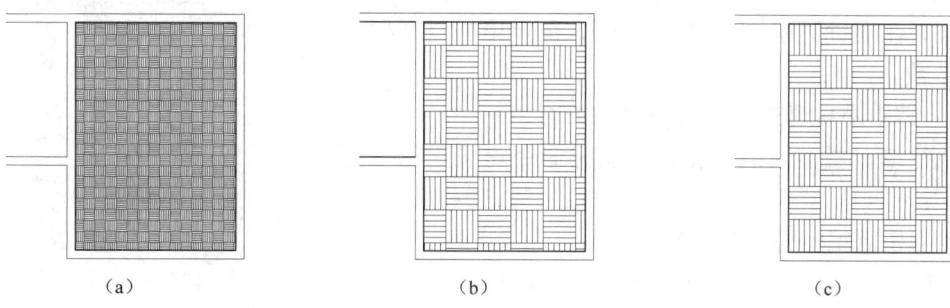

图 2.39 图案填充及编辑示例

(14) 捕捉右侧房间内墙的左下角点作为新的图案填充原点。

(15) 单击【预览】按钮。此时的填充效果如图 2.39（c）所示，单击右键，接受这个效果。

2.14.2 利用功能区进行图案填充

启动 BHATCH 命令后，在功能区弹出【图案填充创建】选项卡，如图 2.40 所示。

图 2.40 【图案填充创建】选项卡

单击【边界】面板标题，可在滑出的面板中选择是否保留图案填充边界，如果选择保留，则进行图案填充时，自动沿边界创建多段线（或面域）。

单击【图案】面板右侧的 ，弹出图案列表供用户选择。

【特性】面板用以设置填充图案的类型、颜色、背景色、角度、比例等特性。

【选项】面板用以设置允许的间隙、填充图案与边界是否关联、一次填充的多处图案是否相互独立、孤岛检测方式等。

2.14.3 使用工具选项板进行图案填充

AutoCAD 提供的工具选项板可以使用户更方便地进行图案填充并设置特性参数。

激活工具选项板窗口有以下几种方式：

- 【标准】工具栏 。
- 【视图】选项卡→【选项板】面板 。
- 【管理】选项卡→【自定义设置】面板 。
- 命令行：TOOLPALETTES↙。
- 菜单：【工具】→【选项板】→【工具选项板】。
- 快捷键：Ctrl+3。

激活工具选项板窗口后，选中【图案填充】选项板，如图 2.41 所示。选中某填充图案，将其拖放到绘图窗口的一个封闭区域，即可实现图案填充。如果需要修改填充比例和角度等参数，可以在选项板上将光标指向该填充图案，在右键菜单中选择【特性】，在弹出的对话框中设置参数。

2.14.4 编辑图案填充命令 HATCHEDIT

执行编辑图案（或渐变色）填充命令可采用以下几种方式：

- 双击欲编辑的填充图案。
- 【修改Ⅱ】工具栏（或展开【修改】面板） 。
- 命令行：HATCHEDIT↙。
- 【修改】→【对象】→【图案填充】。

选择要编辑的图案填充，然后单击按钮 以启动 HATCHEDIT 命令，会弹出与【图案填充和渐变色】对话框相同的【图案填充编辑】对话框，修改操作不再赘述。

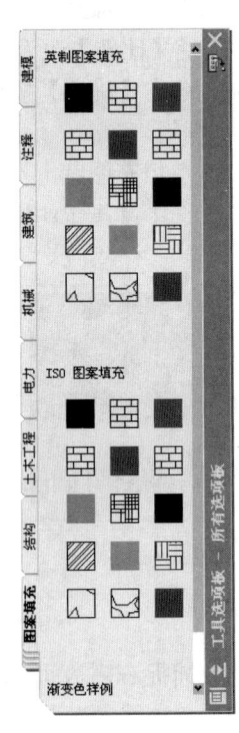

图 2.41 【图案填充】选项板

2.15 绘制样条曲线命令 SPLINE

绘制样条曲线命令一般用来绘制近似曲线,如机械绘图中的凸轮,以及造船、飞机制造业中的一些特殊曲线。本节仅通过实例加以简单介绍。

执行 SPLINE 命令可采用以下三种方式:
- 【绘图】工具栏(或展开【绘图】面板)~。
- 命令行:SPLINE✓。
- 菜单:【绘图】→【样条曲线】。

【例 2.25】 画交流电源符号,效果如图 2.42 所示。
(1)打开【栅格】按钮▦和【捕捉】按钮▦。
(2)启动 SPLINE 命令。
(3)按图示确定曲线的各特征点。
(4)指定下一点或[闭合(C)/拟合公差(F)]<起点切向>:✓
指定起点切向:✓
指定端点切向:✓
(5)绘制圆。

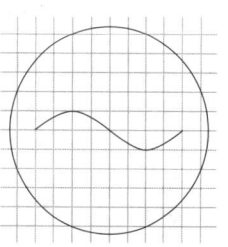

图 2.42 交流电源符号

切向的含义是指:指定一点,该点与起(端)点的连线与样条曲线相切。直接回车表示接受默认切向。

2.16 创建边界和面域

创建边界命令可以沿圆、矩形、正多边形以及由多个对象组成的封闭的区域创建多段线边界或面域,其用途一般用于查询图形信息如面积、质量特性等,或者用于生成三维实体。面域是二维实体,既包含边信息,又包含面信息;而多段线边界则仅包含边的信息。创建面域命令可以将封闭的区域(不仅是多段线)转化为面域,而且可以通过对几个面域进行求交集、差集或并集的布尔运算而形成新的面域。

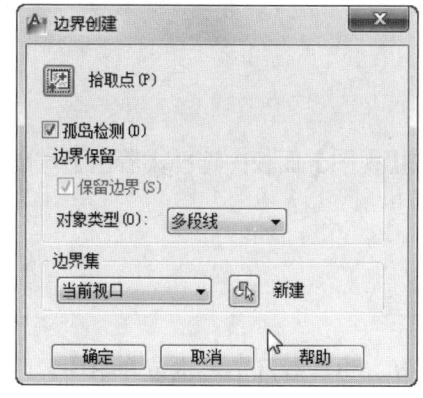

图 2.43 【边界创建】对话框

2.16.1 创建边界命令 BOUNDRY

执行创建边界命令的方式如下:
- 单击【绘图】面板右侧的下拉三角,选择▦。
- 命令行:BOUNDRY✓。
- 菜单:【绘图】→【边界】。

创建边界的步骤如下:
(1)启动 BOUNDRY 命令,弹出【边界创建】对话框,如图 2.43 所示。
(2)在【对象类型】下拉列表框选择创建的边界类型:多段线或面域。

(3) 单击【拾取点】按钮。
(4) 在一处或几处封闭区域内部单击鼠标，以指定创建边界的依据。
(5) 按 Enter 键或单击右键，结束命令。

2.16.2 创建面域命令 REGION

执行创建边界命令的方式如下：

- 【绘图】工具栏（或展开【绘图】面板）。
- 命令行：REGION↙。
- 菜单：【绘图】→【边界】。

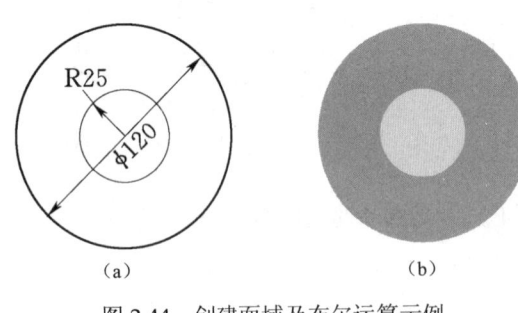

图 2.44 创建面域及布尔运算示例

用 BOUNDRY 命令生成的面域是按封闭边界轮廓生成新的边界，默认保留原边界；用 REGION 命令生成的面域默认将原边界转化为面域的边界。

【例 2.26】 基于图 2.44（a）所示的同心圆创建面域，并进行差集布尔运算。

（1）画两个半径分别为 60 和 25 的同心圆。

（2）启动 REGION 命令：

命令：_region
选择对象：找到 1 个（选择大圆）
选择对象：找到 1 个，总计 2 个（选择小圆）
选择对象：↙
已提取 2 个环。
已创建 2 个面域。

（3）差集布尔运算的操作如下：执行【修改】→【实体编辑】→【差集】。按命令行提示操作如下：

命令：_subtract 选择要从中减去的实体或面域…
选择对象：找到 1 个（选择大的面域）
选择对象：↙
选择要减去的实体或面域…
选择对象：找到 1 个（选择小的面域）
选择对象：↙

（4）执行【视图】→【视觉样式】→【着色】（或在【视图】面板中选择【着色】），以观察效果，如图 2.44（b）所示。

2.17 查询图形几何信息

有时需要提取图形中的有关信息用于相关设计、预算、生产等环节，本节介绍图形几何信息的查询。

2.17.1 查询点坐标

执行查询点坐标命令可采用以下三种方式：
- 【查询】工具栏（或展开【实用工具】面板）。
- 命令行：ID↙。
- 菜单：【工具】→【查询】→【点坐标】。

启动查询点坐标命令后，按命令行提示，指定一点，命令窗口中就会列出该点的坐标值。

2.17.2 查询距离

执行查询距离命令可采用以下三种方式：
- 【查询】工具栏（或【实用工具】面板）。
- 命令行：DIST↙。
- 菜单：【工具】→【查询】→【距离】。

启动查询距离命令后，按命令行提示，先后指定两点，命令窗口中就会列出两点间的空间距离以及在 XY 平面的倾角，与 XY 平面的夹角，X、Y、Z 方向的增量等信息。

2.17.3 查询面积

执行查询面积命令可采用以下三种方式：
- 【查询】工具栏（或【实用工具】面板）。
- 命令行：AREA↙。
- 菜单：【工具】→【查询】→【面积】。

【例2.27】 打开"图2.31.dwg"，查询左侧房间的使用面积和总使用面积。

（1）查询左侧房间的使用面积。

命令：_area

指定第一个角点或[对象（O）/加（A）/减（S）]：（捕捉内墙线左上角点）

指定下一个角点或按 ENTER 键全选：……（依次捕捉内墙线上的其他角点）

指定下一个角点或按 ENTER 键全选：（捕捉内墙线左上角点，形成一个封闭区域）

指定下一个角点或按 ENTER 键全选：↙

面积=41409600.0000，周长=28440.0000

（2）查询总使用面积。

1）新建"面积"图层，并将其置为当前层。

2）利用创建边界命令，沿左、右两房间内墙线创建两条封闭的多段线边界。

3）启动查询面积命令：

命令：_area

指定第一个角点或[对象（O）/加（A）/减（S）]：A↙

指定第一个角点或[对象（O）/减（S）]：O↙

（"加"模式）选择对象：（在左侧边界线上单击鼠标）

面积=41409600.0000，周长=28440.0000

总面积=41409600.0000

（"加"模式）选择对象：（在右侧边界线上单击鼠标）

面积=29001600.0000,周长=21840.0000

总面积=70411200.0000

("加"模式)选择对象:

指定第一个角点或 [对象(O)/减(S)]: ↙

4)关闭当前图形,不保存。

【例2.28】 一块钢板,冲压出两个孔,如图2.45所示。查询钢板的净面积。

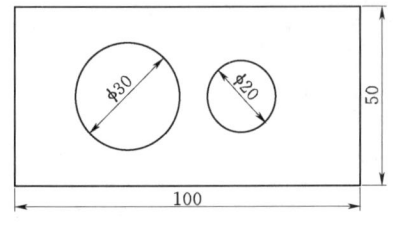

图2.45 钢板示意图

命令: _area

指定第一个角点或 [对象(O)/加(A)/减(S)]: A↙

指定第一个角点或 [对象(O)/减(S)]: O↙

("加"模式)选择对象:(选择矩形)

面积=5000.0000,周长=300.0000

总面积=5000.0000

("加"模式)选择对象: ↙

指定第一个角点或 [对象(O)/减(S)]: S↙

指定第一个角点或 [对象(O)/加(A)]: O↙

("减"模式)选择对象:(选择一个圆)

面积=706.8583,圆周长=94.2478

总面积=4292.1417

("减"模式)选择对象:(选择另一个圆)

面积=314.1593,圆周长=62.8319

总面积=3978.9824

("减"模式)选择对象: ↙

指定第一个角点或 [对象(O)/加(A)]: ↙

2.18 参数化绘图与推断约束

从AutoCAD 2010版开始,AutoCAD具有了新的强大的参数化绘图功能,可以让用户通过基于设计意图的图形对象约束,提高产品设计和研发的工作效率。

参数化绘图是一项应用于具有约束的设计技术。常用的约束类型有几何约束和标注约束两种。

激活【参数化】功能区,如图2.46所示,它由【几何】、【标注】和【管理】面板组成。

图2.46 【参数化】功能区

2.18 参数化绘图与推断约束

调出【参数化】工具栏，如图 2.47 所示，单击 并稍加停顿，可滑出其他几何约束工具供用户选择；单击 并稍加停顿，可滑出其他标注约束工具供用户选择。利用它能实现和【参数化】功能区几乎相同的功能。

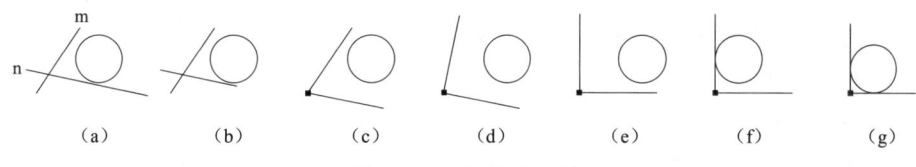

图 2.47　【参数化】工具栏

2.18.1　几何约束

几何约束控制对象相对于彼此的几何关系，AutoCAD 提供了重合、共线、同心、固定、平行、垂直、水平、竖直、相切、平滑、对称、相等共 12 种几何约束功能。下面通过实例简要说明部分约束功能的应用。

【例 2.29】　如图 2.48（a）所示的圆及直线，修改成图 2.48（g）的效果。

图 2.48　几何约束示例

（1）单击 = 按钮启动相等约束命令。

命令：_GcEqual

选择第一个对象或 [多个（M）]：（选择直线 m）

选择第二个对象：（选择直线 n）

效果如图 2.48（b）所示。

（2）单击 按钮启动重合约束命令。

命令：_GcCoincident

选择第一个点或 [对象（O）/自动约束（A）] <对象>：（选择直线 m 的下端点）

选择第二个点或 [对象（O）] <对象>：（选择直线 n 的左端点）

效果如图 2.48（c）所示。

（3）单击 按钮启动垂直约束命令。

命令：_GcPerpendicular

选择第一个对象：（选择直线 n）

选择第二个对象：（选择直线 m）

效果如图 2.48（d）所示。

（4）单击 按钮启动水平约束命令。

命令：_GcHorizontal

选择对象或 [两点（2P）] <两点>：（选择直线 n）

效果如图 2.48（e）所示。

（5）单击 按钮启动相切约束命令。

命令：_GcTangent

第 2 章　基本图形元素的绘制

选择第一个对象：（选择圆）

选择第二个对象：（选择竖线）

效果如图 2.48（f）所示。

（6）重复执行相切约束命令。

命令：↙

命令：

GCTANGENT

选择第一个对象：（选择圆）

选择第二个对象：（选择横线）

效果如图 2.48（g）所示。

2.18.2　标注约束

标注约束控制对象的距离、长度、角度、半径或直径值。

【例 2.30】　利用对象捕捉功能画如图 2.49（c）所示的三角形。

（1）打开正交功能。

（2）画一条长 90 的水平线。

（3）以直线左端点为圆心画一个半径为 70 的圆。

（4）以直线左端点为圆心画一个半径为 80 的圆，效果如图 2.49（a）所示。

（5）利用画直线命令，通过捕捉端点和交点画三角形的另两条边，效果如图 2.49（b）所示。

（6）选中两个圆，按 Delete 键将其删除，效果如图 2.49（c）所示。

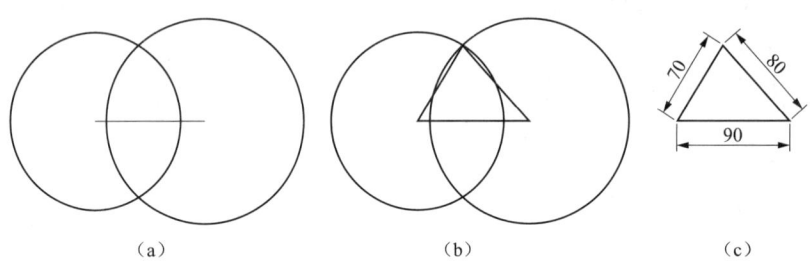

图 2.49　利用对象捕捉画三角形

【例 2.31】　利用几何约束和标注约束功能绘制如图 2.50（e）所示的三角形。

（1）单击辅助绘图工具栏上的 ，打开【推断约束】功能。

说明：打开【推断约束】功能是为了保证对后面绘制的三角形添加约束时，三条边始终保持首尾相接。

（2）利用画直线命令画任意三角形，效果如图 2.50（a）所示。

（3）给下方的边添加水平约束，效果如图 2.50（b）所示。

（4）单击 按钮启动线性约束命令。

命令：_DcLinear

指定第一个约束点或 [对象（O）]<对象>：↙

选择对象：（选择水平边）

指定尺寸线位置:(向下移动鼠标,在合适位置单击鼠标左键指定尺寸线位置)
标注文字=112.9

此时的效果如图 2.50（c）所示,尺寸值表示原尺寸,带有阴影表示 AutoCAD 等待输入新的约束尺寸。

输入约束尺寸 90,效果如图 2.50（d）所示。

(5) 类似线性约束的操作,利用对齐约束工具 ,把另两条边分别约束为 70、80,效果如图 2.50（e）所示。

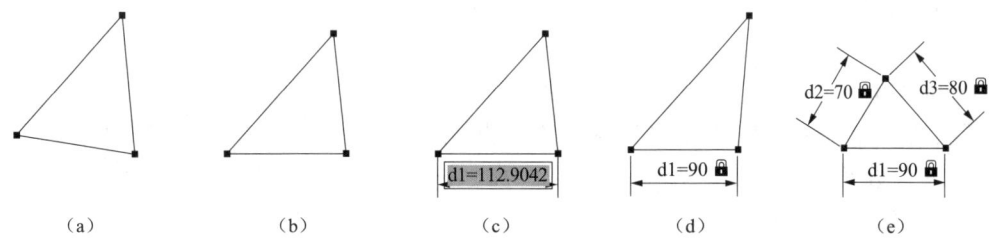

图 2.50 几何约束和尺寸约束示例

单击【几何】或【标注】面板标题右侧的 ,会弹出【约束设置】对话框,主要用于设置是否显示几何约束和标注约束的显示方式。

2.18.3 管理约束

管理约束主要用于删除所选对象上的所有约束,修改尺寸约束。

【例 2.32】 利用管理约束功能将如图 2.50（e）所示的三角形的尺寸 d1、d2、d3 分别改为 120、160、180,效果如图 2.52 所示。

(1) 单击【参数管理器】按钮 ,弹出【参数管理器】对话框,如图 2.51（a）所示。

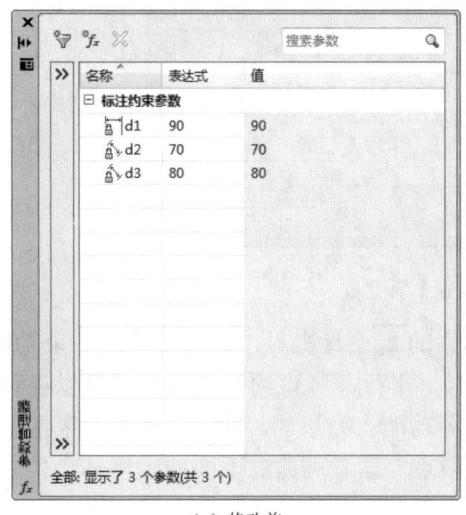

(a) 修改前

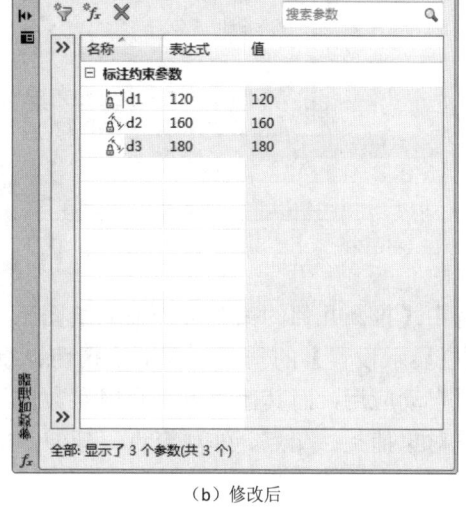

(b) 修改后

图 2.51 利用【参数管理器】修改尺寸

(2) 选中表达式"90",然后再单击左键,输入新表达式"120"。

（3）类似的修改另两个表达式的值，如图 2.51（b）所示。

（4）关闭【参数管理器】对话框，效果如图 2.52 所示。

2.18.4 推断约束

推断约束是 AutoCAD 2012 中文版的新增辅助绘图工具。启用推断约束功能后，在创建和编辑几何对象时，如果对象符合约束条件，将会自动应用几何约束。

AutoCAD 2012 可应用的几何约束见图 2.53 所示的【约束设置】对话框，打开该对话框的方法是：

- 【参数】→【约束设置】。
- 命令行：ConstraintSettings✓。

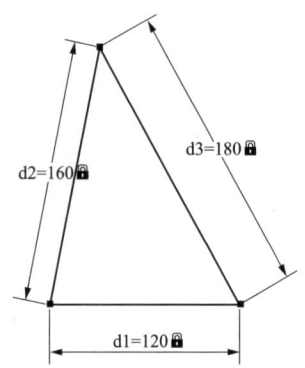

图 2.52 利用【参数管理器】修改尺寸后的效果

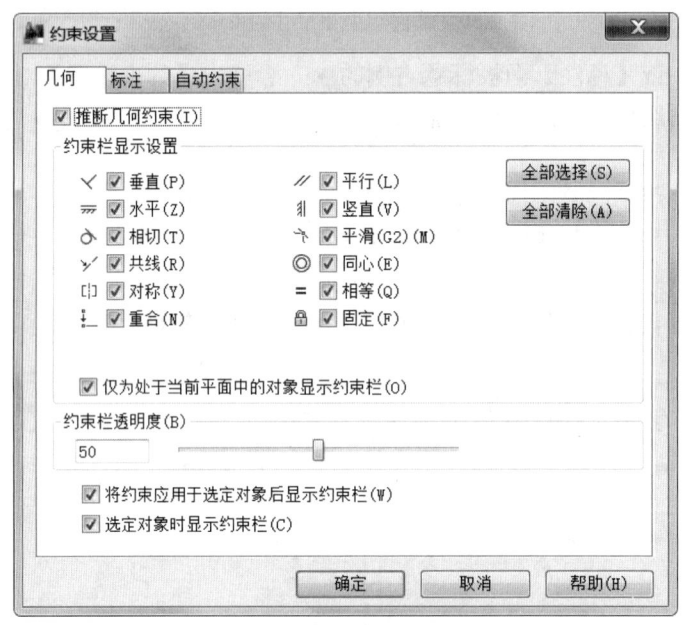

图 2.53 【约束设置】对话框

选中【推断几何约束】等于辅助绘图工具栏的 图标亮显，即打开推断约束功能。【约束栏显示设置】的垂直、水平、相切、重合、平行、竖直约束被选中时可以在符合条件时自动应用，而其他约束需利用参数化绘图功能人为添加。此外，推断约束还不支持下列对象捕捉：交点、外观交点、延伸、象限点。读者可通过下面的示例体会推断约束的作用。

【例 2.33】 旋转具有推断约束的两条互相垂直的直线。

（1）打开推断约束功能。

（2）【参数化】面板→【全部显示】。

2.18 参数化绘图与推断约束

（3）绘制两条互相垂直的直线，如图 2.54（a）所示。其中显示出了推断垂直约束图标。

（4）选中一条直线，然后将光标指向该直线的端点，如图 2.54（b）所示。

（5）选择【拉伸】，然后移动光标至适当位置，单击鼠标左键，按【Esc】键撤销选择，效果如图 2.54（c）所示。

第（5）步实际上执行的是利用夹点进行拉伸编辑。关于夹点编辑，将在 3.19 节详述。

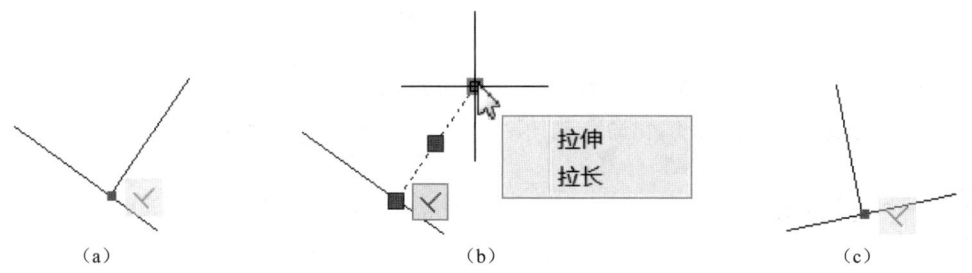

图 2.54 推断约束示例一

【例 2.34】 利用推断约束功能将 A3 图框外框改为 A4 图框外框。

（1）绘制一个宽 420，高 297 的矩形。然后选中这个矩形，如图 2.55（a）所示。可以发现，推断约束对矩形应用两对平行约束和一个垂直约束。

（2）在正交状态下，单击矩形的左下角点，命令行提示：

命令：

** 拉伸 **

指定拉伸点或 [基点（B）/复制（C）/放弃（U）/退出（X）]：

（3）向右移动光标，输入拉伸距离 210↙。此时的效果如图 2.55（b）所示。

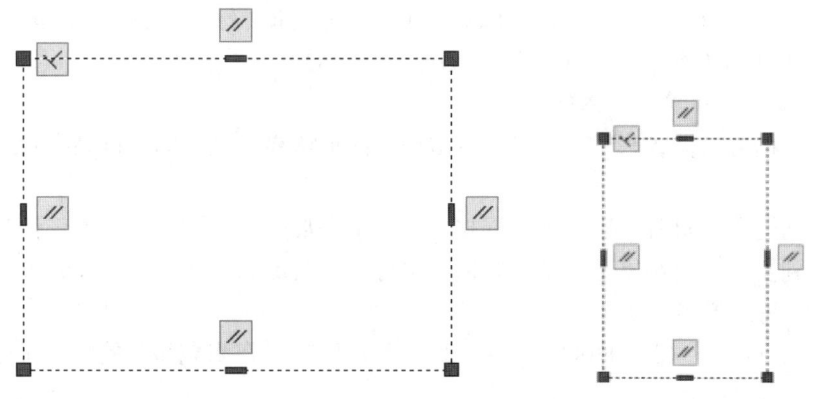

图 2.55 推断约束示例二

第 3 章

图 形 编 辑

AutoCAD 提供了强大的编辑功能，使用户经过对基本图形的组合、编辑，能很快地绘制出满意的工程图纸。熟练掌握编辑命令的使用，是灵活、准确、高效地绘制工程图形的关键。

3.1 对象选择

3.1.1 常用的对象选择方法

AutoCAD 为方便用户选择对象，提供了仅用鼠标即可操作的几种默认选择方式：即用拾取框选择单个实体对象、窗口方式、交叉窗口方式。此外还提供了适用于一些特殊需要的选择方式，即通过输入选项的方式来确定选择方式。

下面执行删除（ERASE）命令，在系统提示"选择对象："时，输入"？↙"，则命令行会出现各种选择方式的提示：

命令：ERASE↙

选择对象：？↙

无效选择

需要点或窗口（W）/上一个（L）/窗交（C）/框（BOX）/全部（ALL）/栏选（F）/圈围（WP）/圈交（CP）/编组（G）/添加（A）/删除（R）/多个（M）/前一个（P）/放弃（U）/自动（AU）/单个（SI）/子对象（SU）/对象（O）

1. 用拾取框选择单个实体对象

（1）在光标为靶框状态时，用鼠标单击单个图形边界，则该图形以高亮状态显示，表示被选中。

（2）启动一个编辑命令后，则靶框被一个小正方形取代，这个小正方形称为拾取框。将拾取框移到要编辑的对象上，单击鼠标，也可选中对象。一般情况下连续单击多个不同对象的边界，可选择多个对象。

方式（1）与方式（2）的区别是：方式（1）所选对象在高亮显示的同时还出现若干蓝色小方框，称其为夹点。

2. 窗口（W）方式与交叉窗口（C）方式

（1）窗口方式：执行编辑命令时，在"选择对象"提示符下，在合适位置单击鼠标确定第一角点，然后在其右方确定对角点，则包含在上述两点所确定的矩形内的对象被选中。

（2）交叉窗口方式：执行编辑命令时，在"选择对象"提示符下，在合适位置单击鼠标确定第一角点，然后在其左方确定对角点，则与该窗口相交以及包含在该窗口内的对象均被选中。

图 3.1 是窗口方式与交叉窗口方式选择结果的对比示意图，图 3.1（a）为从 A 点至 B 点确定选择窗口，图 3.1（b）为从 B 点至 A 点确定选择窗口。

图 3.1　窗口方式与交叉窗口方式选择示意图

3. 全部（ALL）方式

在系统提示选择对象时，输入 A，则除去冻结及锁定的图层外，其他层包括关闭层上的对象都被选中。

4. 栏选（F）方式

在系统提示选择对象时，输入 F，则命令行提示"指定第一个栏选点……"，依次输入各点，使其形成一条不必封闭甚至可以彼此相交的折线，执行结果是凡与折线相交的对象均被选中。

5. 删除（R）方式与添加（A）方式

在创建了一个选择集后，可以使用删除（R）方式将不需要的对象从选择集中移除。可以使用添加（A）方式选择新的对象添加到当前选择集。

默认情况下，按住 Shift 键选择已有选择集中的对象，可以将其从选择集中移除，不按住 Shift 键选择对象，可以将其添加至当前选择集。

6. 上一个（Last）方式和前一个（Previous）方式

在系统提示选择对象时，输入 L，则可以选择最近创建的对象；输入 P，则可以选择上一次选择的对象。

7. 编组（Group）方式

编组是随图形保存的命名的对象集，可以根据需要同时选择和编辑这些对象，也可以分别进行。

在系统提示选择对象时，输入 G，则可以通过在命令行输入名称或鼠标拾取选择图中已创建的编组对象。

创建编组可采用以下三种方法：
- 【组】工具栏（或【块】面板）。
- 命令行：GROUP（或简化命令 G）↙。
- 菜单：【工具】→【组】。

创建编组的步骤如下：

（1）启动 GROUP 命令。

（2）选择所有组成编组的对象。

（3）按回车键，结束命令。

如果需要给编组命名，则在第（2）步前（后）输入"N"选项，然后输入编组名即可。

8. 循环选择

当对象重叠，或者相离比较近的时候，使用选择循环，可以比较准确、快速地选择我们想要的对象。例如，一个黄色的圆和一个红色的圆重叠在一起，要删除红色的圆，操作步骤如下：

（1）打开状态栏上的【选择循环】按钮 。

（2）光标移动到圆上，单击左键。

（3）在弹出的【选择集】对话框中选择红色的圆，如图 3.2 所示。

（4）按键盘上的 Delete 键。

在早期的 AutoCAD 版本中，要在二维重叠的对象之间循环选择，应将光标置于最前面的对象上，然后按住 Shift 键并反复按空格键，直到欲选择的对象高亮显示时，再单击鼠标左键选择。

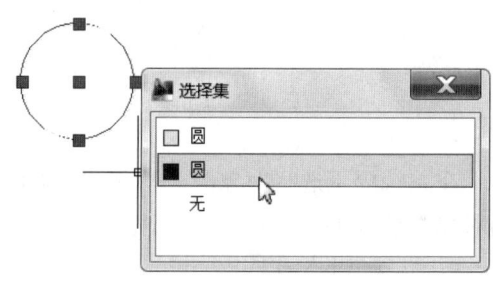

图 3.2　循环选择示例

3.1.2　快速选择命令 QSELECT

根据用户指定的条件快速选择对象。

执行 QSELECT 命令可采用以下四种方式：

- 功能区：【常用】选项卡→【实用工具】面板 。
- 【工具】→【快速选择】。
- 命令行：QSELECT↙。
- 绘图区域快捷菜单→【快速选择】。

【例 3.1】　参考图 1.10 所示的路径，打开 AutoCAD 自带的示例文件 db-samp.dwg。图内电气设备符号基本上都是插入图块生成的，现在要求统计图中所有 COMPUTER 图块的数目。操作过程如下：

（1）启动 QSELECT 命令，打开【快速选择】对话框，如图 3.3 所示。

（2）如图 3.4 所示，在【快速选择】对话框中设置选择条件。

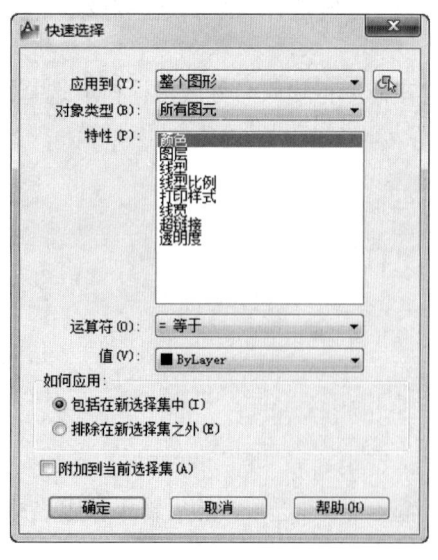

图 3.3　【快速选择】对话框

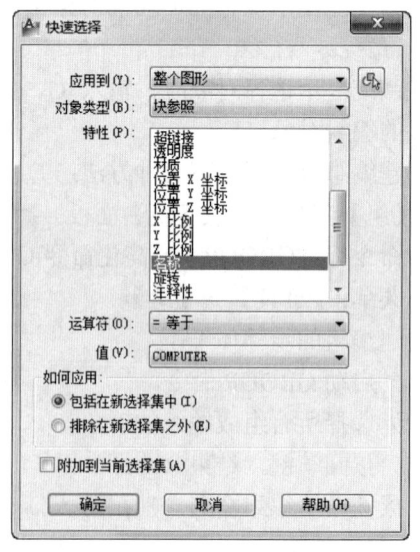

图 3.4　设置【快速选择】的条件

1）在【应用到】下拉列表框中，选择"整个图形"。
2）在【对象类型】下拉列表框中选择"块参照"。
3）在【特性】列表中，向下拖动垂直滚动条，选择"名称"。
4）在【运算符】下拉列表框中选择"=等于"。
5）在【值】下拉列表框中选择"COMPUTER"。
6）确认应用方式为【包括在新选择集中】。
（3）单击【确定】按钮，对话框消失，可看到命令行显示已选定了54个项目。
选中【排除在新选择集之外】单选按钮，可以将新定义的选择集从上一个选择集中移除。

【例 3.2】 一张图由矩形、直线以及各种颜色的圆组成，现在要求仅保留黄颜色的圆，具体操作如下：
（1）启动快速选择命令，在【应用到】下拉列表框中，选择"整个图形"，选择条件为"颜色等于黄色"并选中【排除在新选择集之外】单选按钮。
（2）单击【确定】按钮。
（3）按键盘上的 Delete 键。

3.2 删除图形命令 ERASE

执行 ERASE 命令可采用以下四种方式：
- 【修改】工具栏（或面板）。
- 命令行：ERASE↙。
- 菜单：【修改】→【删除】。
- 选中对象后，按 Delete 键。

说明：
执行 ERASE 命令还有一种方法，就是先选中要编辑的对象，然后单击右键，在弹出的快捷菜单中选择【删除】选项。本章以后要介绍的多数命令都能用这种方法，不再复述。
要恢复被删除的图形，除了用撤销（UNDO）命令外，还可以通过在命令行输入 OOPS 命令来恢复最近一次被删除的图形。

3.3 复制图形命令 COPY

执行 COPY 命令可采用以下三种方式：
- 【修改】工具栏（或面板）。
- 命令行：COPY↙。
- 菜单：【修改】→【复制】。

在操作过程中，用户可通过设置"模式（O）"选项，选择单个或多个复制模式。

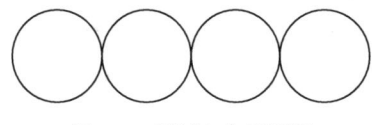

图 3.5 复制命令示例图

【例 3.3】 绘制图 3.5 所示的图形，已知圆的半径为 20。

（1）画一个半径为 20 的圆。

（2）选择圆，然后启动 COPY 命令。

命令：_copy 找到 1 个

当前设置：复制模式=多个

指定基点或 [位移（D）/模式（O）]<位移>：（捕捉圆的左象限点）

指定第二个点或<使用第一个点作为位移>：（捕捉圆的右象限点，以下类同）

指定第二个点或 [退出（E）/放弃（U）]<退出>：

指定第二个点或 [退出（E）/放弃（U）]<退出>：

指定第二个点或 [退出（E）/放弃（U）]<退出>：✓

3.4 镜像图形命令 MIRROR

MIRROR 命令的功能是将选定的对象按给定的镜像线作对称复制。

执行 MIRROR 命令可采用以下三种方式：

- 【修改】工具栏（或面板）⚐。
- 命令行：MIRROR✓。
- 菜单：【修改】→【镜像】。

【例 3.4】 绘制电容器的符号。

（1）用 LINE 命令绘制图 3.6（a）所示的两条互相垂直的直线。

（2）启动 MIRROR 命令：

命令：_mirror

选择对象：指定对角点：找到 2 个（选择上述两条直线）

选择对象：✓

指定镜像线的第一点：（在垂直线的右方合适位置指定一点）指定镜像线的第二点：（在正交方式下指定与第一点的 X 坐标相同的另一点）

要删除源对象吗？[是（Y）/否（N）]<N>：✓

效果如图 3.6（b）所示。

(a)　　　　　　(b)

图 3.6 使用镜像命令复制图形

将本例与［例 3.3］对比可知，［例 3.3］是先选择被编辑的对象，再启动命令（称为先选择，后执行）；本例是先启动命令，再按提示选择被编辑对象（称为先执行，后选择），AutoCAD 的多数修改命令都同时支持这两种方式。显然，先选择，后执行方式效率更高。

【例 3.5】 绘制图 3.7（b）所示的图形，它表示某仅具有隔离插头的手车式高压开关柜。

（1）启用捕捉及栅格功能，则屏幕上出现 X 及 Y 方向距离均为 10 的栅格点。

（2）通过捕捉栅格点画一条长为 20 的直线。

（3）启动画圆弧命令，通过捕捉栅格点，以三点方式画一个半径为 10 的半圆。

（4）启动画多段线命令，多段线的形状及各段长度如图 3.7（a）所示。其中左半段的线宽设置为 1mm，右半段的线宽设置为 0.25mm。

（5）执行 MIRROR 命令操作如下：

命令：_mirror

选择对象：指定对角点：找到 3 个（选择上述直线、圆弧、多段线）

选择对象：✓

指定镜像线的第一点：（捕捉多段线的右端点）指定镜像线的第二点：（捕捉与上一点垂直对齐的任意栅格点）

要删除源对象吗？[是（Y）/否（N）]<N>：✓

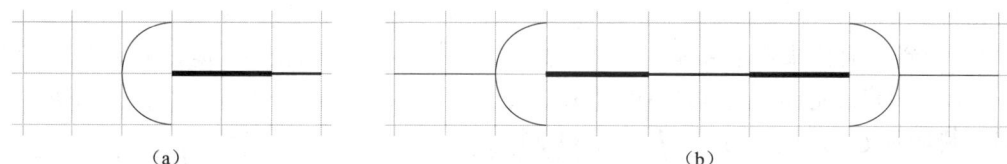

图 3.7 镜像命令与捕捉栅格功能的综合运用

说明：在"命令："提示下输入 mirrtext，可设置系统变量 mirrtext 的值，以控制是否对文字作镜像，如图 3.8 所示。

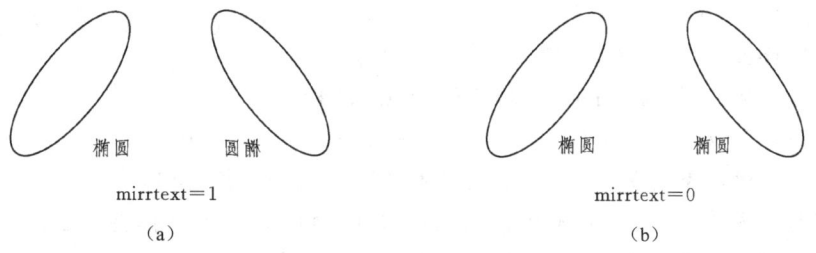

图 3.8 系统变量 mirrtext 的值对镜像文字的影响

3.5 偏移命令 OFFSET

偏移命令也是一种特殊的复制命令，可使用户绘制出一系列形状相似的图形。

执行偏移命令可采用以下三种方式：

- 【修改】工具栏（或面板）。
- 命令行：OFFSET✓。
- 菜单：【修改】→【偏移】。

【例 3.6】 绘制图 3.9 所示的图案。

（1）打开"图 2.22.dwg"。

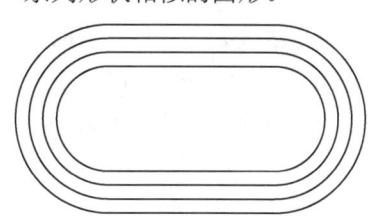

图 3.9 用偏移命令复制对象

第 3 章 图 形 编 辑

（2）启动偏移命令。

命令：_offset

当前设置：删除源=否 图层=源 OFFSETGAPTYPE=0

指定偏移距离或 [通过（T）/删除（E）/图层（L）] <通过>：8↙

选择要偏移的对象，或 [退出（E）/放弃（U）] <退出>：（拾取闭合多段线）

指定要偏移的那一侧上的点，或 [退出（E）/多个（M）/放弃（U）] <退出>：（在多段线上方单击鼠标）

选择要偏移的对象，或 [退出（E）/放弃（U）] <退出>：（拾取刚复制得到的多段线）

指定要偏移的那一侧上的点，或 [退出（E）/多个（M）/放弃（U）] <退出>：（在刚复制的多段线上方单击，以下类同）

……

选择要偏移的对象，或 [退出（E）/放弃（U）] <退出>：↙

说明：

在"指定偏移距离或 [通过（T）/删除（E）/图层（L）] <通过>"提示中【通过（T）】选项是指让用户确定偏移复制之后的对象要通过哪一点；【删除（E）】选项是指让用户确定偏移复制之后是否删除源对象；【图层（L）】选项是指偏移复制后的对象是位于当前层，还是位于源对象所在的层。

【例 3.7】 如图 3.10（a）所示，要求偏移复制矩形，并使偏移后的矩形通过圆的圆心。效果如图 3.10（b）所示。

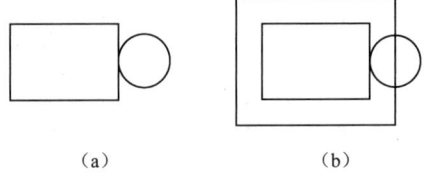

图 3.10 使用 T 选项偏移复制对象

命令：_offset

当前设置：删除源=否 图层=源 OFFSETGAPTYPE=0

指定偏移距离或 [通过（T）/删除（E）/图层（L）] <1.0000>：T↙

选择要偏移的对象，或 [退出（E）/放弃（U）] <退出>：（选择矩形）

指定通过点或 [退出（E）/多个（M）/放弃（U）] <退出>：（捕捉圆心）

选择要偏移的对象，或 [退出（E）/放弃（U）] <退出>：↙

3.6 阵列命令 ARRAY

ARRAY 命令用于绘制一些大小、形状完全相同，并且有规则排列的图形。

执行 ARRAY 命令，可采用以下三种方式：

- 【修改】工具栏（或面板）器或。
- 命令行：ARRAY↙。
- 【修改】→【阵列】。

在命令行输入 ARRAY 命令，提示如下：

命令：ARRAY

选择对象：

3.6 阵列命令 ARRAY

输入阵列类型 [矩形（R）/路径（PA）/极轴（PO）] <矩形>:

用户应首先选择阵列的方式，有矩形、路径和环形三种方式，这几种方式对应的命令分别为 ARRAYRECT、ARRAYPATH、ARRAYPOLAR。

3.6.1 矩形阵列

矩形阵列就是把所选对象复制成类似于矩阵的排列方式。

【例3.8】 绘制图3.11所示的某控制柜面板上的按钮图形。

（1）绘制半径分别为5和6的同心圆。

（2）选择这两个圆。

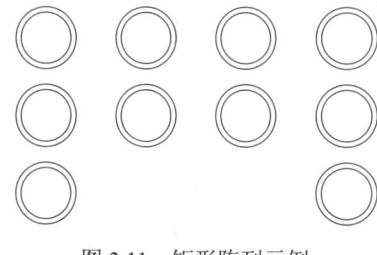

图3.11 矩形阵列示例

（3）单击【修改】工具栏（或面板）按钮，启动 ARRAYRECT 命令。

命令: _arrayrect 找到 2 个

类型=矩形　关联=是

为项目数指定对角点或 [基点（B）/角度（A）/计数（C）] <计数>:（向右上方向移动光标，预览图形为3行、4列时，单击左键）

指定对角点以间隔项目或 [间距（S）] <间距>: ✓

指定行之间的距离或 [表达式（E）] <147.8349>: 15✓

指定列之间的距离或 [表达式（E）] <147.8349>: 20✓

按 Enter 键接受或 [关联（AS）/基点（B）/行（R）/列（C）/层（L）/退出（X）] <退出>: ✓

如果采用计数方式，操作如下：

命令: _arrayrect 找到 2 个

类型=矩形　关联=是

为项目数指定对角点或 [基点（B）/角度（A）/计数（C）] <计数>: ✓

输入行数或 [表达式（E）] <4>: 3✓

输入列数或 [表达式（E）] <4>: 4✓

指定对角点以间隔项目或 [间距（S）] <间距>: ✓

指定行之间的距离或 [表达式（E）] <18>: 15✓

指定列之间的距离或 [表达式（E）] <18>: 20✓

按 Enter 键接受或 [关联（AS）/基点（B）/行（R）/列（C）/层（L）/退出（X）] <退出>: ✓

（4）由于阵列后的图形是一个关联的整体，为删除多余的按钮，应先将其分解，操作如下：

1）选择矩形阵列后的图形。

2）单击【修改】工具栏（或面板）上的按钮。

（5）删除多余的按钮。

在 AutoCAD 2008 中，启动 ARRAY 命令后，会弹出【阵列】对话框，本例矩形阵列的操作如下：

1)单击【选择对象】按钮,【阵列】对话框暂时隐藏,选择两个同心圆,并按 Enter 键或单击右键,返回【阵列】对话框,对话框右上侧提示"已选择 2 个对象"(也可先选择对象,再启动 ARRAY 命令,即先选择,后执行)。

2)按图 3.12 所示设置参数:选择【矩形阵列】,设置行数为 3,列数为 4,行偏移为 15,列偏移为 20。

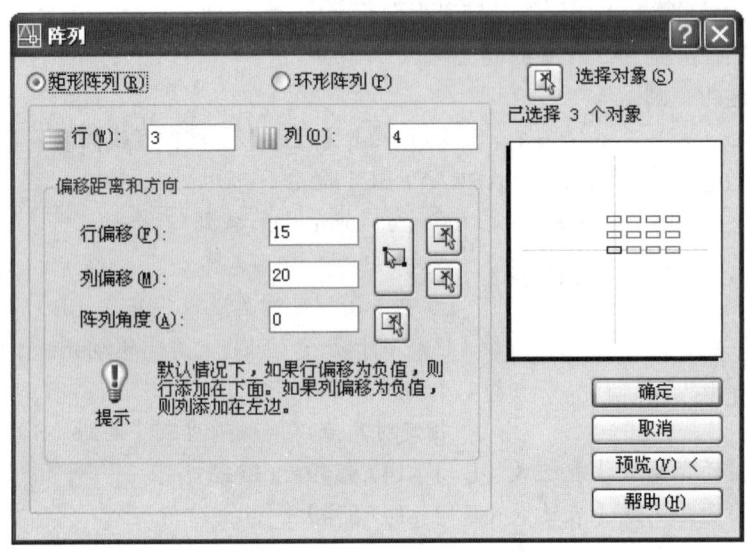

图 3.12 【阵列】对话框的矩形阵列方式及参数设置

3)单击【预览】按钮,对预览结果满意,可单击【接受】按钮(或单击右键)接受,否则单击【修改】按钮(或 Esc 键),返回【阵列】对话框重新设置参数。

4)删除多余的按钮。

3.6.2 环形阵列

ARRAY(ARRAYPOLAR)命令可将所选对象按圆周等距离复制,需要提供阵列后生成的拷贝总数(包括源对象)、图形所占圆周对应的圆心角等。

【例 3.9】 绘制图 3.13 所示的图案。

(1)画一半径为 100 的圆。

(2)以圆心为起点,画一条射线。

命令:RAY↙

指定起点:(捕捉圆心)

指定通过点:(捕捉圆的一个象限点)

(3)选择刚绘制的射线。

(4)单击【修改】工具栏(或面板)按钮,启动 ARRAYPOLAR 命令。

命令:_arraypolar 找到 1 个

类型=极轴 关联=是

指定阵列的中心点或 [基点(B)/旋转轴(A)](捕捉圆心)

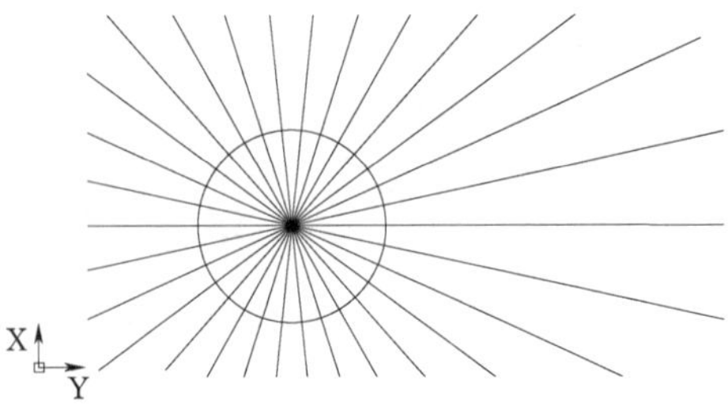

图 3.13 环形阵列示例图

输入项目数或 [项目间角度（A）/表达式（E）] <4>: 30↙

指定填充角度（+=逆时针、-=顺时针）或 [表达式（EX）] <360>: ↙

按 Enter 键接受或 [关联（AS）/基点（B）/项目（I）/项目间角度（A）/填充角度（F）/行（ROW）/层（L）/旋转项目（ROT）/退出（X）] ↙

AutoCAD 2008 版的本例环形阵列的操作如下：

1）先选择刚绘制的射线，然后启动 ARRAY 命令，弹出【阵列】对话框。

2）单击【拾取中心点】按钮 ，【阵列】对话框暂时隐藏，捕捉圆心，返回【阵列】对话框。

3）按图 3.14 所示进行设置：在【方法】下拉列表框中选择【项目总数和填充角度】，设置【项目总数】为 30，【填充角度】为 360°。

4）确认【复制时旋转项目】复选框被选中。

5）单击【预览】按钮，对预览结果满意，可单击【接受】按钮（或单击右键）接受，否则单击【修改】按钮（或 Esc 键），返回【阵列】对话框重新设置参数。

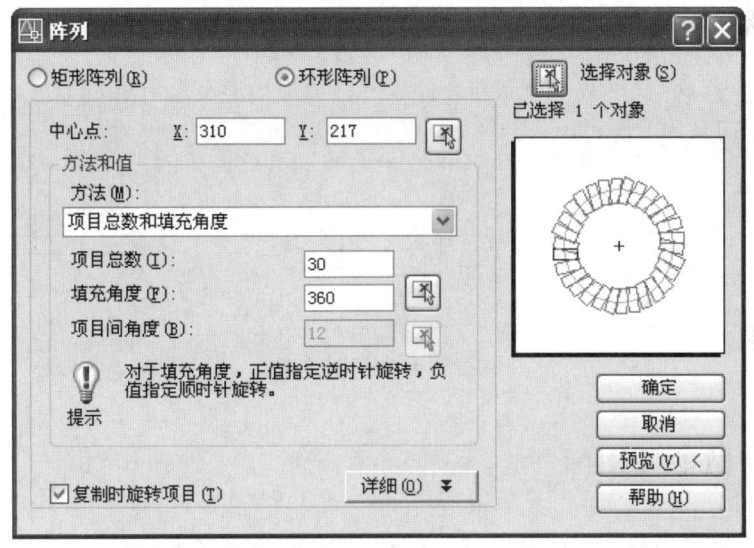

图 3.14 【阵列】对话框的环形阵列方式及参数设置

环形阵列的方法还有【项目总数和项目间的角度】和【填充角度和项目间的角度】两种，用户可根据图形需要选用。

3.7 移动图形命令 MOVE

MOVE 命令可把选定的对象移动到新的位置，该命令的执行过程与 COPY 命令很相似。

执行 MOVE 命令可采用以下三种方式：

- 【修改】工具栏（或面板） 。
- 命令行：MOVE↙。
- 菜单：【修改】→【移动】。

【例 3.10】 绘制熔断器的符号。

(1) 在正交方式下画一条长为 100 的直线。
(2) 画一个宽为 50、高为 20 的矩形，如图 3.15（a）所示。
(3) 执行移动命令的过程如下：

命令：_move
选择对象：找到 1 个（选择直线）
选择对象：✓
指定基点或位移：（捕捉直线的中点）
指定位移的第二点或<用第一点作位移>：[捕捉矩形上边的中点，效果如图 3.15（b）所示]

命令：✓
MOVE
选择对象：找到 1 个（选择矩形）
选择对象：✓
指定基点或 [位移（D）] <位移>：（捕捉矩形左边的中点）
指定第二个点或<使用第一个点作为位移>：（捕捉矩形左上角点）
效果如图 3.15（c）所示。

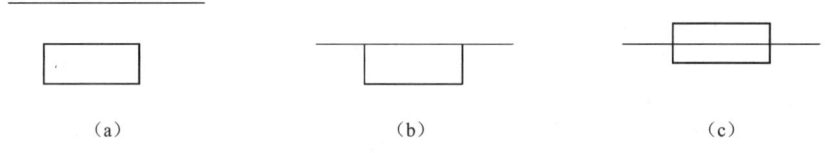

(a)　　　　　　　　　(b)　　　　　　　　　(c)

图 3.15　绘制熔断器符号

3.8　修剪命令 TRIM

TRIM 命令能使用户很方便地利用边界修剪掉图形的多余部分。

执行 TRIM 命令可采用以下三种方式：
- 【修改】工具栏 。
- 命令行：TRIM✓。
- 菜单：【修改】→【修剪】。

【例 3.11】 接 [例 3.10]，先复制一个熔断器符号，然后进行修剪，使其成为电阻符号，效果如图 3.16 所示。

操作如下：
(1) 选择矩形。
(2) 启动 TRIM 命令。
命令：_trim
当前设置：投影=UCS，边=无

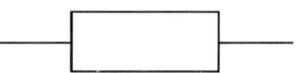

图 3.16　电阻符号

3.8 修剪命令 TRIM

选择剪切边…选择对象或<全部选择>：找到 1 个

选择要修剪的对象，或按住 Shift 键选择要延伸的对象，或 [栏选（F）/窗交（C）/投影（P）/边（E）/删除（R）/放弃（U）]：（单击直线位于矩形内的部分）

选择要修剪的对象，或按住 Shift 键选择要延伸的对象，或 [栏选（F）/窗交（C）/投影（P）/边（E）/删除（R）/放弃（U）]：✓

说明：

（1）可采用窗口或交叉窗口方式一次选择多个对象作剪切边。在"选择剪切边……选择对象或<全部选择>："提示下，按 Enter 键，则当前图形的所有对象都是隐含的剪切边。

（2）作为剪切边的对象同时也可作为被修剪的对象。

（3）在提示"选择要修剪的对象……"时，有一个【边（E）】选项，可使用户指定被修剪的对象是一定要和修剪边界相交，还是能与修剪边界的延长线相交即可。

（4）在选择要修剪的对象前，按住 Shift 键可切换为执行延伸命令，延伸命令将在本章 3.13 节介绍。

（5）可以修剪图案填充和多线。

【例 3.12】 将图 3.13 所示的图形修剪成图 3.17 所示的效果。

（1）绘制图 3.13 所示的图形。

（2）选择环形阵列后的图形，然后单击【修改】工具栏（或面板）上的 按钮，将其分解（在 AutoCAD 2008 中，阵列后的对象是各自独立的，即非关联阵列，可省略此步骤）。

（3）用 TRIM 命令剪去所有直线在圆外的部分。执行命令过程如下：

命令：_trim

当前设置：投影=UCS，边=无

选择剪切边…

选择对象或<全部选择>：找到 1 个（选择圆）

选择对象：✓

选择要修剪的对象，或按住 Shift 键选择要延伸的对象，或 [栏选（F）/窗交（C）/投影（P）/边（E）/删除（R）/放弃（U）]：F✓ [用栏选（F）方式选择被修剪对象]

指定第一个栏选点：（在圆外面指定起点，参见图 3.18）

指定下一个栏选点或 [放弃（U）]：（依次确定栅栏的其他点）

指定下一个栏选点或 [放弃（U）]：✓

选择要修剪的对象，或按住 Shift 键选择要延伸的对象，或 [栏选（F）/窗交（C）/投影（P）/边（E）/删除（R）/放弃（U）]：✓

【例 3.13】 绘制图 3.19 所示的电感线圈符号。

（1）绘制图 3.5 所示的图形。

（2）在正交方式下，分别从左象限点开始向左绘制合适长度的直线，然后将该直线镜像复制到右侧。

（3）启动 TRIM 命令，按命令行提示操作如下：

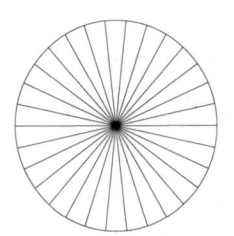
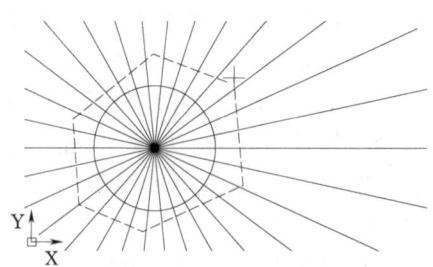

图 3.17 修剪后的效果　　　　　图 3.18 用栏选方式选择被修剪的对象

命令：_trim
当前设置：投影=UCS，边=无
选择剪切边…
选择对象或<全部选择>：↙
选择要修剪的对象，或按住 Shift 键选择要延伸的对象，或 [栏选（F）/窗交（C）/投影（P）/边（E）/删除（R）/放弃（U）]：指定对角点：（如图 3.20 所示，从 A 点至 B 点用窗交方式选择四个圆的下半部分）
选择要修剪的对象，或按住 Shift 键选择要延伸的对象，或 [栏选（F）/窗交（C）/投影（P）/边（E）/删除（R）/放弃（U）]：↙

图 3.19 电感线圈符号　　　　　图 3.20 用窗交方式选择被修剪对象

3.9 旋转图形命令 ROTATE

ROTATE 命令可以将所选定的对象沿某一选定的基准点旋转一定的角度，默认删除源对象，也可以选择【复制】选项，保留源对象。

执行 ROTATE 命令可采用以下三种方式：
- 【修改】工具栏（或面板）。
- 命令行：ROTATE↙。
- 菜单：【修改】→【旋转】。

【例 3.14】 使用【复制】和【参照】选项旋转图形。
（1）绘制图 3.21（a）所示图形。
（2）要把图中的斜线旋转到与坐标系 X 正半轴夹角 30°位置并保留源对象，在不知其角度的确切值时，可利用【参照】选项进行旋转，执行旋转命令的过程如下：

命令：_rotate
UCS 当前的正角方向：ANGDIR=逆时针　ANGBASE=0
选择对象：找到 1 个（选择斜线）

选择对象：↙

指定基点：（捕捉斜线与水平线的交点）

指定旋转角度，或［复制（C）/参照（R）］<0>: C↙（保留源对象）

旋转一组选定对象

指定旋转角度，或［复制（C）/参照（R）］<0>: R↙

指定参照角<0>:（捕捉斜线与水平线的交点）指定第二点：（捕捉斜线的另一个端点）

指定新角度或［点（P）］<0>: 30↙

效果如图 3.21（b）所示。

图 3.21 用【复制】和【参照】选项旋转图形

3.10 比例缩放命令 SCALE

SCALE 命令可以将所选定的对象缩小或放大一定的比例，使用户在不改变对象形状的前提下，调整所选对象的尺寸。默认删除源对象，也可以选择【复制】选项，保留源对象。

执行 SCALE 命令可采用以下三种方式：

- 【修改】工具栏（或面板） 。
- 命令行：SCALE↙。
- 菜单【修改】→【缩放】。

【例 3.15】 绘制图 3.22（a）所示的图形，利用比例命令将其编辑成图 3.22（c）所示的图形。

（1）绘制一个宽 50、高 30 的矩形。

（2）以矩形的中心为圆心，绘制一个半径为 4 的圆。

（3）启动 SCALE 命令，按命令行提示操作：

命令：_scale

选择对象：找到 1 个（选择圆）

选择对象：↙

指定基点：（捕捉圆心）

指定比例因子或［复制（C）/参照（R）］<2.0000>: 2↙［效果如图 3.22（b）所示］

命令：↙

命令：_scale

选择对象：找到 1 个（选择圆）

选择对象：↙

指定基点：（捕捉矩形的左下角点）

指定比例因子或［复制（C）/参照（R）］<2.0000>: C↙（保留源对象）

缩放一组选定对象。

指定比例因子或［复制（C）/参照（R）］<2.0000>: 2↙

效果如图 3.22（c）所示。

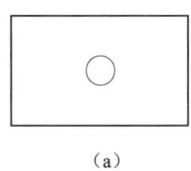 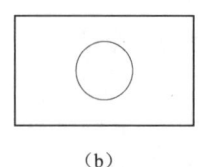 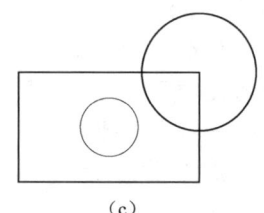

图 3.22　比例缩放命令举例

【例 3.16】　绘制图 3.23 所示的图形，求圆的直径。
(1) 画一个半径为 10 的圆，如图 3.24 所示的圆 1。
(2) 复制得到图 3.24 中的圆 2。
命令：_copy
选择对象：找到 1 个（选择圆）
选择对象：✓
指定基点或 [位移（D）] <位移>：（捕捉圆的上象限点）
指定第二个点或<使用第一个点作为位移>：（捕捉圆的下象限点）
指定第二个点或 [退出（E）/放弃（U）] <退出>：✓

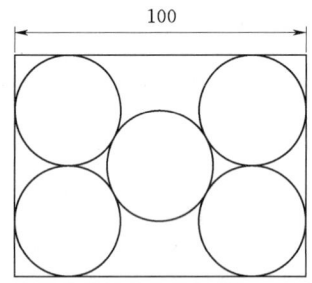 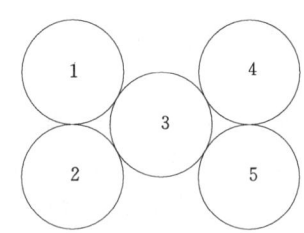

图 3.23　比例缩放【参照】选项练习图　　　图 3.24　画 5 个圆的次序

(3) 绘制与前两个圆相切的圆，如图 3.24 所示的圆 3。
命令：_circle 指定圆的圆心或 [三点（3P）/两点（2P）/切点、切点、半径（T）]：T✓
指定对象与圆的第一个切点：（在一个圆的右侧拾取递延切点）
指定对象与圆的第二个切点：（在另一个圆的右侧拾取递延切点）
指定圆的半径<10.0000>：✓（指定半径与最近绘制的圆的半径相同）
(4) 镜像复制圆 1 和圆 2，得到图 3.24 中的圆 4 和圆 5。
选择两个圆后，再启动镜像命令：
命令：_mirror 找到 2 个
指定镜像线的第一点：（捕捉圆 3 的圆心）
指定镜像线的第二点：（正交向下指定一点）
要删除源对象吗？[是（Y）/否（N）] <N>：✓
效果如图 3.24 所示。

(5)画与圆 1、2、4、5 都相切的矩形。

1)打开【对象捕捉】和【对象追踪】功能。

2)启动画矩形命令:利用同时追踪圆 1 的左、上象限点确定矩形的左上角,如图 3.25 所示。同样方法确定矩形的右下角点,此时的效果如图 3.26 所示。

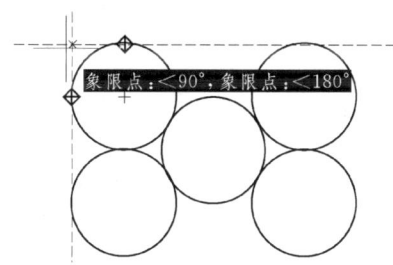

图 3.25 利用对象追踪指定矩形的角点

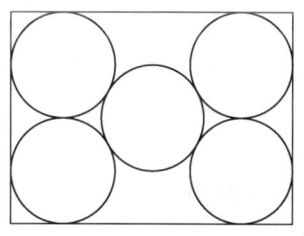

图 3.26 符合对象间关系的图形

(6)使用【参照】选项缩放图形。

命令:_scale

选择对象:指定对角点:找到 6 个(用窗交方式选择对象)

选择对象:✓

指定基点:(捕捉矩形的左下角点)

指定比例因子或[复制(C)/参照(R)]<1.0000>: R✓

指定参照长度<1.0000>:(捕捉矩形的左下角点)

指定第二点:(捕捉矩形的右下角点,参照长度即矩形的底边长度)

指定新的长度或[点(P)]<1.0000>: 100✓

(7)利用查询距离命令,可查得圆的直径为 36.6025。

3.11 拉长命令 LENGTHEN

LENGTHEN 命令用于改变直线、圆弧、多段线、椭圆弧等非封闭曲线的长度。

执行拉长命令 LENGTHEN 可采用以下三种方式:

- 展开【修改】面板,选择 。
- 命令行:LENGTHEN✓。
- 菜单:【修改】→【拉长】。

启动 LENGTHEN 命令后,命令行提示如下:

命令:_lengthen

选择对象或[增量(DE)/百分数(P)/全部(T)/动态(DY)]:

其中各可选项要求用户确定拉长方式,可先选择对象,后确定执行拉长的方式;也可先确定拉长方式,后选择要拉长的对象。

选项说明如下:

(1)【增量(DE)】:设定长度增量,该值可正可负,若为正可使对象拉长,若为负则缩短对象。

（2）【百分数（P）】：以百分比的方式改变实体长度，即用户可指定将对象的新长度变为原来的百分之几。

（3）【全部（T）】：若要拉长的对象是直线或多段线，那么无论其原来长度为多少，均改为用户指定的新的总长度；若要被拉长的对象是圆弧，用户需指定其改变长度后的总的包含角。

（4）【动态（DY）】：动态改变所选对象的长度。

【例3.17】 用拉长命令将一段圆弧转化成半圆。

（1）绘一段短圆弧。

（2）执行拉长命令的过程如下：

命令：_lengthen

选择对象或［增量（DE）/百分数（P）/全部（T）/动态（DY）］：T↙

指定总长度或［角度（A）］<180.0000>：A↙

指定总角度<120>：180↙

选择要修改的对象或［放弃（U）］：（拾取圆弧）

选择要修改的对象或［放弃（U）］：↙

3.12 打断命令 BREAK

BREAK命令可以将图形对象打断成几个部分或删去其中某一部分。

执行BREAK命令可采用以下三种方式：

- 【修改】工具栏（或展开【修改】面板）□以及□（打断于点）。
- 命令行：BREAK↙。
- 菜单：【修改】→【打断】。

【例3.18】 执行打断命令，以正确表示导线间的关系。

（1）绘制图3.27（a）所示的两条直线（表示导线）。

（2）将其中的水平线打断，命令执行过程如下：

命令：_break 选择对象：（拾取水平线）

指定第二个打断点 或［第一点（F）］：F↙

指定第一个打断点：（在点"1"上单击）

指定第二个打断点：（在点"2"上单击）

效果如图3.27（b）所示。

说明：在提示选择被打断的对象时，拾取框落在对象上的那一点，被默认为第一打断点，因为第一点往往不准确，所以要注意使用"第一点（F）"方式。

图3.27 打断命令举例

3.13 延伸命令 EXTEND

EXTEND命令用于延长直线、圆弧和多段线等，延伸命令与修剪命令的操作过程极为相似，两者都需要先指定边界，后选择要被改变长度的对象。

执行 EXTEND 命令可采用如下几种方式：
- 【修改】工具栏 -/。
- 展开【修改】面板上 ⊁ 修剪 ·右侧的下拉三角，选择 -/。
- 命令行：EXTEND↙。
- 菜单：【修改】→【延伸】。

【例 3.19】 将图 3.28（a）中的弧线延伸到指定边界矩形，效果如图 3.28（b）所示。

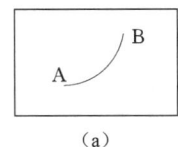
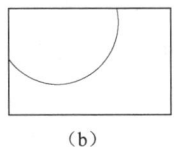

(a)　　　　　　　　　(b)

图 3.28　延伸命令举例

执行延伸命令的过程如下：

命令：_extend

当前设置：投影=UCS 边=延伸

选择边界的边…

选择对象：找到 1 个（选择矩形）

选择对象：↙

选择要延伸的对象或 [投影（P）/边（E）/放弃（U）]：（在靠近 A 端处拾取弧线）

选择要延伸的对象或 [投影（P）/边（E）/放弃（U）]：（继续在靠近 B 端处拾取弧线）

选择要延伸的对象或 [投影（P）/边（E）/放弃（U）]：↙

在提示"选择要延伸的对象……"时，有一个可选项【边（E）】，可使用户指定对象被延伸后是一定要和边界相交，还是能与边界的延长线相交即可。

3.14　拉伸命令 STRETCH

拉伸命令能使用户将选定对象沿指定方向改变局部尺寸。

执行 STRETCH 命令可采用以下三种方式：
- 【修改】工具栏（或面板）。
- 命令行：STRETCH↙。
- 菜单：【修改】→【拉伸】。

【例 3.20】 利用偏移和拉伸命令绘制 A3 图框。

（1）在合适位置画一个长 420、宽 297 的矩形。

（2）将这个矩形向内偏移复制 5 个图形单位。

命令：_offset

当前设置：删除源=否　图层=源　OFFSETGAPTYPE=0

指定偏移距离或 [通过（T）/删除（E）/图层（L）] <通过>：5↙

选择要偏移的对象，或 [退出（E）/放弃（U）]<退出>:（选择矩形）
指定要偏移的那一侧上的点，或 [退出（E）/多个（M）/放弃（U）]<退出>:（在矩形内部单击鼠标）
选择要偏移的对象，或 [退出（E）/放弃（U）]<退出>: ↙

（3）拉伸偏移复制得到的矩形，使其宽度沿 X 轴正方向减小 20。

命令: _stretch
以交叉窗口或交叉多边形选择要拉伸的对象…
选择对象: 指定对角点: 找到 1 个（如图 3.29 所示，选择内部的矩形，注意交叉窗口不要包含外部矩形的左边框）
选择对象: ↙
指定基点或 [位移（D）]<位移>:（捕捉矩形左下角点，然后在正交方式下向右导向）
指定第二个点或<使用第一个点作为位移>: 20↙
这一步拉伸操作还可参照 [例 2.33] 来完成。

图 3.29　以交叉窗口方式选择被拉伸的对象

3.15　倒角和圆角

3.15.1　倒角命令 CHAMFER

用倒角连接两个非平行对象。

执行 CHAMFER 命令，可使用以下四种方式：

- 【修改】工具栏（或面板）。
- 展开【修改】面板上 圆角 右侧的下拉三角，选择。
- 命令行：CHAMFER↙。
- 菜单：【修改】→【倒角】。

3.15.2　圆角命令 FILLET

用指定半径的圆弧平滑连接两个对象。

执行 FILLET 命令可使用以下三种方式：

- 【修改】工具栏（或面板）。
- 命令行：FILLET↙。
- 菜单：【修改】→【圆角】。

【例 3.21】　打开"图 2.11.dwg"，如图 3.30（a）所示。分别对两个底角进行圆角和倒角。最后另存文件。

（1）对∠B 进行倒角，操作如下：

命令: _chamfer
（"修剪"模式）当前倒角距离 1=0.0000，距离 2=0.0000
选择第一条直线或 [放弃（U）/多段线（P）/距离（D）/角度（A）/修剪（T）/方式（E）/多个（M）]: D↙

3.15 倒角和圆角

指定第一个倒角距离<0.0000>: 40↙
指定第二个倒角距离<50.0000>: 20↙
选择第一条直线或 [放弃（U）/多段线（P）/距离（D）/角度（A）/修剪（T）/方式（E）/多个（M）]: （选择直线 AB）
选择第二条直线，或按住 Shift 键选择要应用角点的直线: （选择直线 BC）
执行结果 AB 段被修剪掉 40，BC 段被修剪掉 20，形成一个倒角。

（2）对∠C 进行圆角，操作如下:
命令: _fillet
当前模式: 模式=修剪，半径=0.0000
选择第一个对象或 [放弃（U）/多段线（P）/半径（R）/修剪（T）/多个（M）]: R↙
指定圆角半径<10.0000>: 20↙
选择第一个对象或 [放弃（U）/多段线（P）/半径（R）/修剪（T）/多个（M）]: （选择直线 DC）
选择第二个对象，或按住 Shift 键选择要应用角点的对象: （选择直线 BC）
效果如图 3.30（b）所示。

（3）将当前文件另存为"图 3.30.dwg"。

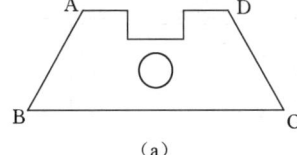
（a）

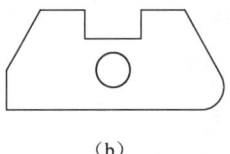
（b）

图 3.30 倒角与圆角命令举例

说明:
（1）启动倒角或圆角命令后，都有一个可选项【修剪（T）】，选择该选项后，将出现以下提示:
输入修剪模式选项 [修剪（T）/不修剪（N）] <修剪>:
T 表示修剪，N 表示不修剪，如图 3.31 所示。
（2）对平行线可进行圆角，圆角的直径为平行线间的距离。

【例 3.22】 倒角及圆角命令的应用角点功能示例。
（1）绘制图 3.32（a）所示的图形。每条直线长 150，间距 20。

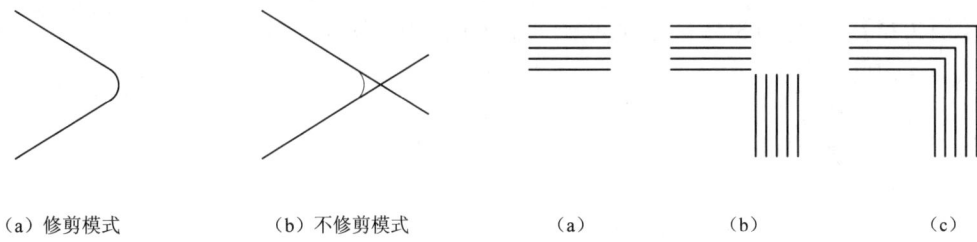

（a）修剪模式　　（b）不修剪模式　　　　（a）　　　（b）　　　（c）

图 3.31 "修剪"与"不修剪"模式圆角对比　　图 3.32 应用角点圆角或倒角

(2)旋转复制这几条直线,旋转基点为向右追踪中间直线右端点 50,如图 3.32(b)所示。

(3)执行倒角或圆角命令,在选择第一条直线前输入"多个(M)"选项。

(4)按提示按住 Shift 键要对对应直线应用角点,效果如图 3.32(c)所示。

3.16 分解命令 EXPLODE

绘图过程中,经常用到分解命令,如等分矩形、分解图块以进行编辑等。

执行 EXPLODE 命令可采用以下三种方式:

- 【修改】工具栏(或面板) (AutoCAD 2008 中对应图标为)。
- 命令行:EXPLODE↙。
- 菜单:【修改】→【分解】。

【例 3.23】 打开"图 2.31.dwg",在此基础上开门洞、窗洞。

(1)打开"轴线"层。

(2)偏移复制轴线,以定位门洞、窗洞的位置,如图 3.33 所示。

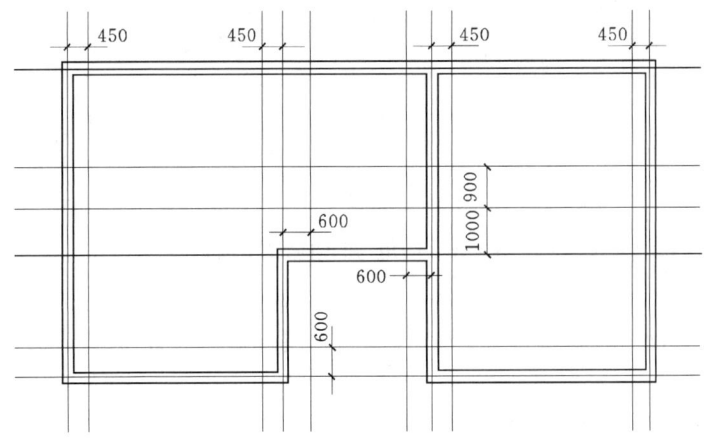

图 3.33 定位门窗位置

(3)利用修剪命令修剪出窗洞、门洞。

(4)利用快速选择命令 QSELECT,选择当前图形中所有长度等于 240 的线段。然后将这些线段切换到"墙线"层,效果如图 3.34 所示。

【例 3.24】 接 [例 3.23],在其基础上插入门、窗图形,最后保存文件。

(1)绘制窗符号。

1)关闭"轴线"层,将"窗"层置为当前层。

2)在最右侧房间内绘制一个宽 1000、高 240 的矩形。

3)分解矩形。

4)利用偏移复制命令(偏移距离为 80)得到一个窗的符号,如图 3.35 所示。

(2)利用复制命令、旋转命令和拉伸命令得到另外的窗图形,如图 3.36 所示。

3.17 多段线编辑命令 PEDIT

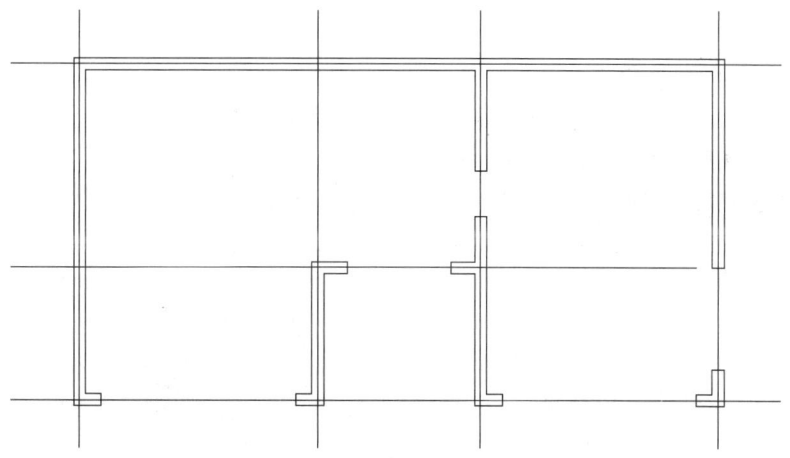

图 3.34 修剪后的效果图

（3）将"门"层置为当前层。按[例 2.11]绘制门符号的方法，按门洞尺寸绘制门，门厚仍取 45。其中对开门可先绘制一扇门的图形，再镜像复制得到另一扇门。

（4）效果如图 3.36 所示。将当前文件另存为"图 3.36.dwg"。

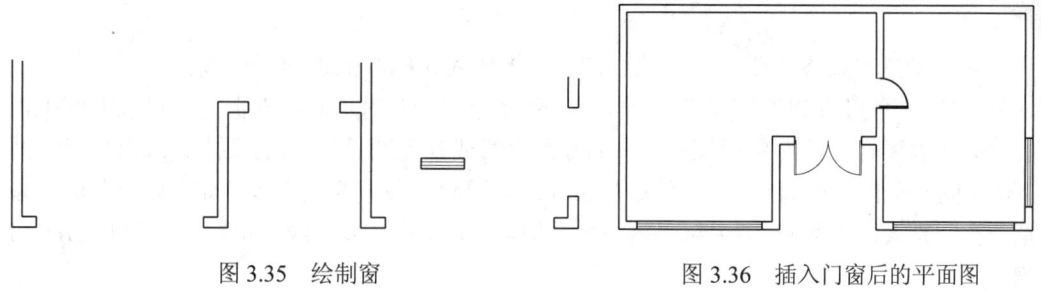

图 3.35 绘制窗　　　　　　　　　图 3.36 插入门窗后的平面图

3.17 多段线编辑命令 PEDIT

PEDIT 命令用于改变多段线的宽度，封闭或打开多段线，曲线拟合，将首尾相接的几条直线、弧线或多段线合成一条多段线等。本节仅介绍其最常用的功能。

执行 PEDIT 命令可采用以下几种方式：
- 【修改Ⅱ】工具栏 ⌒。
- 展开【修改】面板，选择 ⌒。
- 命令行：PEDIT↙。
- 菜单：【修改】→【对象】→【多段线】。

【例 3.25】 将图 3.37（a）所示的几条相连的直线和弧线编辑成一条多段线。
命令：_pedit 选择多段线或 [多条（M）]：（拾取左上方的直线段）
输入选项 [闭合（C）/合并（J）/宽度（W）/编辑顶点（E）/拟合（F）/样条曲线（S）/非曲线化（D）/线型生成（L）/放弃（U）]：J↙
选择对象：指定对角点：找到 2 个（用交叉窗口方式选择另外的直线和圆弧）

选择对象：↙
2 条线段已添加到多段线
输入选项 [闭合（C）/合并（J）/宽度（W）/编辑顶点（E）/拟合（F）/样条曲线（S）/非曲线化（D）/线型生成（L）/放弃（U）]：↙
效果如图 3.37（b）所示。

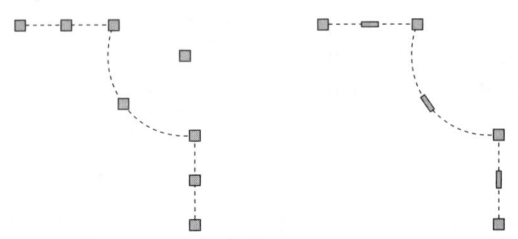

(a) 编辑前此图由三个对象组成　　(b) 编辑后变成一个对象

图 3.37　用 PEDIT 命令把几个对象合成一条多段线

3.18　合并命令 JOIN

合并（JOIN）命令用于合并直线、圆弧、多段线、椭圆弧、样条曲线。

与 3.17 节介绍的 PEDIT 命令不同，JOIN 命令在合并对象时，对象之间可以有间隙，不过此时要求要合并的对象同属一类（如都是直线或都是圆弧），并且要求直线对象必须共线（位于同一无限长的直线上），圆弧对象必须位于同一假想的圆上等。如果要合并的对象不是一类，则要求必须首尾相接，并且选择的第一个对象是多段线，执行结果与 PEDIT 命令相同。

执行 JOIN 命令可采用以下几种方式：
- 【修改】工具栏 ⤚。
- 展开【修改】面板，选择 ⤚。
- 命令行：JOIN↙。
- 菜单：【修改】→【合并】。

【例 3.26】 将图 3.38（a）所示的三段直线合并成一条直线。

先选择这三段直线，然后单击 ⤚ 按钮，启动 JOIN 命令：

命令：_join 找到 3 个
3 条直线已合并为 1 条直线

效果如图 3.38（b）所示。

(a) 合并前　　　　　　　　　(b) 合并后

图 3.38　用 JOIN 命令合并直线

3.19 夹点编辑

AutoCAD 预先为每种对象定义了一些特征点。在光标为靶框状态时，单击对象，会出现一个或多个蓝色小方块或小三角，这就是对象的特征点，以后称它们为夹点。在某一夹点上单击，则该夹点变成红色，称为夹持点。确定夹持点后，单击右键，会弹出一个快捷菜单，如图 3.39 所示，菜单中提供了夹点编辑的所有功能供用户选择，这些功能与相应的编辑命令相似。

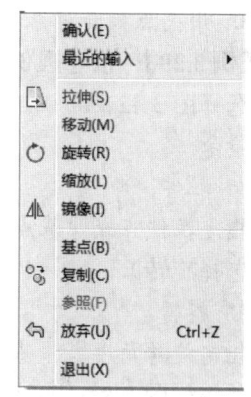

图 3.39 夹点编辑快捷菜单

夹点的多少及位置与对象的性质有关，如图 3.40 所示。下面举例介绍几种常用的夹点编辑方法。

1. 用夹点拉伸对象

【例 3.27】 拉伸直线。操作步骤如图 3.41 所示。

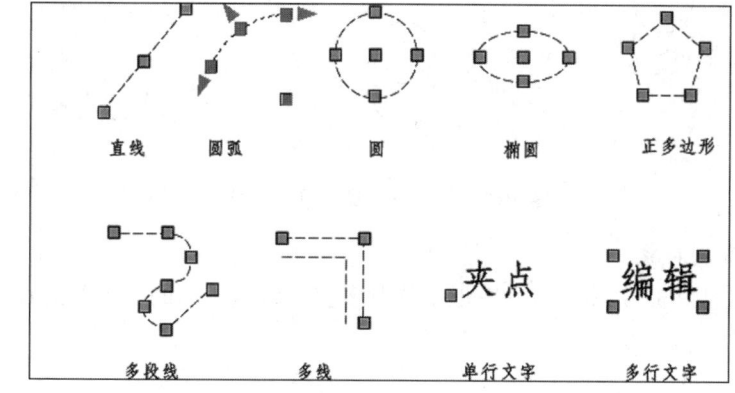

图 3.40 常见对象的夹点位置

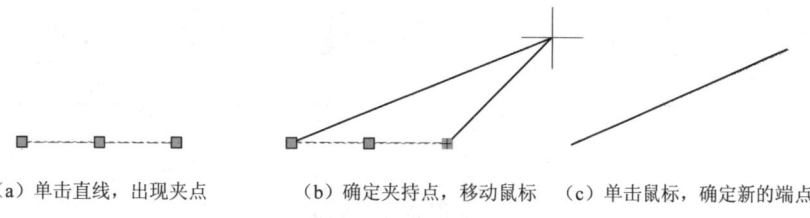

（a）单击直线，出现夹点　　（b）确定夹持点，移动鼠标　（c）单击鼠标，确定新的端点

图 3.41 拉伸直线

2. 用夹点移动对象

【例 3.28】 利用夹点编辑操作将图 3.42（a）所示的变压器符号移动到合适位置。

指定变压器符号最下面的象限点为夹持点，则命令行出现提示如下：

命令：

** 拉伸 **

指定拉伸点或 [基点（B）/复制（C）/放弃（U）/退出（X）]：_move（在鼠标右键菜单中选择移动）

** 移动 **

指定移动点或［基点（B）/复制（C）/放弃（U）/退出（X）］：捕捉直线的右端点

效果如图3.42（b）所示。

3. 用夹点旋转对象

【例3.29】 接［例3.28］，把变压器符号旋转到合适位置。操作过程如下：

选择图3.42（b）中的变压器符号最下面的象限点为夹持点，则命令行出现提示如下：

命令：

** 拉伸 **

指定拉伸点或［基点（B）/复制（C）/放弃（U）/退出（X）］：_rotate（在鼠标右键菜单中选择旋转）

** 旋转 **

指定旋转角度或［基点（B）/复制（C）/放弃（U）/参照（R）/退出（X）］：−90↵

效果如图3.42（c）所示。

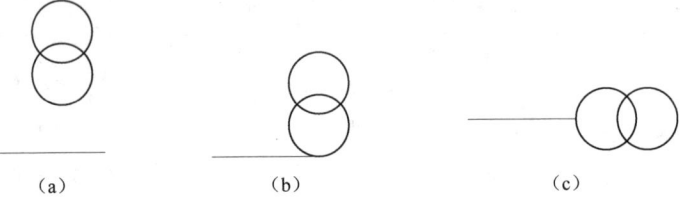

图3.42　用夹点移动、旋转对象

4. 用夹点复制对象

【例3.30】 把图3.43（a）所示图形中的圆多重复制到矩形的四个角点及各边的中点，效果如图3.43（b）所示。

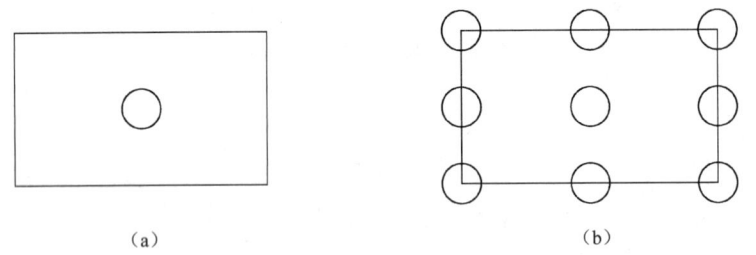

图3.43　用夹点复制图形

首先指定圆的圆心为夹持点，然后按命令行提示操作：

命令：

** 拉伸 **

指定拉伸点或［基点（B）/复制（C）/放弃（U）/退出（X）］：_copy（在鼠标右键菜单中选择复制）

** 拉伸（多重）**

指定拉伸点或［基点（B）/复制（C）/放弃（U）/退出（X）］：（依次捕捉矩形的各个

角点及各边的中点)
……
** 拉伸 (多重) **
指定拉伸点或 [基点 (B) /复制 (C) /放弃 (U) /退出 (X)]: ✓

说明:

(1) 以圆的象限点为夹持点进行编辑,可改变圆的大小;以圆的圆心为夹持点进行编辑,可移动该圆。

(2) 以圆弧的方块形的端点为夹持点进行编辑,可改变圆弧的长度、方向及半径;以圆弧的两端的三角形的端点为夹持点进行编辑,可改变圆弧的长度,但半径保持不变。在 AutoCAD 2012 版中,已取消了圆弧的三角形夹点,鼠标指向圆弧的两端的方块形夹点,会滑出编辑面板,提供了对圆弧进行拉伸或拉长的编辑方式。

(3) 以直线的中点为夹持点进行编辑,可移动该直线;以直线的端点为夹持点进行编辑,可改变直线的长度及方向。

(4) 如果单行文字位置不合适,使用夹点可很方便地把文字移动到合适位置。

3.20 对齐命令 ALIGN

ALIGN 命令可以通过移动、旋转、倾斜甚至比例缩放对象来使该对象与另一个对象对齐。对齐命令既可用于二维图形,也可用于三维图形。

执行 ALIGN 命令可采取以下三种方式:
- 展开【修改】面板,选择 ▣。
- 命令行:ALIGN✓。
- 【修改】→【三维操作】→【对齐】。

【例 3.31】 把图 3.44 (a) 所示的隔离开关符号及带箭头的矩形组合成熔断器符号。

命令: _align
选择对象: 指定对角点: 找到 1 个 (选择矩形)
选择对象: ✓
指定第一个源点: (捕捉矩形的中心点,见下面的操作说明)
1) 按住 Ctrl 或 Shift+鼠标右键,选择【两点间的中点】。
2) 在 "_m2p 中点的第一点:" 提示下,捕捉矩形左边的中点。
3) 在 "中点的第二点:" 提示下,捕捉矩形右边的中点。
指定第一个目标点: (捕捉隔离开关符号中斜线的中点)
指定第二个源点: (捕捉矩形的上边的中点)
指定第二个目标点: (捕捉隔离开关符号中斜线的上端点)
此时屏幕效果如图 3.44 (b) 所示。
指定第三个源点或<继续>: ✓

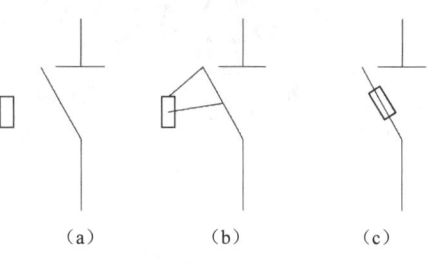

图 3.44 对齐命令举例

是否基于对齐点缩放对象？［是（Y）/否（N）］<否>:↙

效果如图3.44（c）所示。

3.21 特性选项板

3.21.1 【特性】选项板

【特性】选项板不仅能修改对象的图层、颜色、线型及线宽等基本特性，还能修改对象的几何特性及其他特性。

调用【特性】选项板可采用以下几种方式：

- 【标准】工具栏 （AutoCAD 2008版中对应图标为 ）。
- 【视图】选项卡→【选项板】面板 。
- 命令行：PROPERTIES↙。
- 【修改】→【特性】。
- 菜单：选择对象后，在右键菜单中选择【特性】。
- 快捷键开关：Ctrl+1。

【特性】选项板如图3.45所示。简要说明如下：

（1）单击【特性】选项板右下角的【自动隐藏】按钮 ，可以使【特性】选项板缩小为一个条状标题栏，当光标移至条状标题栏上时，【特性】选项板又会自动全部显示出来。

（2）在该对话框上部的下拉列表框中列出了所选对象的性质及数目。未选择对象时，下拉列表框中显示"无选择"，如图3.45（a）所示。

（3）选择对象后，如果是单一对象，则列出其全部特性；如果是多个对象，则仅列出所选对象共有的特性。

（a）

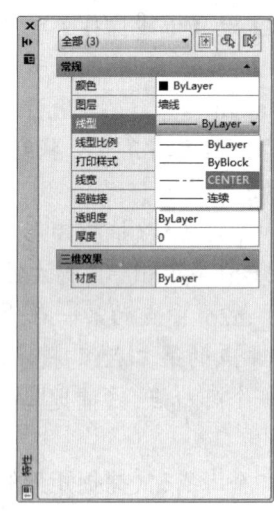

（b）

图3.45 【特性】选项板

（4）每个特性选项的左边是对象特性的名称，右边显示的是该特性的数值或状态，其中灰色底纹的数值或状态不可更改。对于白色底纹的数值类型的状态，无论单击该对象特性的名称，还是单击其当前数值框，在其右侧则会出现【快速计算器】，供用户使用。单击白色底纹的状态或其名称，在其右侧则会出现一个下拉列表框，供用户选择，如图3.45（b）所示。

（5）单击 按钮可以初次选择及重新选择对象。单击 按钮可打开【快速选择】对话框，方便用户快速选择符合指定条件的对象。

【例3.32】 利用【特性】选项板修改线型比例。

（1）以"01电气.dwt"开始新建文件。

（2）在"中心线"层画两个半径为1000的圆，然后执行范围缩放。如图3.46（a）所示。

（3）选择左边的圆。将线型比例由1改为5。

（4）调出【特性】选项板，将线型比例由1改为5。

（5）关闭【特性】选项板，然后按【Esc】键撤销选择，修改结果如图3.46（b）所示。

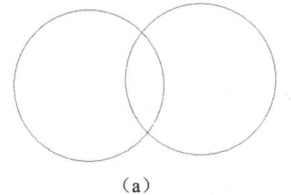 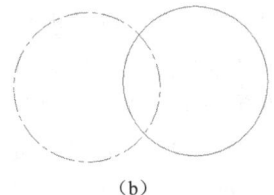

（a） （b）

图3.46 利用【特性】选项板修改线型比例

从AutoCAD2009版开始，提供了快捷特性功能，【快捷特性】面板是对【特性】选项板的简化。显示或调出【快捷特性】面板的方法有三种：

- 双击要修改特性的对象。
- 选择对象后，右键菜单中选择【快捷特性】。
- 打开状态栏上的【快捷特性】按钮 。

【例3.33】 已知圆的面积是10000，利用AutoCAD求它的半径。

（1）打开状态栏上的【快捷特性】按钮 。

（2）画一个圆，半径任意。然后选择该圆。则出现【快捷特性】面板，如图3.47（a）所示。

（3）将面积改为10000。可得半径为56.419。

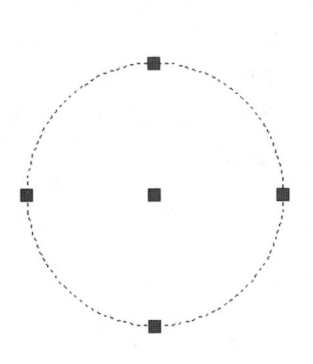 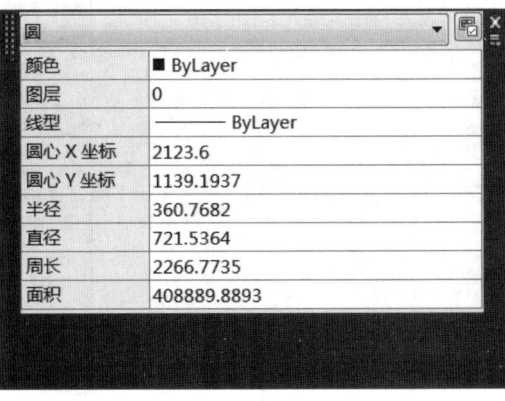

图3.47 【快捷特性】面板的应用

3.22 特性匹配

特性匹配的命令是 MATCHPROP，能把源对象的全部或部分特性复制给目标对象。
调用特性匹配功能的方式有以下三种：
- 【标准】工具栏（或【剪贴板】面板） （AutoCAD 2008 版中对应图标为 ）。
- 命令行：MATCHPROP↙。
- 菜单：【修改】→【特性匹配】。

【例 3.34】 用特性匹配命令修改对象的线型。

（1）以样板文件"01 电气.dwt"开始，新建文件。
（2）将"虚线"层置为当前层。
（3）画一条长为 100 的水平直线。
（4）将"实体"层置为当前层。
（5）在上一条直线下方画一条长为 100 的水平直线。如图 3.48（a）所示。
（6）单击 按钮，命令行提示如下：

命令：'_matchprop
选择源对象：（选择虚线）
当前活动设置：颜色 图层 线型 线型比例 线宽 透明度 厚度 打印样式 标注 文字 图案填充 多段线 视口 表格材质 阴影显示 多重引线
选择目标对象或［设置（S）］：（选择实线）
选择目标对象或［设置（S）］：↙

效果如图 3.48（b）所示。

选项说明：

在"选择目标对象或［设置（S）］："提示符下输入 S↙，弹出【特性设置】对话框，允许用户选择要复制源对象的哪些特性，如图 3.49 所示。

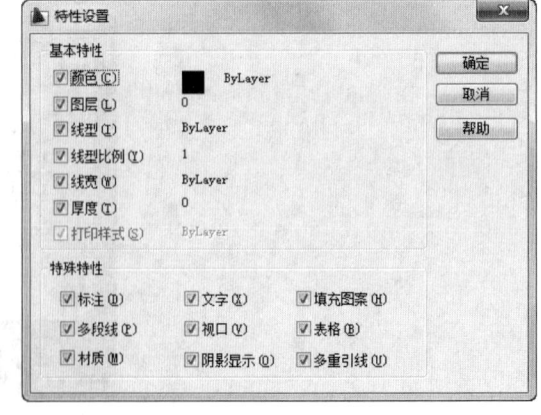

图 3.49 【特性设置】对话框

     （a）   （b）

图 3.48 用【特性匹配】命令修改对象的线型

3.23 综合练习

本节通过一个简单示例介绍 AutoCAD 绘图的基本流程。

【例 3.35】 绘制图 3.50 所示的图形，暂不标注，最后保存文件。

（1）以样板文件"01 电气.dwt"开始，新建文件。

（2）设置图形界限：左下角点坐标为（0，0），右上角点坐标为（10，10），并执行缩放全图命令。

（3）绘制中心线。

1）将"中心线"层置为当前层。

2）在正交方式下，在屏幕偏上部绘制一条水平直线。

3）将直线向下分别复制 2 和 4.5 个单位。

4）绘制一条垂直中心线，效果如图 3.51 所示。

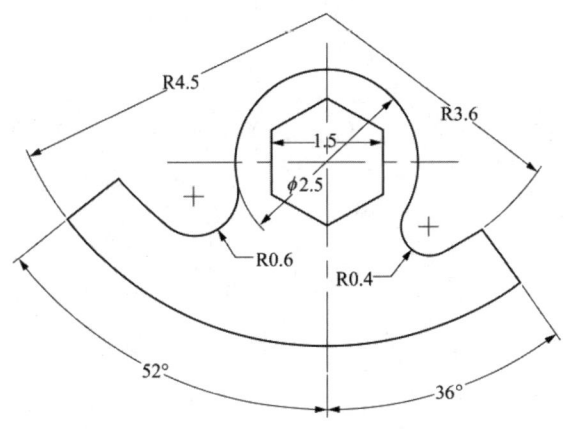

图 3.50 综合练习图

5）将垂直中心线分别向左、向右旋转复制 52°和 36°，效果如图 3.52 所示。

（4）将"实体"层置为当前层，绘制基本图形，其中正六边形在正交方式下用外切方式绘制，半径为 0.75，并将正六边形旋转 30°，效果如图 3.53 所示。

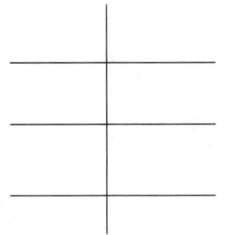 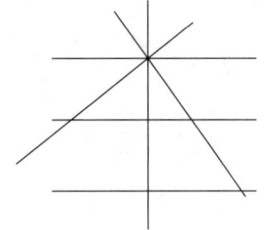 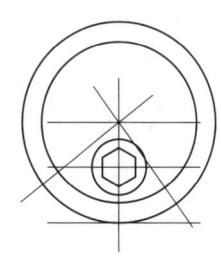

图 3.51 绘制水平及垂直中心线　　图 3.52 绘制倾斜中心线　　图 3.53 绘制基本图形

（5）将两条斜线转换至"实体"层。

（6）执行圆角命令两次，分别得到半径为 0.6 和 0.4 的弧线，如图 3.54 所示。

（7）关闭"中心线"层。
（8）执行修剪命令，最后将多余线段或弧删除。
（9）打开"中心线"层，效果如图3.55所示。
（10）删除最上面和最下面的水平直线，并利用夹点编辑命令调整剩余中心线的长度。此时的效果如图3.56所示。
（11）将当前图形保存为"图3.56.dwg"。

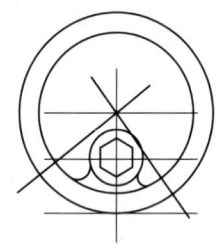
图3.54 圆角后的效果

图3.55 修剪后的效果

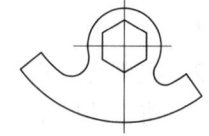
图3.56 初步完成的图形

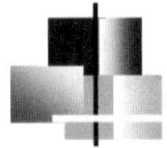

第 4 章

图 形 注 释

一个完整的工程图设计，通常分为绘图、注释、布局和打印四个阶段。单靠一张按精确比例绘制的图形，往往还是不能准确传达设计师的意图，这就需要设计师在注释阶段添加文字、数字、表格及其他符号以表达设计对象的尺寸大小、型号规格，用以说明设计的构成等信息。

4.1 文字样式

文字样式设置了文字的特性，如字体、宽度、高度和其他的文字效果。可以在一幅图中定义多种文字样式，供不同情况下选用。AutoCAD 支持其专用的形字体（SHX）文件，同时也支持 Windows 系统自带的 TureType 字体。

执行创建或修改文字样式命令可采用以下几种方式：
- 【文字】工具栏 。
- 展开【注释】面板，选择 。
- 命令行：STYLE。
- 菜单：【格式】→【文字样式】。

【例 4.1】 在"02 电气.dwt"的基础上创建"仿宋字""工程字"以及"工程字斜体"文字样式，并将其保存于样板文件"03 电气.dwt"。

（1）打开样板文件"02 电气.dwt"。

1）单击【快速启动工具栏】上的 按钮。

2）在弹出的【选择文件】对话框的【文件类型】下拉框中，选择"图形样板（*.dwt"）"。

3）选择"02 电气.dwt"，然后单击【打开】按钮。

（2）启动 STYLE 命令，打开【文字样式】对话框，如图 4.1 所示。

1）单击【新建】按钮，然后在弹出的【新建文字样式】对话框中输入样式名"仿宋字"，并单击【确定】按钮。

2）去掉【使用大字体】的复选标记，在【字体名】下拉列表中选择"仿宋_GB2312"。

3）在【高度】文本框中选择默认高度值为 0。

4）在【宽度比例】文本框中输入宽度比值为 0.7。

5）检查预览区的文字外观。

6）单击【应用】按钮。

（3）创建"工程字"文字样式，参数设置如图 4.2 所示，注意勾选【使用大字体】复选框，创建步骤不再赘述。

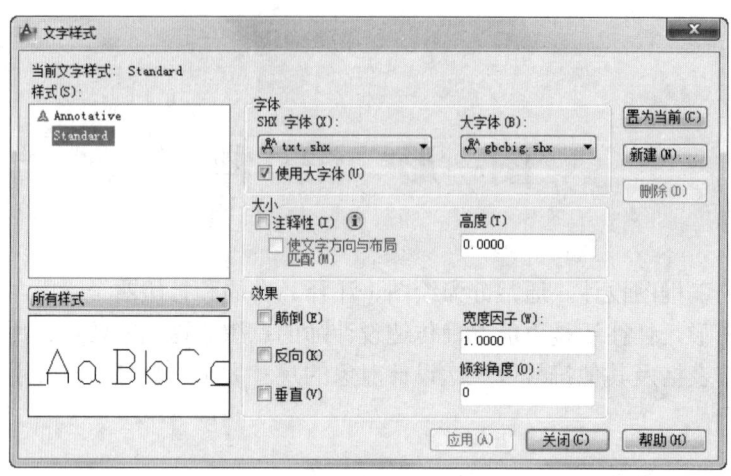

图 4.1 【文字样式】对话框

（4）创建"工程字斜体"文字样式，参数设置仅是将图 4.2 中的 SHX 字体"gbenor.shx"改为"gbeitc.shx"。创建文字样式后关闭【文字样式】对话框。

（5）将文件另存为"03 电气.dwt"，然后关闭这个样板文件。

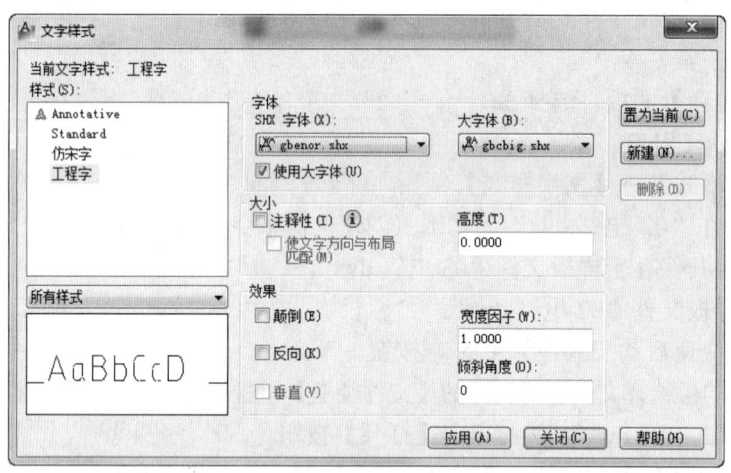

图 4.2 创建"工程字"文字样式

说明：

（1）建议文字高度保持默认值为 0，在注释文字时可根据需要重新设置文字高度。

（2）如果选择带"@"前缀的字体，则标注出来的文字为横向。

（3）gbenor.shx（正体）、gbeitc（斜体）、gbcbig.shx（大字体）是 AutoCAD 提供的符合国标的形字体文件。

STYLE 命令不仅可以创建文字样式，还可以用于修改已有文字样式的参数设置，当编辑完文字样式以后，所有按这种样式书写的文字都将按照新的参数重新生成。

4.2 单行文字

使用单行文字可以向图形中添加多种信息,如规格说明、设备名称等。对于不需要多种字体或多行的简短文字,可以创建单行文字。使用单行文字命令可以一次创建多行对齐的单行文字(按回车键换行),然后利用夹点编辑命令或移动命令调整各行文字的位置。

4.2.1 输入单行文字

执行输入单行文字(TEXT)命令可采用以下三种方式:

- 【文字】工具栏(或【常用】选项卡→【注释】面板,或【注释】选项卡→【文字】面板) A 。
- 命令行:TEXT(或 DTEXT、DT)✓。
- 菜单:【绘图】→【文字】→【单行文字】。

【例 4.2】 分别用"仿宋字"和"工程字"文字样式书写单行文字。

(1)以"03 电气.dwt"开始,新建文件。

(2)在【样式】工具栏(或【注释】面板)的【文字样式】控制框中选择"仿宋字"文字样式。

(3)启动输入单行文字命令。

命令: DT✓

TEXT

当前文字样式: 仿宋字 当前文字高度: 0.0000

指定文字的起点或 [对正(J)/样式(S)]:(在合适位置单击鼠标指定文字的起点)

指定高度<2.5000>: 10✓

指定文字的旋转角度<0>: ✓

(4)在命令行中键入需要输入的文字并按 Enter 键。

(5)再按 Enter 键完成单行文字输入。

(6)在【样式】工具栏(或【注释】面板)的【文字样式】控制框中选择"工程字"文字样式。

(7)重复上述第(2)~(5)步重新输入文字。

参见图 4.3 所示的效果。

在"指定文字的起点或 [对正(J)/样式(S)]:"提示下,选择 J 选项,可以设置文字的对正方式,即文字的哪一位置需要与指定点对正。AutoCAD 对文字提供了 15 种对正方式,其中 13 种对正方式在"四线格"中的位置如图 4.4 所示。另外 AutoCAD 对文字还提供了对齐(A)和调整(F)对正方式,说明如下:

- 对齐(A)对正方式:指定基线两端点为文字的定位点(基线是指"四线格"中从上向下数的第 3 条线),AutoCAD 按所输入的文字的多少自动计算文字的高度与宽度,使文字恰好充满所指定的两点之间。
- 调整(F)对正方式:指定基线两端点为文字的定位点,并指定字高,AutoCAD 将使用指定的字高,只调整字宽,将文字扩展至指定的两个点之间。

在输入单行文字时,可以输入以下控制代码以插入特殊符号:
输入"%%d"注写角度符号(°);
输入"%%p"注写正负公差符号(±);
输入"%%c"注写直径符号(ϕ);
输入"%%%"注写百分比符号(%)。

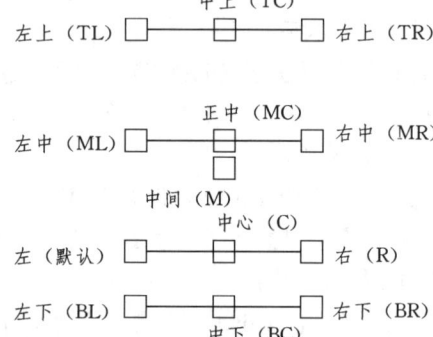

图 4.3 用两种文字样式书写的单行文字　　　图 4.4 文字的对齐方式

有时用某种文字样式(如"仿宋字")输入一些特殊字符(如直径符号ϕ)时,会出现 AutoCAD 不能识别的现象,用户可选择这些文字后,在【样式】工具栏(或【注释】面板)的【文字样式】控制框中选择其他文字样式(如"工程字")以正确显示文字。

4.2.2 修改单行文字

在欲修改的单行文字上双击,则 AutoCAD 会将被编辑的文字直接转化为一个文本编辑器,修改后直接按 Enter 键可选择下一处文字进行修改。若状态栏上的【快捷特性】按钮处于打开状态,在欲修改的单行文字上单击,就会弹出【快捷特性】面板,可以对文字的内容、高度、文字样式等项目进行修改。

修改单行文字内容还可以采用 DDEDIT 命令,启动方式有以下三种:
- 【文字】工具栏。
- 菜单:【修改】→【对象】→【文字】→【编辑】。
- 命令行:DDEDIT↙。

修改单行文字的高度还可以采用以下方式:
- 【文字】工具栏(或【注释】选项卡→【文字】面板)。
- 菜单:【修改】→【对象】→【文字】→【比例】。
- 命令行:SCALETEXT↙。

【例 4.3】 打开"图 3.36.dwg",标注轴号,效果如图 4.5 所示,最后另存文件。

(1) 删除用于开门洞、窗洞的轴线。
(2) 修剪轴线。
1) 在墙线外画两个合适尺寸的矩形作为修剪边界。
2) 启动修剪命令,选择两个矩形为修剪边,修剪掉外侧矩形外部及内侧矩形内部的轴线部分。

3）删除矩形。

（3）标注轴号的操作。

1）将"标注"层置为当前层。

2）画一个半径为 300 的圆。

3）【绘图】▸【文字】→【单行文字】。

命令：DT✓

TEXT

当前文字样式：Standard 当前文字高度：2.5000

指定文字的起点或［对正（J）/样式（S）］：J✓

输入选项

［对齐（A）/调整（F）/中心（C）/中间（M）/……/右下（BR）］：M✓

指定文字的中间点：（捕捉圆心）

指定高度<2.5000>：350✓

指定文字的旋转角度<0>：✓

键入文字"1"并按 Enter 键

按 Enter 键结束命令

4）执行复制命令，将轴号①分别复制到上方和左侧各轴线。

5）双击一个要修改的单行文字，修改内容后按 Enter 键，然后继续依次选择其他轴号文字进行修改。

6）在右侧Ⓑ轴相应位置复制一段轴线，将上方和左侧各轴号分别复制到下方和右侧。效果如图 4.5 所示。

（4）将当前文件另存为"图 4.5.dwg"。

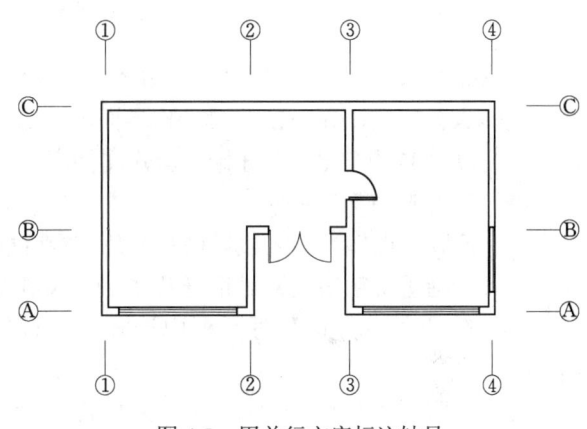

图 4.5　用单行文字标注轴号

4.3　多行文字

多行文字一般用于书写施工说明、注意事项以及填写多行表格等。从 AutoCAD 2006 版本开始，多行文字命令功能有了很大程度的增强，利用【文字格式】编辑器可以设置多种文字格式以及对齐方式；临时改变文字样式、字体、字高；输入符号；设置文字的宽度比例及倾斜角度；设置项目符号、查找和替换文字、插入字段等。

4.3.1　输入多行文字

执行输入多行文字（MTEXT）命令的方式如下：

- 【绘图】工具栏或【文字】工具栏（或【常用】选项卡→【注释】面板，或【注释】选项卡→【文字】面板）A。
- 命令行：MTEXT✓。
- 菜单：【绘图】→【文字】→【多行文字】。

在【草图与注释】工作空间，启动多行文字命令后，在功能区会自动调出【文字编辑器】选项卡，如图4.6所示。

【样式】面板主要用于设置要使用的文字样式和文字高度。

【格式】面板用于临时改变字体及颜色，对文字添加加粗、倾斜、上划线、下划线，设置文字的倾斜角度、字符间距、宽度比例等格式。

【段落】面板用于设置项目符号和编号，段落的对正、对齐方式，行距等。

【插入】面板用于设置分栏、插入符号、插入字段等。

【工具】面板主要用于进行查找和替换，从外部文件中输入文字。

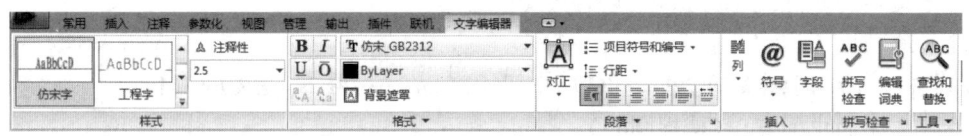

图 4.6　功能区【文字编辑器】选项卡

在 AutoCAD 经典工作界面下，输入多行文字利用【文字格式】编辑器。

【例 4.4】　在 AutoCAD 经典工作界面下，输入多行文字示例。

（1）以"03 电气.dwt"开始，新建文件。

（2）启动 MTEXT 命令。

（3）拾取一点作为文字边界框左上角，然后拾取另一点作为右下角。打开【文字格式】编辑器（包括【文字格式】对话框及文字输入窗口）。

（4）在【文字格式】对话框中选择"工程字"文字样式，在【字高】框中设置字高为 5。

（5）参照图 4.7 在第一行输入中文文字、数字和字母，然后按 Enter 键换行。

（6）输入 50，然后单击 @ 按钮，在弹出的"符号"菜单中选择"度数"符号。类似操作输入"直径""欧姆"等符号。如果符号工具栏中没有欲输入的符号，可以选择"其他"，在打开的"字符映射表"中选择。

（7）按 Enter 键换行。

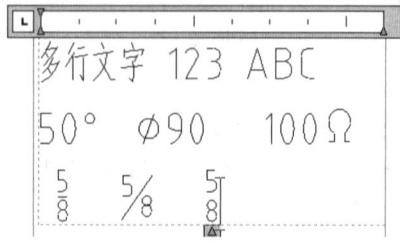

图 4.7　输入多行文字示例

（8）输入文字"5/8"，然后选中这几个文字，再单击【堆叠】按钮，则变成分数形式。

（9）类似上一步操作，输入"5#8""5^8"，并对其进行堆叠操作。

（10）单击【确定】按钮关闭【文字格式】编辑器。

说明：

（1）可以利用 Windows 剪切、复制和粘贴命令从其他应用程序中粘贴文字。

（2）在文字输入区单击右键，或单击 按钮，在弹出的快捷菜单中选择【输入文字】可以从外部文件中输入文字。

4.3.2 编辑多行文字

在欲修改的多行文字上双击，则会打开【文字格式】编辑器（或【文字编辑器】选项板），类似 Windows 写字板的编辑方式修改文字。

DDEDIT 命令同样可用于多行文字的编辑，该命令的启动方式见本章 4.2.2 节。

4.4 尺寸标注

尺寸标注是一种常用的图形注释，用它表明对象的尺寸、距离和角度等，因此，尺寸标注是工程图纸中非常重要的组成部分。

4.4.1 常用的尺寸标注

常用的尺寸标注方式包括线性、对齐、连续、基线、半径、直径、角度基引线标注，以及折弯标注、弧长标注等，如图 4.8 所示。

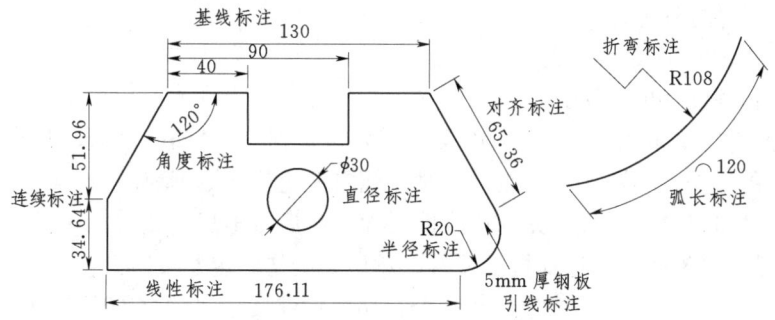

图 4.8 常用尺寸标注类型

关于尺寸标注各个部分的名称参见图 4.9。

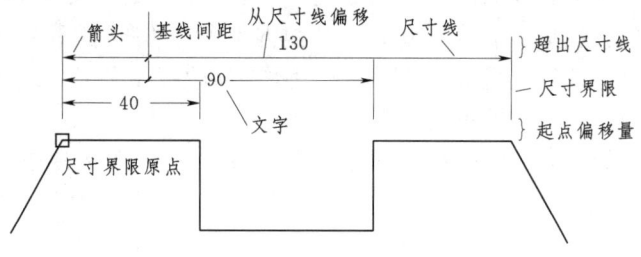

图 4.9 尺寸标注的组成及名词解释

1. 线性标注（DIMLINEAR）命令
- 【标注】工具栏（或【常用】选项卡→【注释】面板，或【注释】选项卡→【标注】面板）⊢⊣。
- 命令行：DIMLINEAR↙。
- 菜单：【标注】→【线性】。

线性标注用于表示当前用户坐标系统 XY 平面上两点间的直线距离测量值，它标注水平、垂直和指定旋转方向的尺寸。

线性标注命令的操作过程及说明如下：

命令：_dimlinear

指定第一条尺寸界线原点或<选择对象>：（任意指定一点）

指定第二条尺寸界线原点：（任意指定另一点）

创建了无关联的标注（出现此提示是因为随意指定尺寸界限原点造成的。如果利用对象捕捉指定尺寸界限原点，则不会出现此提示，即创建了关联标注。关联标注的意义是：如果被标注对象尺寸或位置、角度发生改变，则尺寸标注可随之更新）

指定尺寸线位置或 [多行文字（M）/文字（T）/角度（A）/水平（H）/垂直（V）/旋转（R）]：

各选项说明如下：
- 多行文字：选择 M 选项，可调出多行文字编辑器以编辑标注文字。
- 文字：选择 T 选项，可以在命令行直接输入标注文字。

如图 2.13 所示的标注 "$\phi 60$"，可以这样标注：

（1）启动线性标注命令。

（2）先后指定两个尺寸界限原点。

（3）确定标注文字的方法。

1）选择 M 选项，调出多行文字编辑器，可发现数据 "60" 带有阴影，表示是 AutoCAD 自动测量出来的数据，与图形相关联，此时光标自动定位在数据前。

前述操作也可以这样实现：先标注线性尺寸，然后双击尺寸文字。

2）单击【符号】按钮，选择直径符号，然后单击【确定】按钮。

该标注还可以通过选择 T 选项，在命令行输入标注文字 "%%C60" 来实现。

如果标注的数据不是 AutoCAD 自动测量出来的数据，例如，上述无论哪种方式，将标注标成了 "$\phi 80$"，则改变图形尺寸后，此标注不会自动更新，如图 4.10（b）所示。应该指出，在图 4.10（a）和图 4.10（b）中因为是利用对象捕捉指定的尺寸界限原点，所以尺寸标注与图形是关联的。但是由于图 4.10（b）的数据是人为"强制"标注的，因此该数据失去了与图形的关联性。建议注重精确绘图，一般不要修改标注文字（数值）。

- 角度：指定标注文字的旋转角度。
- 垂直和水平：如果被标注对象不是水平或垂直的，可以选择 H 或 V 强制标注水平或垂直尺寸。否则，在指定尺寸线位置时，在两尺寸界限原点之间上下移动光标，则标注水平方向的尺寸；左右移动光标，则标注垂直方向的尺寸。
- 旋转：标注指定角度方向上两个点之间的距离。

4.4 尺　寸　标　注

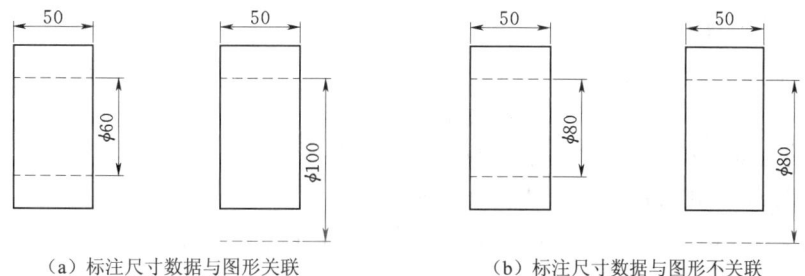

（a）标注尺寸数据与图形关联　　　　　（b）标注尺寸数据与图形不关联

图 4.10　标注尺寸数据与图形关联性示意

2. 对齐标注（DIMALIGNED）命令
- 【标注】工具栏（或【常用】选项卡→【注释】面板，或【注释】选项卡→【标注】面板） 。
- 命令行：DIMALIGNED↙。
- 菜单：【标注】→【对齐】。

对齐标注一般用于标注斜线的长度尺寸，或两点之间的斜向距离。

3. 弧长标注（DIMARC）命令
- 【标注】工具栏（或【常用】选项卡→【注释】面板，或【注释】选项卡→【标注】面板） 。
- 命令行：DIMARC↙。
- 菜单：【标注】→【弧长】。

弧长标注用于标注圆弧或多段线弧线段的全部或部分长度。

4. 坐标标注（DIMORDINATE）命令
- 【标注】工具栏（或【常用】选项卡→【注释】面板，或【注释】选项卡→【标注】面板） 。
- 命令行：DIMORDINATE↙。
- 菜单：【标注】→【坐标】。

坐标标注命令用于标注点的 X 或 Y 坐标，指定点后，水平移动光标标注 Y 坐标，垂直移动光标标注 X 坐标。

5. 半径标注（DIMRADIUS）命令
- 【标注】工具栏（或【常用】选项卡→【注释】面板，或【注释】选项卡→【标注】面板） 。
- 命令行：DIMRADIUS↙。
- 菜单：【标注】→【半径】。

半径标注命令用于标注圆和圆弧的半径尺寸。尺寸线以圆心为一端，由用户拖动光标指定圆弧的尺寸线的位置，系统自动标上 R 和半径的值。如果圆内放不下尺寸值和箭头，箭头自动移至外侧。

6. 折弯标注（DIMJOGGED）命令
- 【标注】工具栏（或【常用】选项卡→【注释】面板，或【注释】选项卡→【标注】面板） 。

- 命令行：DIMJOGGED↙。
- 菜单：【标注】→【折弯】。

如果弧线的半径很大，其圆心可能超出整个图形，此时可以用折弯标注命令，指定圆心的替代点的位置以及尺寸线的位置以标注弧线的半径。

7. 直径标注（DIMDIAMETER）命令
- 【标注】工具栏（或【常用】选项卡→【注释】面板，或【注释】选项卡→【标注】面板）⊘。
- 命令行：DIMDIAMETER↙。
- 菜单：【标注】→【直径】。

直径标注命令用于标注圆的直径尺寸。用户拖动光标指定尺寸线的位置，尺寸值前面自动带有直径标识ϕ，如果圆内放不下尺寸值和箭头，箭头自动移至圆外。

8. 角度标注（DIMANGULAR）命令
- 【标注】工具栏（或【常用】选项卡→【注释】面板，或【注释】选项卡→【标注】面板）△。
- 命令行：DIMANGULAR↙。
- 菜单：【标注】→【角度】。

角度标注命令用于建立圆、圆弧或直线的角度标注。

9. 基线标注（DIMBASELINE）命令
- 【标注】工具栏（或【注释】选项卡→【标注】面板）⊢。
- 命令行：DIMBASELINE↙。
- 菜单：【标注】→【基线】。

基线标注命令用于创建基于上一个标注或选择的标注进行线性或角度标注。一个基线标注具有相同标注原点（即第一条尺寸界线的原点）。创建或利用 S 选项选择一个线性或角度标注作为基线标注的原点。选择基线标注命令，以基线标注的第一条尺寸界线作为原点，再指定第二条尺寸界线的位置，然后继续选择尺寸界线的位置，直到完成了基线序列。

10. 连续标注（DIMCONTINUE）命令
- 标注工具栏（或【注释】选项卡→【标注】面板）⊩。
- 命令行：DIMCONTINUE↙。
- 菜单：【标注】→【连续】。

连续标注命令用于创建一系列首尾相接的连续尺寸，每个标注都从前一个标注的第二条尺寸界线开始。创建或选择一个线性或角度标注作为连续标注的原点。选择"连续标注"命令，以基准标注的第二条尺寸界线作为原点，再指定第二条尺寸界线的位置，然后继续选择尺寸界线的位置，直到完成了连续标注序列。

11. 快速标注（QDIM）命令
- 【标注】工具栏（或【注释】选项卡→【标注】面板）。
- 命令行：QDIM↙。
- 菜单：【标注】→【快速标注】。

用快速标注命令可以一次标注多个对象。可以快速建立成组的基线、连续标注，也可以标注多个圆和圆弧。

【例 4.5】 打开"图 3.30.dwg",在此图形上练习快速标注。

启动 QDIM 命令:

命令:_qdim

关联标注优先级=端点

选择要标注的几何图形:指定对角点:找到 8 个 [如图 4.11(a)所示,用窗交方式选择]

选择要标注的几何图形:✓

指定尺寸线位置或 [连续(C)/并列(S)/基线(B)/坐标(O)/半径(R)/直径(D)/基准点(P)/编辑(E)/设置(T)]

<连续>:(移动光标至合适位置,单击鼠标。默认连续标注,若选择其他类型选项,则可快速标注为所选类型)

此时的标注效果如图 4.11(b)所示。

下面通过删除圆心处的标注,说明编辑快速标注的方法:

(1)启动快速标注命令。

(2)用窗交方式选择快速标注集合。

(3)✓。

(4)在提示下输入 E✓(若选择其他类型选项,则可重新快速标注所选类型)。

(5)捕捉圆心,以将其从标注基点中删除。

(6)✓。

(7)指定新标注的位置,效果如图 4.11(c)所示。

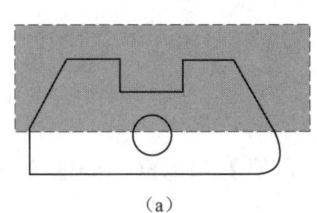 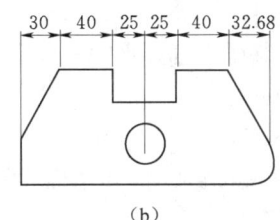 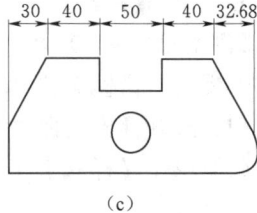

图 4.11 快速标注及编辑示例

12. 引线标注命令

在 AutoCAD 2008 版中,启动引线标注命令可采用以下三种方式:

• 【标注】工具栏 。
• 命令行:QLEADER✓。
• 菜单:【标注】→【引线】。

AutoCAD 2009 版及后续版本,仅能通过命令行启动引线标注命令。

引线标注命令用于标注注释文字,如倒角、表面处理方式、模型厚度、设备编号等。引线是连接注释和图形的线,注释出现在线的端点。单行或多行文字、倒角尺寸和几何公差都可以是注释的内容。执行引线命令后,如果需要设置引线格式,则输入 S 后按回车键,弹出图 4.12 所示的【引线设置】对话框,在对话框中可以作引线的各种设置。

从 AutoCAD 2009 版开始，增加了多重引线标注功能，启动可采用以下三种方式：
- 【注释】选项卡→【引线】面板。
- 命令行：MLEADER↙。
- 菜单：【标注】→【多重引线】。

利用【引线】面板可以设置引线的文字样式、添加或删除引线、引线对齐、引线合并等功能。

13. 圆心标记命令（DIMCENTER）
- 【标注】工具栏。
- 命令行：DIMCENTER↙。
- 菜单：【标注】→【圆心标记】。

图 4.12 【引线设置】对话框

圆心标记命令用于对一个圆或圆弧添加圆心标记或中心线。

4.4.2 创建尺寸标注样式

标注样式用于控制一个尺寸的格式和外观，建立并强制使用绘图标准。系统缺省的标注样式为 ISO-25（公制）或 Standard（英制）。无论是创建新的标注样式，还是修改标注样式，都需要调出【标注样式管理器】对话框进行设置。

调用【标注样式管理器】对话框（DIMSTYLE）的方式如下：
- 【标注】工具栏或【样式】工具栏（或【常用】选项卡→【注释】面板）。
- 命令行：DIMSTYLE（或 DDIM）↙。
- 菜单：【格式】→【标注样式】。

【例 4.6】 在 "03 电气.dwt" 的基础上创建 "DIM-35" 标注样式和 "GB-35" 标注样式，并将其保存于样板文件 "04 电气.dwt"。

（1）打开样板文件 "03 电气.dwt"。

（2）单击【样式】工具栏上的 按钮，打开【标注样式管理器】对话框，如图 4.13 所示。

（3）单击【新建】按钮，弹出【创建新标注样式】对话框，如图 4.14 所示。

（4）在【新样式名】文本框中输入新的样式名 "DIM-35"，单击【继续】按钮，激活【新建标注样式】对话框，如图 4.15 所示，其中大部分名词在图 4.9 中已作了解释。如果选中【固定长度的尺寸界线】，则标注时无论指定的尺寸界限原点与起点距离有多长，标注出的尺寸界限都按【长度】框中指定的值显示。如标注建筑平面图时，即使外墙不平齐，也会标注出整齐

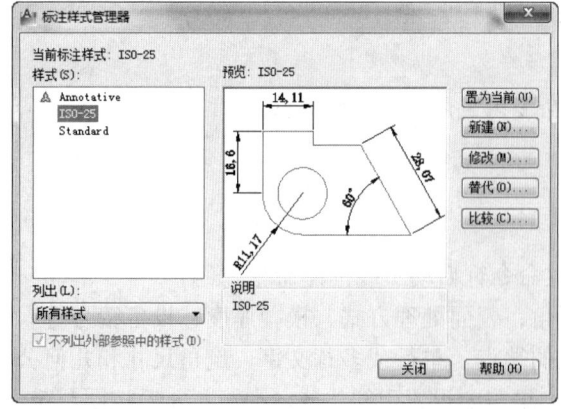

图 4.13 【标注样式管理器】对话框

美观的尺寸标注。此处都保持默认值不变。

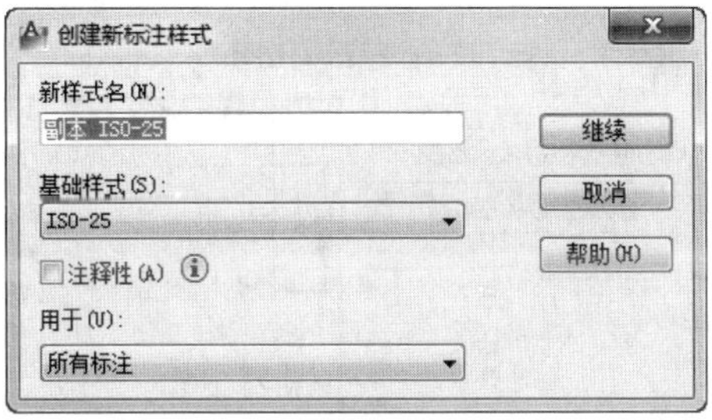

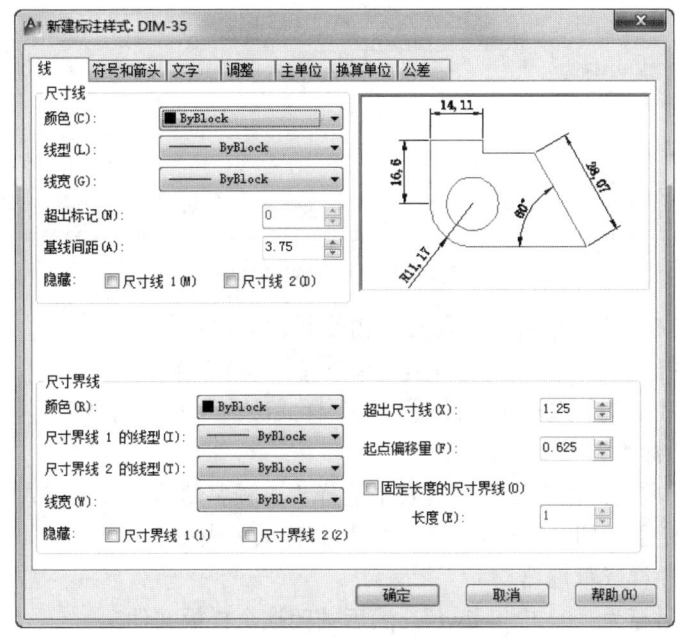

图 4.14 【创建新标注样式】对话框

图 4.15 【新建标注样式】对话框

图 4.16 设置箭头样式及大小

（5）打开【符号和箭头】选项卡：在箭头区将第一项箭头设置为"建筑标记"，第二个箭头自动与第一个箭头相匹配，然后将箭头大小设置为 3.5，如图 4.16 所示。

（6）打开【文字】选项卡：在文字样式列表中选择"工程字"文字样式；将文字高度设置为 3.5；将文字位置设置为垂直居中；在【文字对齐】区选择【水平】，如图 4.17 所示。

（7）打开【主单位】选项卡：将"小数分隔符"改为"句点"。

（8）单击【确定】按钮，"DIM-35"被添加到样式列表中。

（9）基于"DIM-35"创建"GB-35"。

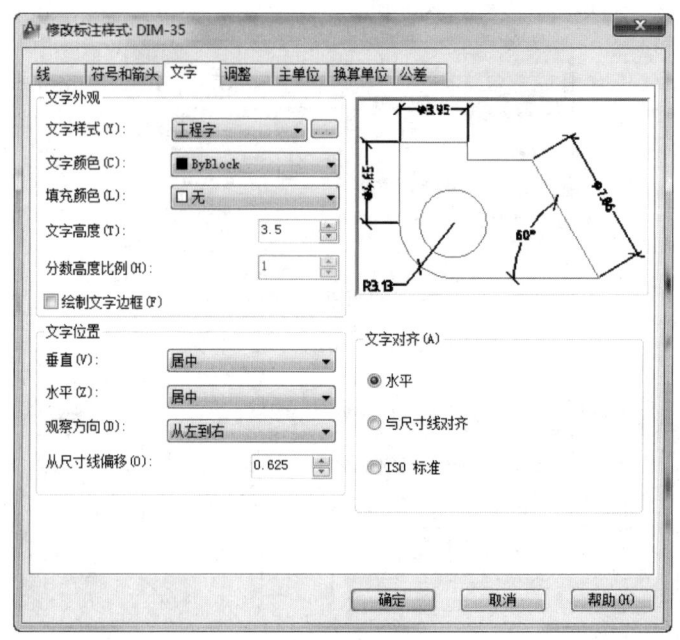

图 4.17 设置文字

1）选中"DIM-35"标注样式，然后单击【新建】按钮。
2）输入标注样式名称"GB-35"，然后单击【继续】按钮。
3）将【符号和箭头】选项卡中的【箭头】样式改为"实心闭合"。
4）将 "圆心标记"大小改为 2。
5）【文字】选项卡：在文字样式列表中选择"工程字斜体"文字样式。
6）单击【确定】按钮，"DIM-35"被添加到样式列表中。

（10）关闭标注样式管理器。
（11）将文件另存为"04 电气.dwt"，然后关闭这个样板文件。

4.4.3 修改尺寸标注

为使图面美观或符合有关要求，有时需要对已标注的尺寸进行调整，本节通过实例介绍常用的修改方法。

1. 调整尺寸文字和箭头的显示比例

【例 4.7】 图 4.18（a）所示的半径标注是基于"ISO-25"标注样式的，要求将其修改为图 4.18（c）所示的效果。

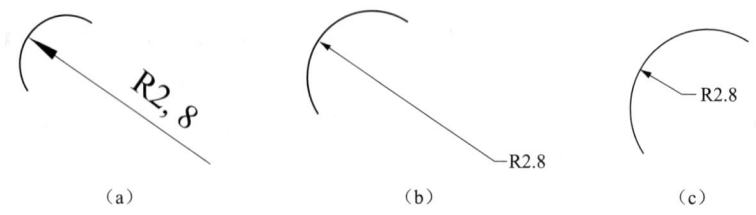

(a)　　　　　　　　(b)　　　　　　　　(c)

图 4.18 利用全局比例因子调整文字和箭头的大小

操作步骤如下：
（1）调出【标注样式管理器】对话框，选中"ISO-25"标注样式。
（2）单击【修改】按钮，打开【修改标注样式】对话框。
（3）在【调整】选项卡中，将【使用全局比例】文本框的值修改为0.2。
（4）打开【主单位】选项卡：将"小数分隔符"改为"句点"。
（5）打开【文字】选项卡：将文字位置设置为垂直居中，在【文字对齐】区选择【水平】。
（6）单击【确定】按钮。
（7）单击【关闭】按钮。
（8）此时效果如图4.18（b）所示，尺寸文字及箭头的大小虽然合适了，但是尺寸线太长，处理方式除了将原标注删除重新标注外，还可以采用以下两种方式之一进行调整：

第一种方式：选中更新后的标注，将光标指向文字夹点，会自动滑出编辑面板，从中选择【随尺寸线移动】，调整到合适位置后单击鼠标加以确定。

第二种方式：选中标注后，选中尺寸文字夹点，在右键菜单中选择【随尺寸线移动】，调整到合适位置后单击鼠标加以确定。

2. 标注实体的实际尺寸

【例4.8】 图4.19（a）所示的图形是按1∶100绘制，直径标注是基于"ISO-25"标注样式的。要求按实际尺寸标注，首先得到图4.19（b）所示的效果，最后修改为图4.19（c）所示的效果。

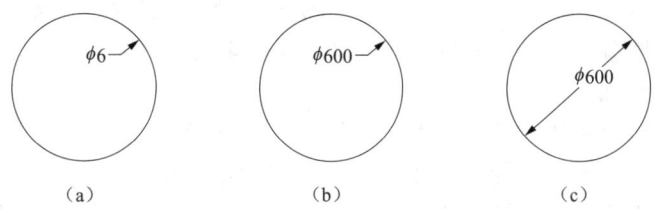

(a)　　　　　　　　(b)　　　　　　　　(c)

图4.19　利用测量单位比例标注对象的实际尺寸

（1）从图4.19（a）至图4.19（b）的操作过程与上例类似，只是需要修改的比例是【主单位】选项卡中的【测量单位比例】，将【比例因子】修改为100。

（2）从图4.19（b）至图4.19（c）的操作过程与［例4.7］的第（8）步相似：选中标注后，将光标指向文字夹点，会自动滑出编辑面板，从中选择【仅移动文字】，调整到合适位置后单击鼠标加以确定。

3. 翻转箭头

在AutoCAD 2008中，选中尺寸标注后，在鼠标右键菜单中选择【翻转箭头】，即可得到箭头翻转的效果，如图4.20所示。在AutoCAD 2012中，需利用夹点编辑加以修改。

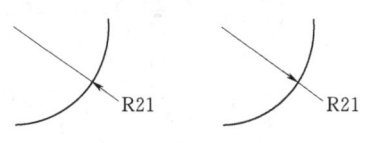

图4.20　翻转箭头

4. 利用特性对话框标注公差

【例4.9】 图4.21（a）所示的线性标注是基于"DIM-35"标注样式的，要求为线性尺寸标注图 4.21（b）所示的尺寸公差。

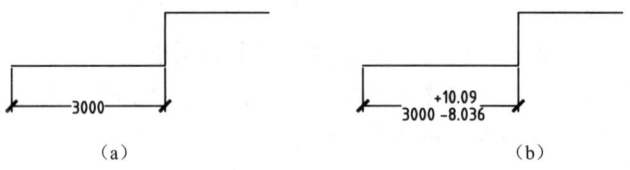

图 4.21　标注尺寸公差

（1）对 DIM-35 标注样式进行适当的修改。

1)【主单位】选项卡：将【精度】改为 0.000，选中【消零】选项区的【后续】，将【比例因子】设置为 1。

2)【符号和箭头】选项卡：将【箭头大小】改为 2.5。

3)【调整】选项卡：将【全局比例因子】改为 100。

（2）绘制图形，并标注线性尺寸，如图 4.21（a）所示。

（3）选择欲添加公差的线性尺寸，在右键菜单中选择【特性】，调出【特性】对话框，向下拖动左侧的滚动条直至显示出【公差】设置区。

（4）单击【显示公差】或其后面的设置"无"，则设置栏变成了一个下拉列表框，如图 4.22（a）所示。

（5）选择公差标注形式为"极限偏差"，输入公差下偏差的值 8.036，公差上偏差的值 10.09。

（6）将【公差对齐】方式设置为"小数分隔符"，如图 4.22（b）所示。

（7）关闭【特性】对话框，完成公差标注，如图 4.21（b）所示。

说明：

利用【特性】对话框修改尺寸标注，相当于在【特性】对话框中对【标注样式管理器】的各选项卡进行设置。例如，[例 4.7] 完全可以通过【特性】对话框修改标注尺寸。二者的区别在于利用【特性】对话框可以仅对指定的尺寸标注修改，而通过【标注样式管理器】修改标注样式的设置后，则所有按这种标注样式标注的尺寸都会被修改。要想通过【标注样式管理器】仅修改指定的尺寸标注，解决的办法是使用样式替代。

图 4.22　利用特性对话框标注公差

4.4 尺寸标注

可以选中一个已修改的尺寸标注后，在右键菜单中选择【标注样式】→【另存为新样式】，以备以后使用。

5. 样式替代

利用样式替代功能，可以改变尺寸标注的部分特性而不对使用相同样式标注的其他尺寸造成影响。如［例 4.9］中的尺寸公差标注，也可以用样式替代的方法实现，操作步骤如下：

（1）打开【标注样式管理器】对话框。

（2）选中"DIM-35"标注样式，然后单击【替代】按钮，弹出【替代当前样式】对话框。

（3）选择【公差】选项卡，在【方式】下拉列表中选择【极限偏差】。

（4）输入公差下偏差的值 8.036，公差上偏差的值 10.09。

（5）单击【确定】按钮，返回【标注样式管理器】对话框。

（6）选择【样式】列表区中"DIM-35"标注样式附属的"样式替代"，然后单击【置为当前】按钮。

（7）单击【确定】按钮。

（8）标注线性尺寸。如果以后的尺寸标注不需要标注尺寸公差，可在【标注样式管理器】对话框中重新将"DIM-35"标注样式【置为当前】。

6. 编辑标注（DIMEDIT）命令

- 【标注】工具栏 。
- 命令行：DIMEDIT↙。

启动 DIMEDIT 命令后，命令行提示如下：

命令：_dimedit

输入标注编辑类型［默认（H）/新建（N）/旋转（R）/倾斜（O）］<默认>：

选项说明如下：

【新建】：选择【新建】选项，则弹出【文字编辑器】面板或【文字格式】工具栏，默认的带阴影的"0"表示系统自动测量的值，与图形相关联。

【旋转】：设置标注文字的旋转角度。

【倾斜】：设置尺寸界限的倾斜角度。

7. 编辑标注文字（DIMTEDIT）命令

- 【标注】工具栏 。
- 命令：DIMTEDIT↙。
- 菜单：【标注】→【对齐文字】。

DIMTEDIT 命令用于编辑尺寸标注文字的水平位置及方向，即移动和旋转尺寸标注文字对象。

8. 标注更新

- 【标注】工具栏 。
- 菜单：【标注】→【更新】。

标注更新命令可以用指定的标注样式更新图形中已标注的尺寸。

4.5 创建表格

本节通过绘制图 4.23 所示的课程设计用简化标题栏（以下简称"标题栏"），简要介绍在 AutoCAD 中创建表格的方法。

		图号		
		比例		日期
设计		专业		
审核		班级		

图 4.23　课程设计用简化标题栏

4.5.1　自定义表格样式

调用表格样式命令的方式如下：
- 【样式】工具栏 。
- 展开【注释】面板，选择 。
- 命令行：TABLESTYLE（或简化命令 TS）↙。
- 菜单：【格式】→【表格样式】。

【例 4.10】　在"04 电气.dwt"的基础上创建"标题栏"表格样式，并将其保存于样板文件"05 电气.dwt"。

（1）打开样板文件"04 电气.dwt"。

（2）启动 TABLESTYLE 命令，打开【表格样式】对话框。

（3）单击【新建】按钮，打开【创建新的表格样式】对话框，输入新样式名"标题栏"。

（4）单击【继续】按钮，打开【新建表格样式】对话框，在【单元样式】框中选择"数据"，在【常规】选项卡中设置对齐方式设置为"正中"，垂直页边距设置为 0.5，如图 4.24 所示。

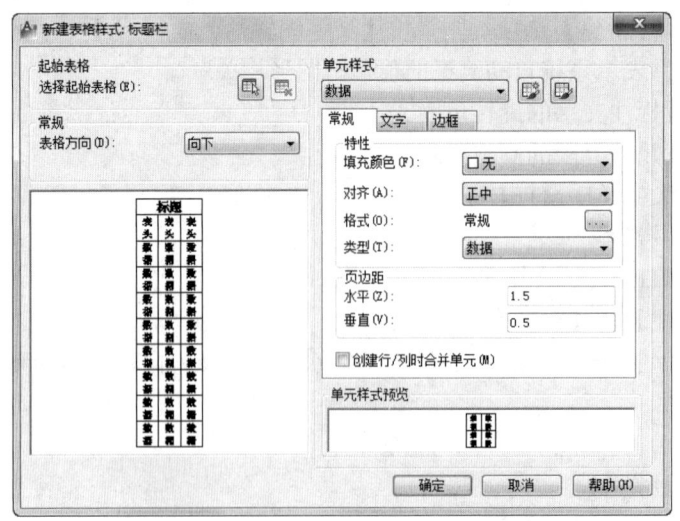

图 4.24　【新建表格样式】对话框

(5) 在【文字】选项卡中将文字样式设置为"仿宋字",字高设置为 5。

(6) 在【边框】选项卡中将线宽设置为 0.5,然后单击表示表格外边框的按钮。

(7) 将线宽设置为 0.25,然后单击表示表格内边框的按钮。

(8) 单击【确定】按钮,返回【表格样式】对话框。

(9) 选中"标题栏"表格样式,单击【置为当前】按钮,最后单击【关闭】按钮。

(10) 将文件另存为"05 电气.dwt",然后关闭这个。

4.5.2 插入表格

调用插入表格命令的方式如下:

- 【绘图】工具栏(或【注释】面板)。
- 命令行:TABLE(或简化命令 TB)。
- 菜单:【绘图】→【表格】。

【例 4.11】 用"标题栏"表格样式绘制一个表格,最后保存文件。

(1) 以样板文件"05 电气.dwt"开始,新建文件。

(2) 新建"表格"图层,特性与"文字"层相同。然后将"表格"层只为当前层。

(3) 启动 TABLE 命令,打开【插入表格】对话框。

(4) 输入列数为 8,列宽为 15;数据行数为 2,行高为 1 行;将【第一行单元样式】和【第二行单元样式】分别设置为"数据",这就相当于又增加了 2 行数据行。如图 4.25 所示。

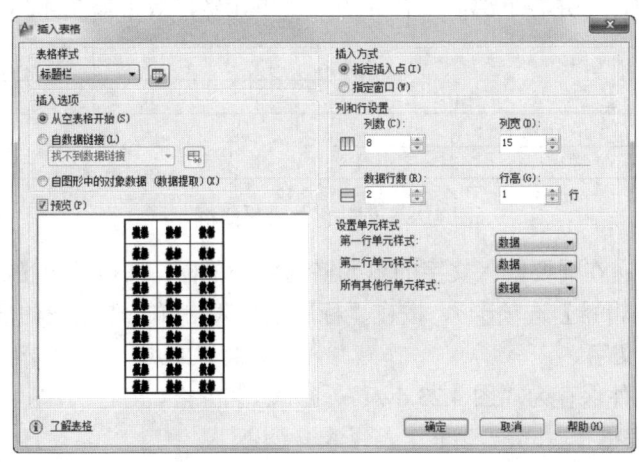

图 4.25 【插入表格】对话框及参数设置

(5) 单击【确定】按钮。然后在屏幕合适位置单击鼠标指定表格插入点,则自动弹出【文字格式】编辑器(或功能区【文字编辑器】面板)等待用户输入文字。由于此表格还需要调整,此时可先关闭【文字格式】编辑器(或功能区【文字编辑器】面板),待调整表格后再输入文字。

(6) 从第 1 行第 2 列单元格内开始向下拖动鼠标,选中第 2 列全部四个单元格,如图 4.26 所示。

(7) 单击右键,在弹出的快捷菜单中选择【特性】,弹出【特性】对话框,将单元宽度设置为 30，单元高度设置为 8，如图 4.27 所示。

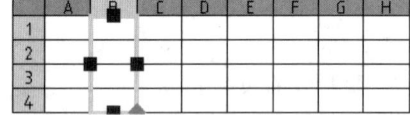

图 4.26　选择单元格　　　　图 4.27　利用【特性】对话框设置单元格行高和列宽

（8）类似地，对第 4、6、8 列进行同样的设置。

（9）用拖动鼠标的方法选择左上部需要合并的 8 个单元格，自动调出【表格】编辑器（或功能区【表格单元】选项卡）。单击右键，在弹出右键菜单中选择【合并单元】→【全部】（或单击合并单元按钮 ，然后在滑出的面板中选择【合并全部】）。

（10）类似操作，合并右下部需要合并的 8 个单元格，效果如图 4.28 所示。

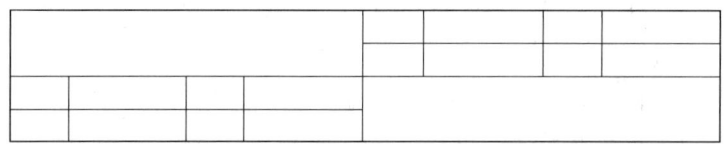

图 4.28　创建好的表格线框

（11）输入文字：在需要输入文字的单元格内双击鼠标，即可调出【文字格式】编辑器（或功能区【文字编辑器】选项卡）。按在"标题栏"表格样式中设置的默认文字样式输入图 4.26 所示的固定文字。

（12）将当前文件保存为"图 4.23.dwg"。

4.5.3　插入 Excel 表格

利用插入 OLE 对象的操作，可以将 Excel 表格、Word 文档等外部文件插入到 AutoCAD 的当前文件中，双击 OLE 对象可以调用其源程序进行编辑，保存后 OLE 对象可以在 AutoCAD 文件中同步更新。

插入 OLE 对象可采用以下三种方式：

- 【插入】选项卡→【数据】面板 。
- 命令行：INSERTOBJ。
- 菜单：【插入】→【OLE 对象】。

如果只需引用 Excel 的部分内容，操作步骤如下：

（1）在 Excel 表格中选中需要引用的数据区域。

（2）按 Ctrl+C 组合键，将所选数据复制到 Windows 剪贴板中。

（3）在 AutoCAD 中执行【编辑】→【选择性粘贴】，在弹出的【选择性粘贴】对话框中选择"AutoCAD 图元"。

（4）单击【确定】按钮，按提示指定插入点，可以双击表格数据，调出【文字格式】编辑器对其进行编辑。

如果选择粘贴格式为"Microsoft Office Excel 工作表"，则以后双击该表格可自动打开 Excel 程序以编辑数据。编辑后关闭 Excel 程序或关闭编辑后的表格，会发现在 AutoCAD 中，这个表格中的数据自动更新。

另外，AutoCAD 中的表格也可以通过 TABLEEXPORT 命令输出成以逗号分隔（*.csv）的文本文件，在 Excel 或 Access 中可以打开这种文件，进行进一步数据分析。

第 5 章

图块与外部参照

5.1 块的基本概念

块是由多个对象组成并经定义命名的整体对象。可以把块作为单一对象按指定的缩放比例和旋转角度插入到当前图形的指定位置。

5.1.1 块的主要作用

1. 提高绘图的效率和质量

工程绘图中，经常要用到一些需要反复使用的图形，如电气符号，集成电路芯片符号，机械标准件符号，建筑图用的门、窗符号等。可以把它们定义为块，并可按类别建立专用和通用的图块库。需要时，由用户直接调用。这样既可减少大量重复性的工作，又可提高绘图的质量和效率。

2. 节省存储空间

图块作为一个整体对象，每次插入时，AutoCAD 不再重复记录保存该块中每一个对象的特征参数，仅保存该图块的特征参数，如图块名、插入点坐标、缩放比例、旋转角度等。图块越复杂，插入次数越多，节省存储空间越明显。

3. 便于修改图形

在工程项目中，尤其是在初步设计阶段，经常要反复修改图形。如果要修改的是块，则只需重新定义一个同名块，AutoCAD 将会自动更新所有与该块同名的块。

4. 可以加入和提取属性

所谓属性，即从属于图块的文字信息。经常把形状相同的块的技术参数定义为属性。在使用图块时，可以按提示给定相应的技术参数值（属性值），从而满足设计和生产的要求。给块加入属性，还有利于提取属性值，供数据库进行处理计算等。

5.1.2 图块与图层的关系

图块可以由绘制在若干层上的实体组成，AutoCAD 将图层的信息保存在图块中。插入图块时，AutoCAD 约定如下：

（1）位于"0"层上的对象将被绘制在当前图层上。建议用户在"0"层绘制专业图块，这样当使用图块时，图块的特性会随当前层。

（2）当前图形中如有与图块中实体所用图层同名的层（0 层除外），则这些实体按当前的图层特性绘制。否则，AutoCAD 将给当前图形添加相应的图层。

5.2 创建块命令 BLOCK

执行创建块命令可采用以下三种方式：
- 【绘图】工具栏（或【块】面板）。
- 命令行：BLOCK↙。
- 菜单：【绘图】→【块】→【创建】。

启动 BLOCK 命令后，弹出【块定义】对话框，如图 5.1 所示。

图 5.1 【块定义】对话框

（1）【名称】下拉列表框：输入新建块的名称，也可通过下拉列表选择已有的块名进行重新定义。

（2）【拾取点】按钮：确定插入块时的基准点，也是对块进行缩放、旋转等操作的基准点。应根据图形的结构选择基准点的位置，如中心点、端点、角点等。可以单击该按钮，然后在绘图区内的图形上选择一点；也可以在 X、Y、Z 文本框中输入插入基点的坐标值。

（3）【选择对象】按钮：单击该按钮，对话框暂时消失，用户可在绘图区内选择构成图块的所有对象，选择完毕按 Enter 键或单击右键返回【块定义】对话框。该按钮的右边是快速选择按钮，这里不再重复介绍。

（4）定义块后对源对象的处理方式。
- 保留：定义块后，源对象仍作为分立的对象保存在当前图形中。
- 转换为块：定义块后，源对象将自动转换为图块。
- 删除：定义块后，源对象将从当前图形中删除，但该块定义仍然存在并可随时被调用。可通过执行 OOPS 命令恢复图形显示，而不能利用撤销（UNDO）命令。因为执行撤销命令，实际是撤销了创建块命令。

（5）【块单位】下拉列表框：设置当用户从 AutoCAD 设计中心或工具选项板把该块拖入图形窗口时的单位。

（6）【允许分解】复选框：指定插入块后，是否允许分解。

【例5.1】 打开"图3.36.dwg",定义荧光灯图块,最后另存文件。
(1)绘制荧光灯符号,如图5.2所示,其中水平线长50。
(2)单击创建块按钮 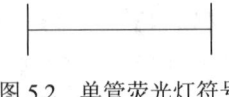,弹出【块定义】对话框。
(3)单击拾取点按钮。
(4)拾取荧光灯符号的中心点为插入基点。
(5)单击选择对象按钮。
(6)用交叉窗口方式选择荧光灯符号。
(7)在【名称】框中输入块名"YGD"。
(8)选中【删除】单选按钮。
(9)单击【确定】按钮。
(10)将当前文件另存为"图3.36-1.dwg"。

图5.2 单管荧光灯符号

5.3 插入块命令 INSERT

执行 INSERT 命令可采用以下三种方式:
- 【绘图】工具栏(或【块】面板) 。
- 命令行:INSERT↙。
- 菜单:【插入】→【块】。

执行 INSERT 命令,弹出【插入】对话框,如图5.3所示。

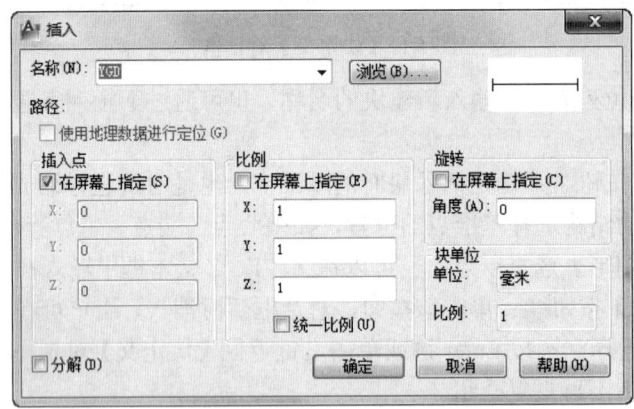

图5.3 【插入】对话框

(1)名称下拉列表框:列出当前图形中可供使用的所有块的名称。也可单击【浏览】按钮,在指定路径找到需要插入的块或图形文件。
(2)插入点:指定块基点所要对齐的目标点。有两种方式可供选择:
- 在屏幕上指定,通常使用这种方式确定插入点。
- 在 X、Y、Z 文本框中输入插入点的坐标。

(3)缩放比例:确定图块的插入比例因子。有两种方式可供选择:
- 在屏幕上指定:在屏幕上插入点的右上方指定一个点,以这个点与插入点为对角点的矩形框的长与宽就是 X、Y 方向的比例因子。这个点也可以用相对坐标的形式输入。

当指定点不在插入点的右上方时,插入的图形是原始块或图形的镜像图。
- 在 X、Y、Z 文本框中输入相应的比例因子。如果输入的比例因子为负值,则产生相应的镜像图像。如果选中【统一比例】复选框或在创建块时,在【块定义】对话框中选中了【按统一比例缩放】复选框,则此时只能设置 X 比例因子,Y、Z 比例因子自动与 X 比例因子统一。

(4) 旋转:确定图块的旋转角度。有两种方式可供选择:
- 在屏幕上指定:在屏幕上拾取一点,此点与插入点的连线与 0°方向的夹角就是插入块时的旋转角。
- 在角度文本框中直接输入具体的数值以表示图块的旋转角度。

【例 5.2】 接[例 5.1],把新创建的 YGD 图块插入图中。要求放大 2 倍,旋转 45°。
(1) 单击 按钮。
(2) 在【插入】对话框中按图 5.4 所示进行设置。
(3) 单击对话框的【确定】按钮,对话框消失,按命令行提示指定插入点并分别输入 X、Y 方向比例因子:

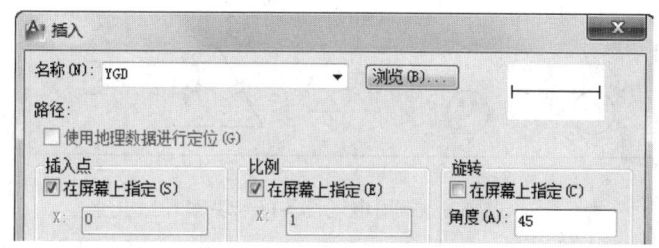

图 5.4 【插入块】设置举例

指定插入点或 [基点(B)/比例(S)/X/Y/Z/旋转(R)]:(在合适位置指定插入点)
输入 X 比例因子,指定对角点,或 [角点(C)/XYZ] <1>: 2↙
输入 Y 比例因子或<使用 X 比例因子>: ↙

效果如图 5.5 所示。
(4) 关闭当前图形文件,不保存。
说明:
(1) 本例第(3)步,在"输入 X 比例因子,指定对角点,或者[角点(C)/XYZ] <1>:"提示符下输入@2,2↙,得到的插入效果相同。

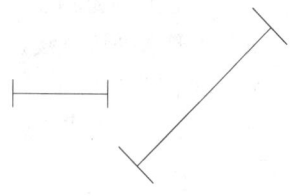

图 5.5 插入图块举例

(2) 要一次插入多个按矩阵形式有规则排列的相同块,可使用 MINSERT 命令,该命令相当于阵列命令(在命令行执行)和插入块命令的组合。
(3) 使用 AutoCAD 设计中心和工具选项板可以更直观、高效地插入图块。

5.4 创建和使用电气符号库

本节通过实例介绍在 AutoCAD 中创建图形符号图块库并利用设计中心和工具选项板

使用图块库的方法。

5.4.1 创建电气符号图块库

【例 5.3】 创建电气设备符号图块库,最后保存文件。

(1)以样板文件"02 电气.dwt"开始,新建空白文件,绘制常用电气设备符号,如图 5.6 所示。

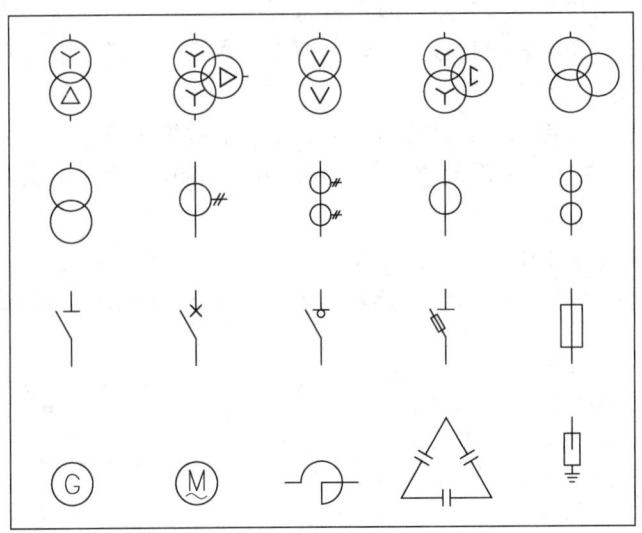

图 5.6 常用电气设备符号块库

部分符号的绘制方法如下:

1)画双圈变压器符号。

a. 画一个半径为 2 的圆,然后在正交方式下复制该圆,复制位移为 3,形成变压器简易符号,如图 5.7(a)所示。

b. 以上圆心为起点,正交向下画长度为 1 的直线,如图 5.7(b)所示。

c. 环形阵列该直线,如图 5.7(c)所示。

d. 以下圆心为圆心,画一个半径为 1(内接方式)的正三角形,如图 5.7(d)所示。

e. 把这个三角形向下移动 0.4,把上面的"Y"接符号向上移动 0.4,如图 5.7(e)所示。

f. 补充绘制表示接线端子的直线,如图 5.7(f)所示。

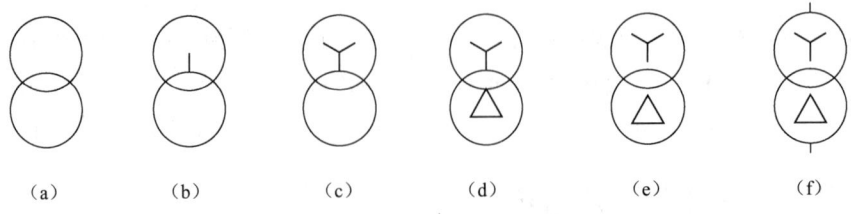

图 5.7 绘制双圈变压器符号的步骤

2)画隔离开关符号。

a. 在正交方式下画一条长为 7 的竖线，如图 5.8（a）所示。

b. 画斜线及水平线，其中斜线倾斜角度为 120°，水平线的端点可通过捕捉垂足得到，如图 5.8（b）所示。

命令：_line 指定第一点：2.5✓（向上追踪竖线的下端点）

指定下一点或 [放弃（U）]：@3<120✓

指定下一点或 [放弃（U）]：（捕捉垂足）

指定下一点或 [放弃（U）]：✓

c. 移动水平短线，基点为该直线的中点，目标点为该直线的右端点（或垂足），如图 5.8（c）所示。

d. 修剪成图 5.8（d）所示结果。

3）画断路器符号。

可通过编辑隔离开关符号得到断路器符号：

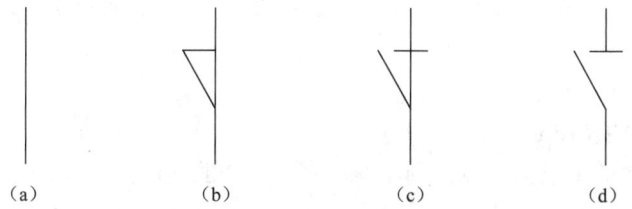

图 5.8 绘制隔离开关符号的步骤

a. 复制隔离开关符号，如图 5.9（a）所示。

b. 旋转复制后的隔离开关符号上的短横线：基点为交点，旋转 45°，如图 5.9（b）所示。

c. 镜像旋转后得到的短斜线，结果如图 5.9（c）所示。

4）画负荷开关、熔断器式隔离开关及熔断器符号。

负荷开关、跌落式熔断器符号如图 5.10（a）、（b）所示，这两个符号都可以由复制并修改隔离开关符号得到，其中，负荷开关符号中小圆的半径可取 0.35；跌落式熔断器符号中的矩形可以这样处理：先绘制一个 0.7×1.5 的矩形，然后利用对齐命令将矩形对齐到斜线上。

熔断器符号如图 5.10（c）所示，其参考尺寸：竖线长度为 7；矩形宽 2，高 4。

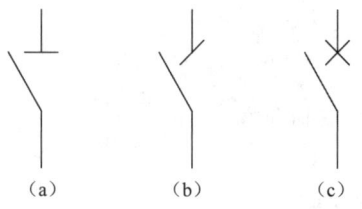

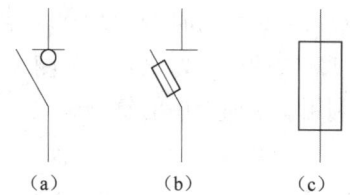

图 5.9 绘制断路器符号的步骤　　　　图 5.10 负荷开关、熔断器式隔离
　　　　　　　　　　　　　　　　　　　　　　开关及熔断器符号

5）画避雷器符号。

a. 画一个宽 1.5、高 3 的矩形，如图 5.11（a）所示。

b. 启动画多段线命令：

命令：_pline

指定起点：1.5✓（向上追踪矩形上边的中点）

当前线宽为 0.0000

指定下一个点或 [圆弧（A）/半宽（H）/长度（L）/放弃（U）/宽度（W）]：3✓（正交向下导向）

指定下一点或 [圆弧（A）/闭合（C）/半宽（H）/长度（L）/放弃（U）/宽度（W）]：W✓

指定起点半宽<0.0000>：0.6✓

指定端点半宽<0.5000>：0✓

指定下一点或 [圆弧（A）/闭合（C）/半宽（H）/长度（L）/放弃（U）/宽度（W）]：1✓（正交向下导向）

指定下一点或 [圆弧（A）/闭合（C）/半宽（H）/长度（L）/放弃（U）/宽度（W）]：✓

效果如图 5.11（b）所示。

c. 画接地符号的操作如下：

（a）以矩形下边的中点为起点，向下画一条长 0.7 的线段。

（b）画一条长 1.5 的水平线，然后将其移动到图 5.11（c）所示位置。

（c）将水平线分别向下复制 0.4 和 0.8 个图形单位，如图 5.11（d）所示。

（d）将复制得到的两条水平线分别缩放为原长的 6/10 和 3/10，效果如图 5.11（e）所示。

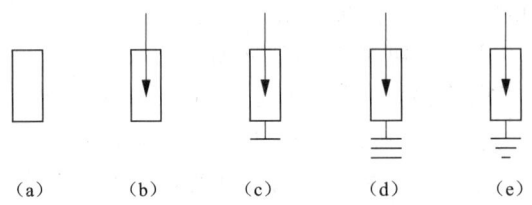

图 5.11 画避雷器符号的步骤

6）画三圈变压器符号。

三圈变压器符号可以在双圈变压器符号的基础上修改得到。

a. 复制双圈变压器符号，如图 5.12（a）所示。

b. 利用旋转命令中的复制选项，将下面的圆旋转复制 60°。

命令：_rotate

UCS 当前的正角方向：ANGDIR=逆时针 ANGBASE=0

选择对象：找到 1 个（选择下面的圆）

选择对象：✓

指定基点：（捕捉上面圆的圆心）

指定旋转角度，或 [复制（C）/参照（R）] <300>：C✓

旋转一组选定对象。

指定旋转角度，或[复制（C）/参照（R）]<300>：60↙

效果如图5.12（b）所示。

c．将下面圆内的三角形移动到右侧的圆内，并利用旋转命令的参照选项，旋转复制后的三角形，如图5.12（c）所示。

d．将上面圆内的Y接符号复制到下面的圆中。

e．补充绘制表示接线端子的直线，效果如图5.12（d）所示。

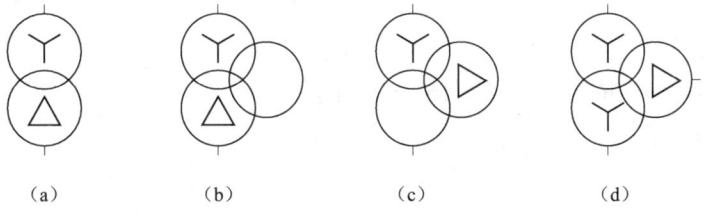

图5.12 绘制三圈变压器符号的步骤

7）画电压互感器符号。

常用的电压互感器有单相双线圈及三相三线圈两种，其符号分别如图5.13（a）、（b）所示，这两种符号都可以在变压器符号的基础上修改得到，不再赘述。有的工程图纸也采用类似变压器简化符号的形式，如图5.13（c）和（d）所示。

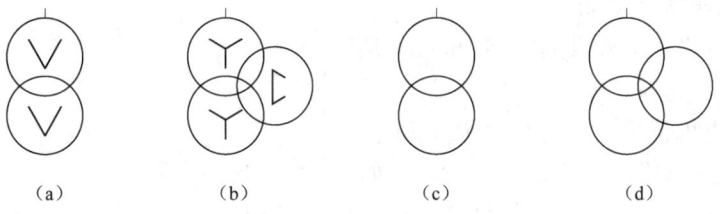

图5.13 电压互感器符号

8）画电流互感器符号。

电流互感器也有单次级绕组以及双次级绕组之分，其符号分别如图5.14（a）、（b）所示，有的工程图纸也采用图5.14（c）、（d）中的简化符号。图中参考尺寸：表示一次接线的竖线长度取7；较小的圆的半径取1，较大的圆半径取1.5。

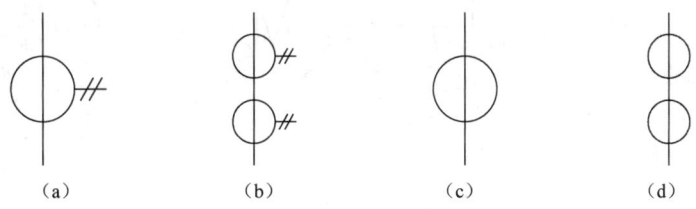

图5.14 电流互感器符号

9）画电抗器符号。

a．画一条长度为7的水平线，如图5.15（a）所示。

b. 以直线的中点为圆心画一个半径为 2 的圆，如图 5.15（b）所示。

c. 画连接圆心及其下象限点的直线，如图 5.15（c）所示。

d. 执行修剪命令，得到图 5.15（d）所示的效果。

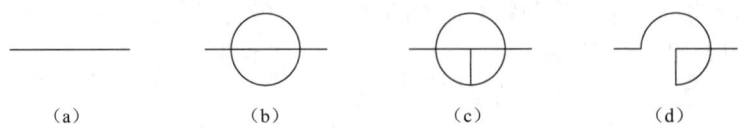

图 5.15　画电抗器符号的步骤

10）画发电机符号。

a. 画一个半径为 2 的圆，如图 5.16（a）所示。

b. 在圆内书写单行文字。

命令：DT

TEXT

当前文字样式：Standard 当前文字高度：2.5000

指定文字的起点或 [对正（J）/样式（S）]：J✓

输入选项 [对齐（A）/调整（F）/中心（C）/中间（M）/……/右下（BR）]：M✓

指定文字的中间点：（捕捉圆心）

指定高度<2.5000>：1.8✓

指定文字的旋转角度<0>：✓

输入文字"G"后，效果如图 5.16（b）所示。

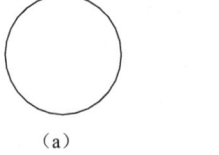

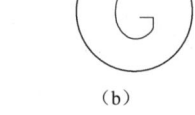

图 5.16　画发电机符号的步骤

11）画电动机符号。

a. 复制发电机符号，如图 5.17（a）所示。

b. 双击文字"G"，将其修改为"M"，如图 5.17（b）所示。

c. 设置栅格间距及捕捉间距为 0.5，参考 [例 2.25]，利用捕捉栅格功能绘制表示正弦曲线的样条曲线，如图 5.17（c）所示。

d. 适当向上移动文字"M"。

e. 关闭【栅格】及【捕捉】功能，将正弦曲线符号缩小为原来的 0.5 倍。然后将其移动到圆内的合适位置，效果如图 5.17（d）所示。

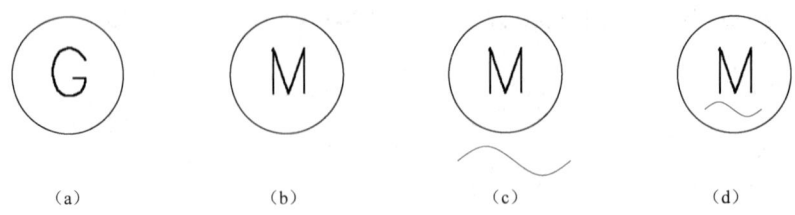

图 5.17　画电动机符号的步骤

12）画电容器符号。

a. 画一条长度为 1 的竖线，然后以其中点为直线起点，向左画一条长度为 3 的水平线，如图 5.18（a）所示。

b. 将上述两条直线竟相复制到右侧，得到一相电容器符号，如图 5.18（b）所示。

c. 旋转复制得到另一相电容器符号，操作如下：

先选中图 5.18（b）所示的一相电容器符号，然后启动旋转命令：

命令：_rotate

UCS 当前的正角方向：ANGDIR=逆时针 ANGBASE=0

找到 4 个

指定基点：（捕捉左面水平线的左端点）

指定旋转角度，或 [复制（C）/参照（R）] <0>：C✓

旋转一组选定对象。

指定旋转角度，或 [复制（C）/参照（R）] <0>：60✓

效果如图 5.18（c）所示。

d. 最后一相电容器符号也可以利用镜像命令得到，效果如图 5.18（d）所示。

美观起见，调整各符号的位置，当前屏幕效果如图 5.6 所示。

（2）利用 BLOCK 命令将各符号分别创建为图块，各块的名称参如图 5.20 所示。创建块时对源对象的处理方式均选择"保留"。选中【按统一比例缩放】复选框。

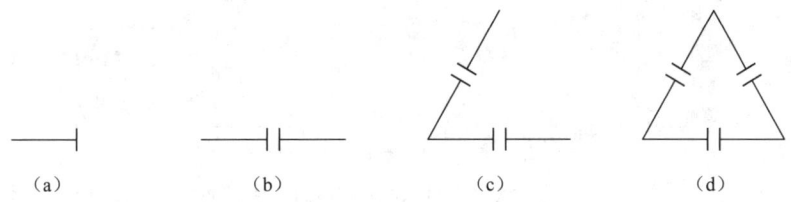

图 5.18 画角接电容器符号的步骤

（3）将当前文件保存为"D：\BLOCK\电气设备符号.dwg"文件。

类似地，还可以创建电子电工、建筑电气、自动控制、仪表、通信工程以及二次接线等电气符号库。

5.4.2 使用 AutoCAD 设计中心插入图块

AutoCAD 设计中心与 Windows 资源管理器类似，其功能是共享 AutoCAD 图形中的设计资源。利用 AutoCAD 设计中心不仅可以共享块，还可以共享尺寸标注样式、文字样式、表格样式、图层、线型、图案填充、外部参照及光栅图像等不同类型的资源；不仅可以共享本机上的图形资源，还可以通过简单的拖放操作，使用位于局域网上其他计算机的图形资源。利用 I-drop 功能还可以使用国际互联网上共享的图形资源。

激活设计中心有以下几种方式：

- 【标准】工具栏 ▦。
- 【视图】选项卡→【选项板】面板▦。
- 命令行：ADCENTER✓。
- 菜单：【工具】→【选项板】→【设计中心】。
- 快捷键：Ctrl+2。

启动设计中心命令后，打开【设计中心】工作界面，可以将其拖动到屏幕的一侧，类似【工具选项板】，暂时不需要【设计中心】时，可以将其隐藏，以显示被【设计中心】遮盖住的图形，需要时，将光标移动到【设计中心】标题栏上，会自动展开工作界面。

【例5.4】 使用 AutoCAD 设计中心插入电气设备符号。

（1）以样板文件"02 电气.dwt"开始，新建文件。

（2）打开 AutoCAD 设计中心，在【文件夹】选项卡中，类似 Windows 资源管理器的操作，通过单击有关项目前的"+"号，找到"电气设备符号.dwg"，如图 5.19 所示。

（3）单击"电气设备符号.dwg"文件前的"+"号，将其展开，并选中"块"项目（或在图 5.19 中的内容区中双击"块"图标），则内容区列出本图形中所有的块，如图 5.20 所示。

图 5.19 AutoCAD 设计中心的工作界面

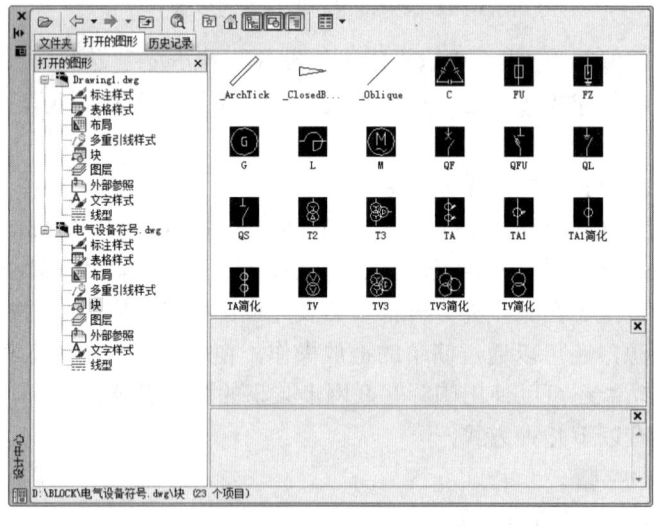

图 5.20 "电气设备符号.dwg"文件中的图块

（4）有两种方式将图块插入到图形中。

- 用鼠标右键将图块拖动到图形中，光标下出现小矩形标记时，释放鼠标，自动弹出快捷菜单，询问用户插入块的方式。

- 用鼠标左键将图块拖动到图形中，光标下出现小矩形标记时且确认插入点后释放鼠标。这种方式将块按创建时的尺寸插入到图形中。

说明：

（1）本例如果已经打开了"电气设备符号.dwg"文件，可以方便地在设计中心的【打开的图形】选项卡中找到这个文件。

（2）类似以上操作，可以将表格样式、文字样式、标注样式、布局及图层等（见图 5.19）插入到其他图形中。

5.4.3 使用工具选项板插入图块

用户可以创建常用的图块工具选项板，需要时再将"图块"从工具选项板拖放到图形中。

【例 5.5】 创建"电气设备符号"工具选项板。

（1）按 Ctrl+3 组合键，激活工具选项板窗口。

（2）按 Ctrl+2 组合键，激活 AutoCAD 设计中心。

（3）在 AutoCAD 设计中心的【文件夹】选项卡中，类似 Windows 资源管理器的操作，定位到文件"D：\BLOCK\电气设备符号.dwg"。

（4）在"电气设备符号.dwg"文件名上单击右键，选择【创建工具选项板】，则在工具选项板窗口上会自动创建与文件名同名的工具选项板。

说明：如果删除了"电气设备符号.dwg"文件，或该文件移动了位置，那么虽然图 5.21 所示的【电气设备】选项板上的图标仍然存在，但是由于 AutoCAD 在原路径找不到原文件，此时的各符号工具已不能再使用了。也就是说，工具选项板上的工具只是指向原文件相应位置的指针。

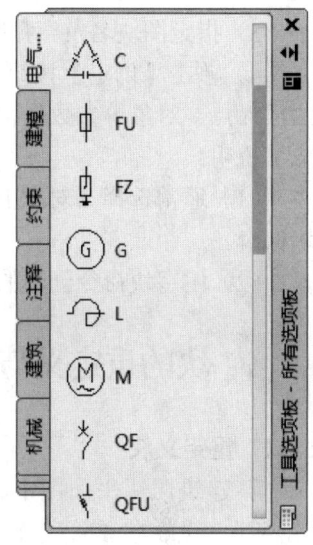

图 5.21 创建【电气设备】选项板

5.5 写块命令 WBLOCK

WBLOCK 命令用于将图块以图形文件的形式存盘。

执行 WBLOCK 命令的方式如下：

- 命令行：WBLOCK（或简化命令 W）↙。

执行 WBLOCK 命令，弹出【写块】对话框，如图 5.22 所示。下面仅对该对话框与【定义块】对话框不同的地方加以介绍：

（1）【源】：指定要写成块的源对象的类型。有三个单选按钮供用户选择。

1）【块】：选择该按钮，表明用户将把已定义过的块保存为新的块文件。

2）【整个图形】：选择该按钮，表明用户将把当前整个图形文件进行图块存盘操作。

3）【对象】：选择该按钮，将把用户选择的对象直接保存为图块。

（2）【目标】：在此区域中可设置图块存盘后的块名、路径及插入单位等。单击位置下拉列表框后面的 ▁▁ 按钮，可指定图块存盘路径，把同类图块都保存于此路径下，就构成了图块库。

【例 5.6】 打开"D：\BLOCK\电气设备符号.dwg"文件，当前图形状态如图 5.6 所示。把断路器符号（QF）块存盘，操作如下：

（1）在命令行输入 WBLOCK✓。

（2）在【写块】对话框中进行设置。

1）在【源】选项区选中【块】单选按钮。

2）在【块】后面的下拉列表框中选择"QF"块。

3）指定图块名及存盘路径，如图 5.22 所示。

4）单击【确定】按钮，则图块被按照定义时的插入点、对象等参数保存。

图 5.22 【写块】对话框

说明：

（1）通常选择【对象】作为写块操作的源对象。其他块也可作为【源】的一部分被新块嵌套。

（2）用写块命令创建的块也是一个图形文件，其扩展名为".dwg"。

5.6 块的重定义与修改

5.6.1 重定义块

某建筑照明平面图中布置了很多单管荧光灯，现根据乙方要求，需要全部改为双管荧光灯。设这些单管荧光灯是利用插入块命令，然后复制得到的，块名是"YGD"，那么在当前图形中重新绘制双管荧光灯符号并将其创建成名为"YGD"的块，系统会询问是否重定义该块，确认后则图形中所有的单管荧光灯符号更新为双管荧光灯符号。需要注意的是在将双管荧光灯符号创建成块时指定的插入点要和原来单管荧光灯符号的插入点一致。

5.6.2 分解块

仍以前述照明平面图为例，如果乙方要求仅将个别房间的照明灯具修改为双管荧光灯，可以先将需要修改的块分解，再编辑成双管荧光灯符号。这种修改方式不影响图块的定义，即再执行插入"YGD"块的操作，插入的仍是单管荧光灯符号。

5.6.3 块编辑器和在位编辑块

【块编辑器】用于编辑块，调用【块编辑器】的方式如下：

- 【块面板】 编辑 。
- 选择块，在右键菜单中选择【块编辑器】。
- 命令行：BEDIT✓。

如果仅对块进行小的改动，就会得到新的组成块的图形，此时可以对块进行在位编辑，而不必再重新绘制构成块的图形。

调用在位编辑块命令的方式如下：

- 选择块，在右键菜单中选择【在位编辑块】。
- 命令行：REFEDIT✓。
- 【工具】→【外部参照和块在位编辑】→【在位编辑参照】。

【例 5.7】 打开"图 3.36-1.dwg"，然后将其另存为图 3.36-2，将 YGD 块插入到房间内，插入比例为 30，如图 5.23（a）所示。下面通过在位编辑块命令，将单管荧光灯改为双管荧光灯，效果如图 5.23（b）所示。

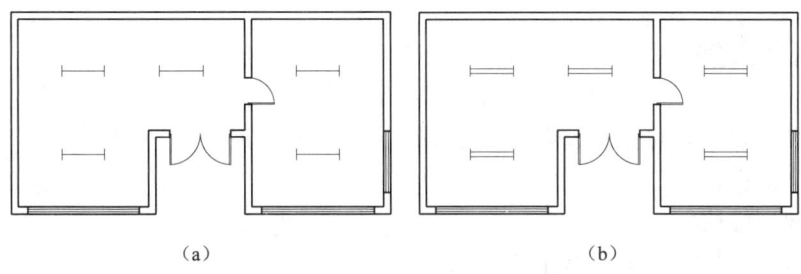

图 5.23　在位编辑块示例

（1）选中一个 YGD 块，在右键菜单中选择【在位编辑块】，弹出【参照编辑】对话框，如图 5.24 所示，YGD 块已自动处于被选中状态。

（2）单击【确定】按钮。命令行提示如下：

命令：_refedit

用 REFCLOSE 或"参照编辑"工具栏来结束参照编辑任务。

说明：

AutoCAD 2008 版中，单击【参照编辑】对话框的【确定】按钮后，会自动打开【参照编辑】工具栏，如图 5.25 所示。为使用户专注于块参照的编辑，其他同名块暂时消失。在 AutoCAD 2012 版中，需事先调出【参照编辑】工具栏，否则编辑块后，需在命令行输入"REFCLOSE"以结束编辑任务。

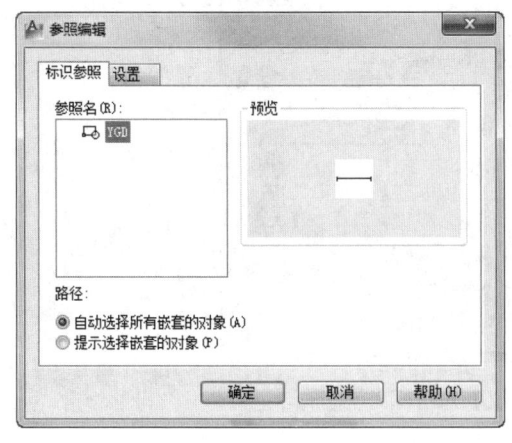

图 5.24　【参照编辑】对话框

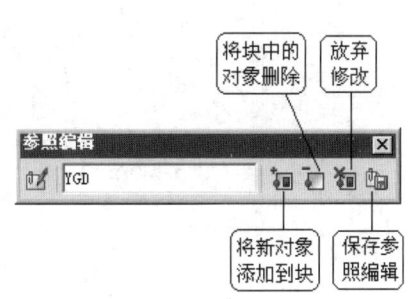

图 5.25　AutoCAD 2008【参照编辑】工具栏

（3）此时的块就像被分解了一样，可以对每个图元单独进行编辑，然后利用编辑命令编辑图块。本例的修改过程如图 5.26 所示。

（4）在命令行输入 REFCLOSE（或单击"参照编辑"工具栏上的【保存参照编辑】按钮），确认保存参照更新，则图上的所有 YGD 块都会更新。

对块进行在位编辑后，原块也随之更新。

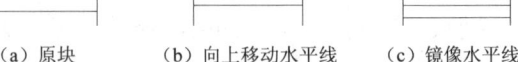

(a) 原块　　(b) 向上移动水平线　　(c) 镜像水平线

图 5.26　在位编辑 YGD 块的操作步骤

5.7　块的属性

块的属性是附于块的非图形信息，是块的组成部分。使用图块的属性有三个步骤：
（1）定义属性。
（2）创建属性块。
（3）插入块时按提示输入属性值。

5.7.1　定义属性命令 ATTDEF

执行 ATTDEF 命令可采用以下三种方式：
- 展开【块】面板，选择 。
- 命令行：ATTDEF✓。
- 菜单：【绘图】→【块】→【定义属性】。

启动 ATTDEF 命令后，弹出【属性定义】对话框，如图 5.27 所示。现将该对话框中各部分的功能介绍如下：

图 5.27　【属性定义】对话框

（1）【模式】区：设置属性模式，该区有以下四个复选框：
- 【不可见】：选中该框，则插入图块并给该属性赋值后，属性值不显示。例如，某电气施工图中的各种设备符号块事先均定义了价格属性，属性模式设置为不可见，虽

5.7 块 的 属 性

然设计图中看不见其属性值，但通过提取属性的操作，就可供数据库进行计算，从而很方便地计算设备投资，或进行方案比较。
- 【固定】：选中该框，则把属性值定义为一个常量，插入图块时，属性值保持不变。
- 【验证】：在插入图块时提示用户验证属性值的正确性。
- 【预置】：插入图块时自动把用户定义的默认值作为属性值。

（2）【属性】区：设置属性参数。该区有以下三个文本框：
- 【标记】：每一个属性都有自己的标记，可以认为属性标记就是属性的名字。
- 【提示】：在插入带有属性的块时，命令行显示在该文本框中输入的文字，引导用户正确输入属性值。如果没有设置该项，则 AutoCAD 会用属性标记作为提示。
- 【值】：即属性的值。可把该图块属性的常用值填入，方便使用。

（3）【插入点】：指定属性文本在图块中的位置。

（4）【文字选项】区：确定属性文本的特性。
- 可在【对正】下拉列表框中确定属性文本相对于插入点的对齐方式，在【文字样式】下拉列表框中选择属性文字的样式。
- 分别单击【高度】、【旋转】按钮以确定属性文本的高度及旋转角度，也可在其后的文本框中输入相应的参数。

（5）【在上一个属性定义下对齐】复选框：要定义的属性在上一个已定义的属性的正下方，并且继承文字特性。

5.7.2 创建属性块

用 BLOCK 或 WBLOCK 命令将图形对象和属性一起定义为图块。

【例 5.8】 打开"图 3.36-1.dwg"，创建一个荧光灯属性块，并把其保存为"D：\BLOCK\荧光灯.dwg"文件。

（1）将 YGD 块插入到图形墙线外空白位置，插入比例为 1。
（2）参照［例 4.1］新建"工程字"文字样式。
（3）启动 ATTDEF 命令，在【属性定义】对话框设置各个项目及参数，如图 5.27 所示。
（4）单击【确定】按钮关闭对话框，在荧光灯符号下方合适位置指定属性的插入点，得到图 5.29（a）所示的图形。
（5）重新执行 ATTDEF 命令。
1）选中【在上一个属性定义下对齐】复选框，则插入点和文字选项区不再可用。
2）按图 5.28 设置属性。
3）单击【确定】按钮关闭对话框，得到图 5.29（b）所示的图形。
（6）在命令行输入 WBLOCK↙，弹出【写块】对话框。
（7）指定图块存盘路径为"D：\BLOCK\荧光灯.dwg"。
（8）选择"源"为对象。
（9）单击【拾取点】按钮，选择荧光灯符号中水平线的中点为插入点。
（10）单击【选择对象】按钮，同时选择属性"规格""价格"和荧光灯图形符号。对象处理方式

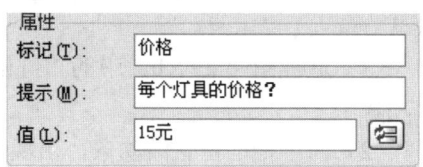

图 5.28 定义价格属性

为【保留】。

(11) 单击【确定】按钮,完成创建属性块的操作。

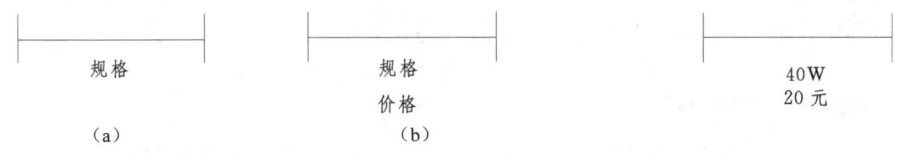

图 5.29 定义属性　　　　　　　图 5.30 插入属性块

接下来插入刚创建的属性块:

(12) 启动 INSERT 命令。

(13) 在弹出的【插入】对话框中单击【浏览】按钮,找到要插入块的路径(D:\BLOCK2);双击要插入块的名字(荧光灯),返回【插入】对话框,各项参数接受缺省值。

(14) 单击【确定】按钮。命令行提示如下:

命令: _insert

指定插入点或[比例(S)/X/Y/Z/旋转(R)/预览比例(PS)/PX/PY/PZ/预览旋转(PR)]: (在合适位置指定一点)

输入属性值

每个灯具的价格?:<15 元>: 20 元↙

每个灯具的功率?:<40W>: ↙

结果如图 5.30 所示。

5.7.3 修改属性定义

1. 使用 DDEDIT 命令修改属性定义

DDEDIT 命令的启动方式在第 4 章 4.2.2 节已述及。如要编辑图 5.29(b)中的"价格"属性:鼠标左键双击"价格"属性,启动 DDEDIT 命令,弹出图 5.31 所示的对话框,在该对话框中,可修改属性定义的标记、提示及初始默认值。如果还要修改属性定义的其他参数,需使用【特性】选项板或【块属性管理器】。

2. 使用【特性】选项板编辑属性定义

使用【特性】选项板不仅可以修改属性的标记、提示及初始默认值,还可以修改属性定义的模式、文字特性等。下面通过实例加以说明。

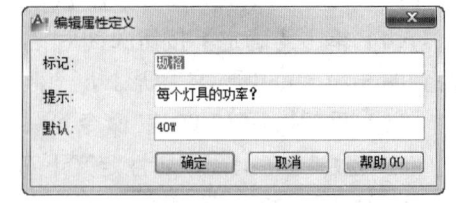

图 5.31 【编辑属性定义】对话框

【例 5.9】 接[例 5.8],创建了"荧光灯.dwg"块并插入后,可以直接看到其规格及价格参数,而实际工程图中这样的参数是不应显示的。下面修改其属性定义中的可见模式。

(1) 选择图 5.29(b)中的"价格"属性,在右键菜单中选择【特性】,调出【特性】选项板。

(2) 向下拖动垂直滚动条,出现【其他】选项区后释放鼠标。

(3) 将"不可见"模式设置为"是",如图 5.32 所示。

（4）类似操作，将"规格"属性定义也设置为不可见模式。

最后，参照上例的第（6）～（11）步重新保存"荧光灯.dwg"块。

在该选项板中，除了可实现 DDEDIT 命令的功能外，还可修改属性文字的样式、对正方式、文字高度、旋转角度以及属性的模式等特性。修改的操作方式与利用特性选项板修改文字基本相同。

说明：

要编辑已追加到图块的属性定义，须先将图块分解，使图块的属性值还原为属性定义再进行编辑。也可以利用【块属性管理器】方便地达到要求。

3．利用【块属性管理器】编辑已追加到图块的属性定义

（1）单击【修改Ⅱ】工具栏（或【块】面板）上的【块属性管理器】按钮，弹出【块属性管理器】对话框。

（2）单击按钮，选择图 5.30 所示的图块，返回【块属性管理器】对话框，如图 5.33 所示。

（3）选择"价格"属性，然后单击【编辑】按钮，弹出【编辑属性】对话框，如图 5.34 所示。

（4）在【编辑属性】对话框中可以修改属性定义的模式、数据、文字选项及特性。

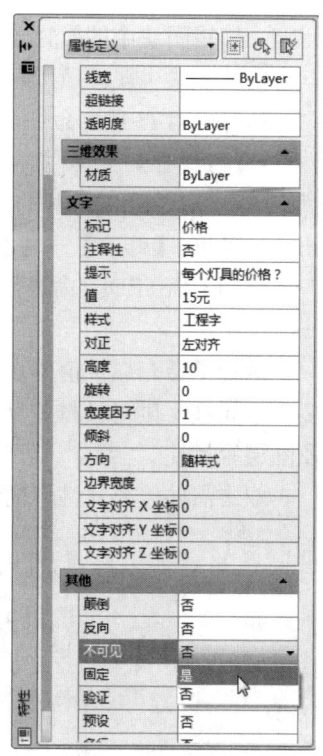

图 5.32　利用【特性】选项板修改属性定义

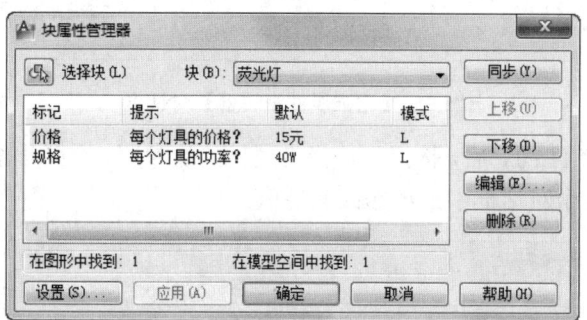

图 5.33　【块属性管理器】对话框

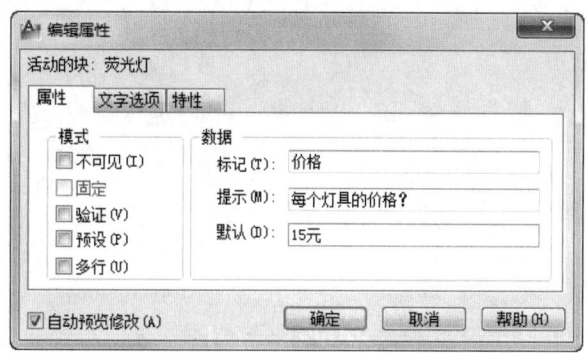

图 5.34　【编辑属性】对话框

5.7.4 编辑图块中的属性值

修改图块中属性值,可使用 EATTEDIT 命令或 ATTEDIT 命令。

执行 EATTEDIT 命令可采用以下三种方式:
- 【修改Ⅱ】工具栏(或【块】面板) 。
- 命令行:EATTEDIT✓。
- 菜单:【修改】→【对象】→【属性】→【单个】。

启动 EATTEDIT 命令后,命令行提示如下:

选择块:

选择了带有属性值的块后,弹出图 5.35 所示的【增强属性编辑器】对话框。一个块有多少个属性,则对话框中就出现多少个属性提示,引导用户正确修改属性值、文字选项以及图层等特性。

双击需要修改属性值的块,可以直接调出【增强属性编辑器】对话框。

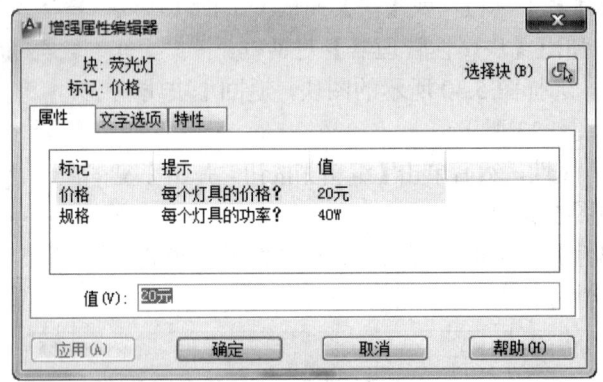

图 5.35 【增强属性编辑器】对话框

在命令行输入 ATTEDIT 后,按提示选择带属性的块参照,会弹出【编辑属性】对话框,如图 5.36 所示,在这个对话框中只能修改属性值。

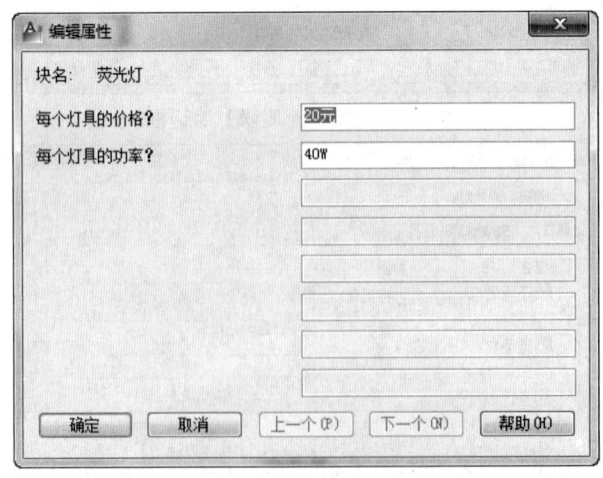

图 5.36 【编辑属性】对话框

【例5.10】 修改图块中的属性值。

（1）插入图块"D：\BLOCK\荧光灯.dwg"，如图5.30所示设置属性值。

（2）双击属性块，弹出【增强属性编辑器】对话框，如图5.35所示。

（3）选择【价格】属性，在【值】文本框中，将20元改为18元。

（4）类似操作，将【规格】属性的值修改为30W。

（5）单击【确定】按钮。可发现图形中属性值发生了变化。

5.7.5 提取属性值

从AutoCAD 2008版开始，属性提取已被数据提取取代，执行的方式有以下三种：

- 【修改Ⅱ】工具栏 。
- 命令行：DATAEXTRACTION（或EATTEXT）✓。
- 菜单：【工具】→【数据提取】。

【例5.11】 提取属性示例。

（1）为说明属性提取的过程，先准备条件图。

1）首先打开"图3.36-1.dwg"，并在每个房间内插入图块"D：\BLOCK\荧光灯.dwg"，价格及规格属性均取默认值，效果如图5.37所示。

2）创建"插座.dwg"属性块：

a. 图形部分如图5.37所示，其半圆的半径为260。

b. 属性部分的创建和"荧光灯.dwg"块的创建类似：不可见模式；规格默认值为10A，价格默认值为6元。

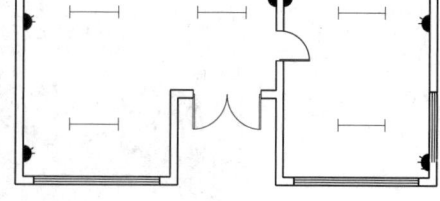

图5.37 插入灯具和插座后的房间

c. 用BLOCK命令定义为"插座"图块。

d. 为方便以后使用，将图块保存为"D：\BLOCK\暗装三孔插座.dwg"。

3）将"插座"图块插入到建筑平面图中，属性值均取默认值，效果如图5.37所示。将当前文件另存为"图5.37.dwg"。

（2）提取属性的操作如下：

1）启动EATTEXT命令，弹出【数据提取】向导的开始页。

2）单击【下一步】按钮，弹出【将数据另存为】对话框。

3）指定保存路径和文件名后，单击【保存】按钮，弹出【数据提取—定义数据源】对话框，选中【在当前图形中选择对象】单选按钮。

4）单击 按钮，对话框暂时消失，选择当前图形的所有对象后按回车键，返回【数据提取—定义数据源】页。

5）单击【下一步】按钮，弹出【数据提取—选择对象】对话框，仅保留【仅显示块】的单选和【仅显示具有属性的块】的复选，如图5.38所示。

6）单击【下一步】按钮，弹出【属性提取—选择特性】页，在【类别过滤器】区仅保留【属性】的复选，如图5.39所示。

7）单击【下一步】按钮，弹出【数据提取—优化数据】页，可以拖动标题调整数据列的位置。

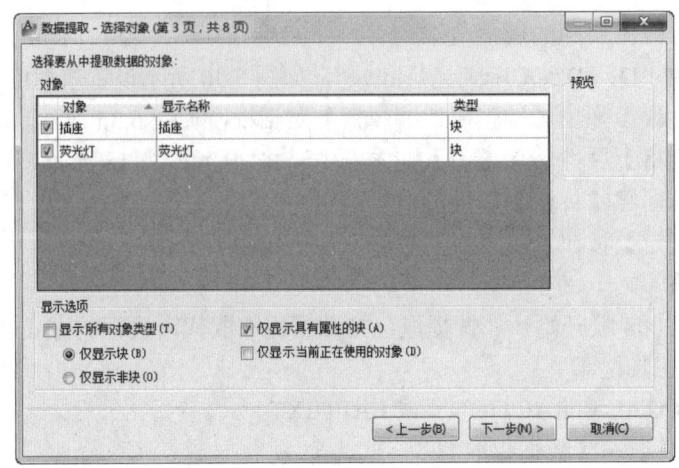

图 5.38 【数据提取—选择对象】页

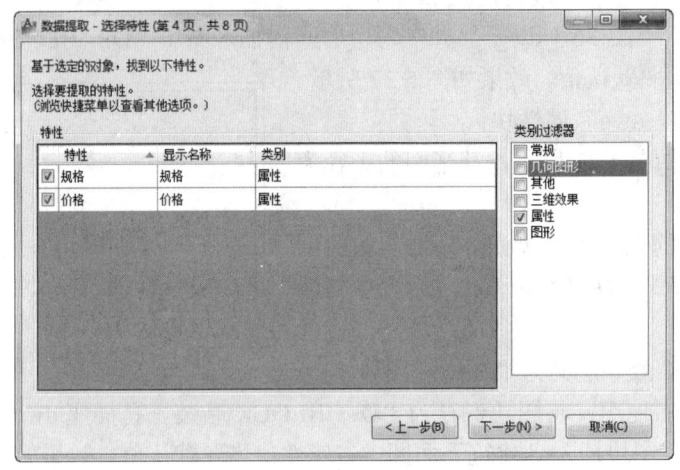

图 5.39 【数据提取—选择特性】页

8）单击【下一步】按钮，弹出【数据提取—选择输出】页，选择【将数据提取处理表插入图形】和【将数据输出到外部文件】，并设置保存外部文件的路径为"D：\BLOCK\5.37.xls"，如图 5.40 所示。

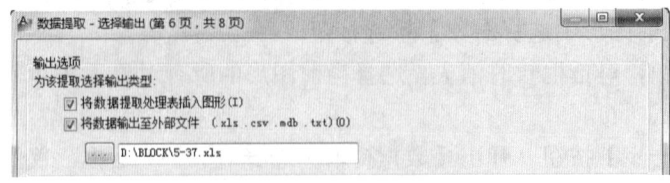

图 5.40 【数据提取—选择输出】页

9）单击【下一步】按钮，弹出【数据提取—表格样式】页，输入表的标题"设备表"，可以在【选择表样式】下拉列表框中选择已定义好的合适的表格样式，此处保持默认的"Standard"样式，如图 5.41 所示。

图 5.41 【数据提取—表格样式】页

10）单击【下一步】按钮，弹出【数据提取—完成】页。

11）单击【完成】按钮，命令行提示如下：

已成功创建外部文件"D: \BLOCK\5.37.xls"。

指定插入点：

在合适位置指定表格插入点，此时可发现表格相对图形来说很小，这是由于"Standard"表格样式中定义的行高相对本图来说太小的缘故，可以用 SCALE 命令将表格放大 50 倍，如图 5.42 所示。

说明：可以用 Excel 打开创建的外部文件"D:\BLOCK\5.37.xls"，以进行数据统计处理，并可以将处理后的数据表导入到当前图形中。

设 备 表			
数量	规格	价格	名称
5	40W	15元	荧光灯
6	10A	6元	插座

图 5.42 利用数据提取功能创建的"设备表"

5.8 外部参照

外部参照即附加于当前图形中的外部图形文件。与插入图形中的块属于图形的一部分不同，插入外部参照后，当前图形仅是记录外部参照文件的路径。如果外部参照文件发生了变化，AutoCAD 会在状态栏托盘发出气泡通知，提示用户更新所参照的图形。因此，外部参照更适合于正在进行的分工协作设计项目。

AutoCAD 的参照文件包括参照 DWG 图形（外部参照）、附着的 DWF、DGN 以及 PDF 参考底图以及光栅图像，限于篇幅，本节仅对参照 DWG 图形加以简介。

5.8.1 插入外部参照

执行插入外部参照命令有以下几种方式：

- 【参照】工具栏 。
- 【插入】选项卡【参照】面板 。
- 命令行：XATTACH↙。

- 命令行：ATTACH↙。
- 菜单：【插入】→【DWG 参照】

【例 5.12】 插入外部参照示例。

（1）为说明插入外部参照的过程，先准备几个简单的条件图，如图 5.43 所示。

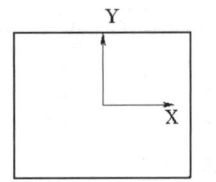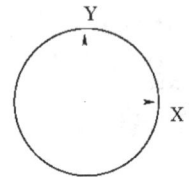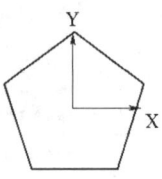

图 5.43　用于说明外部参照的三个条件图

1）以"acadiso.dwt"样板文件开始新建文件，创建"RECTANG"图层，图层颜色设置为"红色"，并在该层上画一个长 100，宽 80 的矩形，其左下角点为（-50，-40），右上角点为（50，40），即矩形中心点为（0，0）。

2）执行缩放全图操作。

3）将当前图形保存为"D：\XREF\矩形.dwg"，然后关闭图形。

4）以"acadiso.dwt"样板文件开始新建文件，创建"CIRCLE"图层，图层颜色设置为"蓝色"，并在该层上画一个半径为 40 的圆，其圆心（0，0）。

5）执行缩放全图操作。

6）将当前图形保存为"D：\XREF\圆.dwg"，然后关闭图形。

7）以"acadiso.dwt"样板文件开始新建文件，创建"POLYGON"图层，图层颜色设置为"绿色"，并在该层上画一个半径为 40 的圆内接正五边形，其圆心（0，0）。

8）执行缩放全图操作。

9）将当前图形保存为"D：\XREF\正五边形.dwg"，然后关闭图形。

（2）插入外部参照的操作步骤与说明如下：

1）以"acadiso.dwt"样板文件开始新建文件，并保存为"D：\XREF\外部参照示例.dwg"。

2）启动 XATTACH 命令，打开【选择参照文件】对话框，定位到"D：\XREF"路径，然后，双击"矩形.dwg"文件，打开【附着外部参照】对话框，如图 5.44 所示。

关于参照类型说明如下：

设 A 图参照了 B 图，而 B 图中参照了 C 图（附加型），在 A 图中既可以看到 B 图，又可以看到 C 图。

设 A 图参照了 B 图，而 B 图中参照了 C 图（覆盖型），在 A 图中只可以看到 B 图。

3）选择"附加型"，然后单击【确定】按钮。【外部参照】对话框关闭，屏幕提示指定插入点，输入插入点坐标（100，100）则"矩形.dwg"文件以外部参照的形式插入到当前图形。

4）类似操作将"圆.dwg"和"正五边形.dwg"也插入到当前图形，插入点都是（100，100）。

效果如图 5.45 所示。

5.8 外部参照

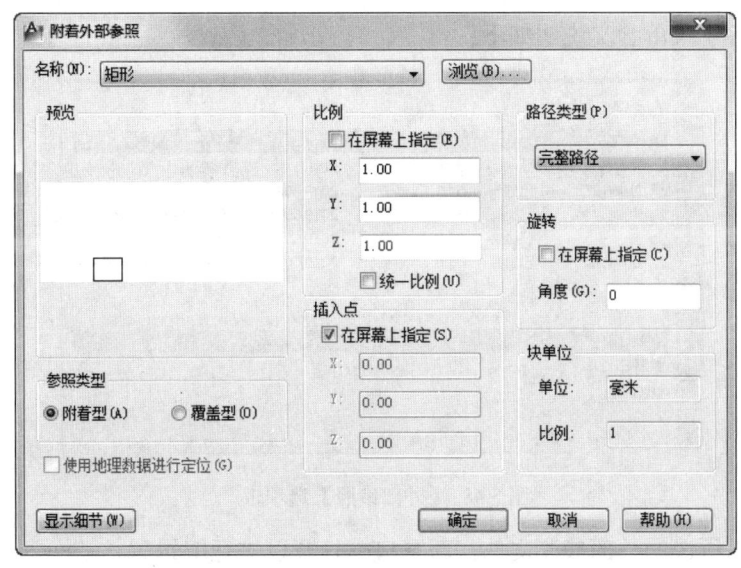

图 5.44 【附着外部参照】对话框

(3) 展开【图层控制】下拉列表框,可发现新增了三个图层,图层命名格式为"被参照的图形名 | 图层名",如图 5.46 所示。

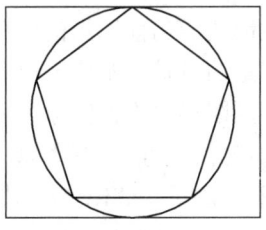

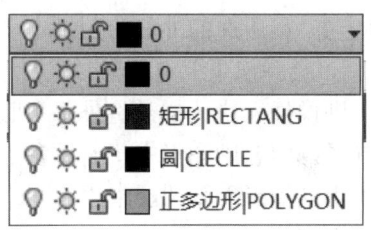

图 5.45 插入外部参照后的效果　　图 5.46 外部参照图层的表示

(4) 打开"圆.dwg",利用夹点编辑方式将圆的半径变为 30。然后保存并关闭该文件。

(5) 状态栏出现气泡通知,如图 5.47 所示。

(6) 单击"重载 圆",则当前图形随之更新。

5.8.2 管理外部参照

从 AutoCAD 2008 版开始,【外部参照】选项板取代了原来的【外部参照管理器】,用来管理外部参照。打开【外部参照】选项板的方式如下:

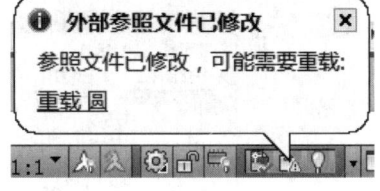

图 5.47 状态栏气泡通知

- 【参照】工具栏 。
- 【插入】选项卡→【参照】面板 。
- 命令行:XREF↙。
- 菜单:【插入】→【外部参照】。

【外部参照】选项板如图 5.48 所示。右键单击参照文件的名称,会弹出如图 5.49 所示

• 139 •

的快捷菜单，各子菜单含义说明如下：

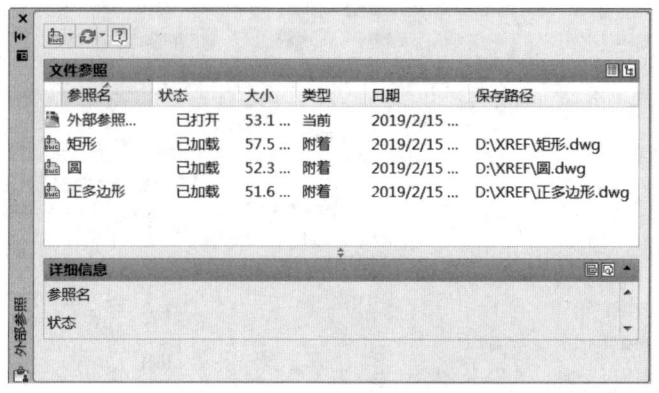

图 5.48 【外部参照】选项板

【打开】：将所选的外部参照文件在新窗口中打开以进行编辑。
【附着】：等同于插入外部参照命令 ATTACH 或 XATTACH。
【卸载】：将所选的外部参照卸载。参照列表框中，仍保存有被卸载的外部参照的标记。
【重载】：选中已卸载的外部参照，单击【重载】按钮，可以将其重新加载。
【拆离】：将所选的外部参照从当前图形中彻底移除。
【绑定】：将所选的外部参照绑定至当前图形，永久性地变成当前图形的一部分。选择【绑定】后，会弹出【绑定外部参照】对话框，询问用户绑定的方式，如图 5.50 所示。选择【插入】，则像插入块一样，将外部参照文件插入到图形中，图形中不保留原参照图形的痕迹。选择【绑定】则图形中仍有原参照图形的痕迹，例如将外部参照"圆"以【插入】方式绑定到当前图形，则图层中"圆|CIRCLE"层消失，而新添了"CIRCLE"层；以【绑定】方式绑定到当前图形，则图层中"圆|CIRCLE"层变成了"圆0CIRCLE"。如果又以【绑定】方式将一个带有"CIRCLE"层的图形绑定到当前图形中，则其带有的"CIRCLE"层将显示为"圆1CIRCLE"……。

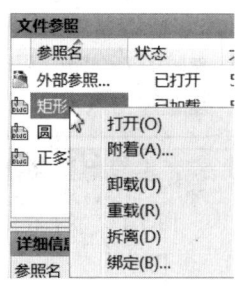

图 5.49 管理【外部参照】的快捷菜单　　　图 5.50 【外部参照】的绑定方式

5.8.3 在位编辑外部参照

在位编辑外部参照的命令和在位编辑块命令相同。双击要编辑的外部参照也可以打开【参照编辑】对话框以编辑外部参照，保存修改后，参照的源文件也会更新。

5.8.4 设置外部参照的编辑权限

如果用户允许他人参照自己设计的图形，但是又不允许他人修改所参照的文件，可以在文件被参照以前进行如下操作：

（1）【工具】→【选项】，打开【选项】对话框。

（2）选中【打开和保存】选项卡，在【外部参照】区，去掉【允许其他用户参照编辑当前图形】复选框前面的"√"标记。如图 5.51 所示。

（3）单击【确定】按钮。

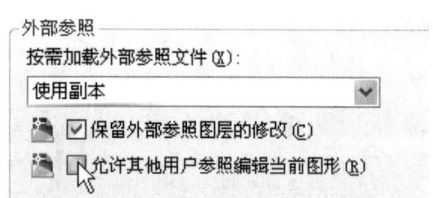

图 5.51 设置外部参照的编辑权限

第 6 章

自定义工作环境

要绘制出符合制图标准的工程图，必须适当设置所需要的绘图环境。本章介绍选项对话框的设置、自定义工具栏、自定义工作空间的方法。

6.1 选项对话框

AutoCAD 的【选项】对话框，为用户提供了特别实用的系统设置功能，用户可以对窗口颜色、是否显示滚动条、字体的大小、十字光标的大小、是否保存图形的预览图像、保存图形时是否创建原文档的备份、打印机的配置、绘图辅助工具等进行设置。

调用【选项】对话框有以下三种方式：
- 菜单：【工具】→【选项】。
- 在绘图窗口单击右键，在快捷菜单中选择【选项】。
- 命令行：OPTIONS↙。

【选项】对话框包含 10 个选项卡，选项卡左上方的【当前配置】双尖括号内显示了当前配置的名称，右上角显示了当前图形的名称。下面仅对常用的选项卡中的参数设置加以介绍。

1．【文件】选项卡

通过【文件】选项卡，可以了解或指定有关文件的搜索路径、文件名和文件位置。

【文件】选项卡如图 6.1 所示。单击任一项前面的"+"号，可以展开搜索路径或显示下一级的子分类。同时在对话框下方自动显示关于该项的使用说明。

例如，用户需要经常使用某些特定的字体文件，可以指定这些字体文件的搜索路径，操作步骤如下：

（1）展开【支持文件搜索路径】。

（2）单击【添加】按钮。

（3）输入搜索路径，或通过单击【浏览】按钮指定搜索路径。

在"自定义文件"中指定了主菜单文件（acad.cui）的路径，如果用户自定义了菜单文件，可以将其添加到"企业自定义文件"的路径。关于 CUI 文件，将在 6.3 节介绍。

2．【显示】选项卡

【显示】选项卡的功能是控制图形布局显示和设置系统显示，如图 6.2 所示。
- 【窗口元素】：该区由三部分组成，分别表示在绘图区是否显示滚动条、屏幕菜单和工具栏提示等，为了更有效地利用绘图窗口，建议绘图区不显示滚动条，需要移动图形时，通过视窗平移（PAN）命令会更方便；【字体】按钮用于设置命令行字体的大小和样式；【颜色】按钮用于设置模型空间、图纸空间及命令窗口背景、模型空间光标等的颜色。

图 6.1 【文件】选项卡

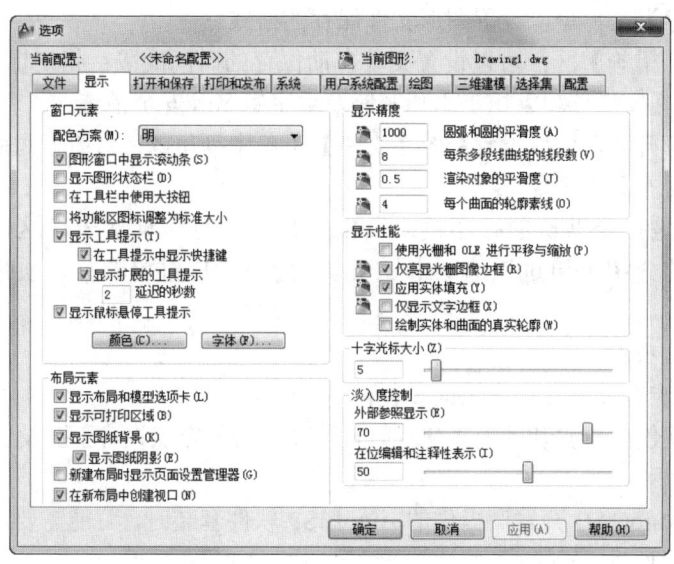

图 6.2 【显示】选项卡

例如，欲将绘图窗口的背景由默认的黑色改变为白色，操作步骤如下：
（1）单击【颜色】按钮，弹出【图形窗口颜色】对话框，如图 6.3 所示。
（2）在【背景】区选择"二维模型空间"，在【界面元素】区选择"统一背景"，在【颜色】下拉框中选择"白色"。

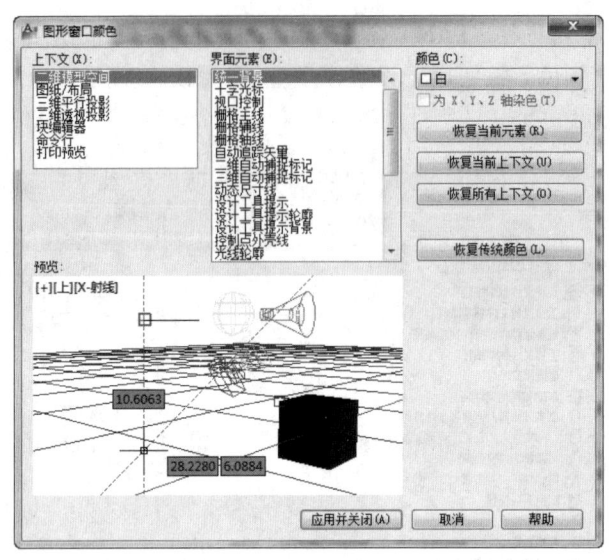

图 6.3 【图形窗口颜色】对话框

（3）单击【应用并关闭】按钮。
- 【十字光标大小】：通过拖动【十字光标大小】区的滑块，可以改变十字光标的大小。
- 【显示精度】：数值设置越高，图形显示越精确、真实，但图形容量也越大。

3．【打开和保存】选项卡

在【文件保存】区，可以设置图形文件保存的格式。

在【文件安全措施】区，可以设置文件自动保存的时间间隔；指定保存图形时是否保留修改前的备份。【安全选项】用于添加密码及数字签名等安全措施。

在【文件】打开区，可以设置系统【文件】菜单中列出的最近打开过的文件数目。

4．【打印和发布】选项卡

常用的设置是指定默认的打印机以及指定默认的打印样式表，这些功能的设置方法见［例 7.3］的介绍。通过该选项卡还可以设置 OLE 对象的打印质量、设置打印戳记等。

5．【系统】选项卡

【系统】选项卡有以下几个常用的设置：

（1）当用户欲使用新安装的数字化仪时，可在【当前定点设备】区设置新的数字化仪，以及指定输入来源。

（2）当使用 AutoCAD 开发商提供的 AutoLISP 软件套装时，可能需要选中【基本选项】区的【每个图形均加载 acad.lsp】复选按钮。

6．【用户系统配置】选项卡

【用户系统配置】选项卡如图 6.4 所示。
- 【双击进行编辑】：双击几何图元时，可打开【特性】对话框进行编辑。
- 【自定义右键单击】按钮：用于设置用户单击右键时，AutoCAD 如何反应。
- 【默认比例列表】按钮：用以在布局及打印设置的比例列表中添加或删除用户自定义

的常用比例。

图 6.4 【用户系统配置】选项卡

7. 【草图】选项卡

常用的设置是指定自动捕捉标记的颜色、大小，是否显示追踪矢量或工具栏提示以及指定没有命令输入时靶框的大小。

8. 【选择集】选项卡

【选择集】选项卡如图 6.5 所示。

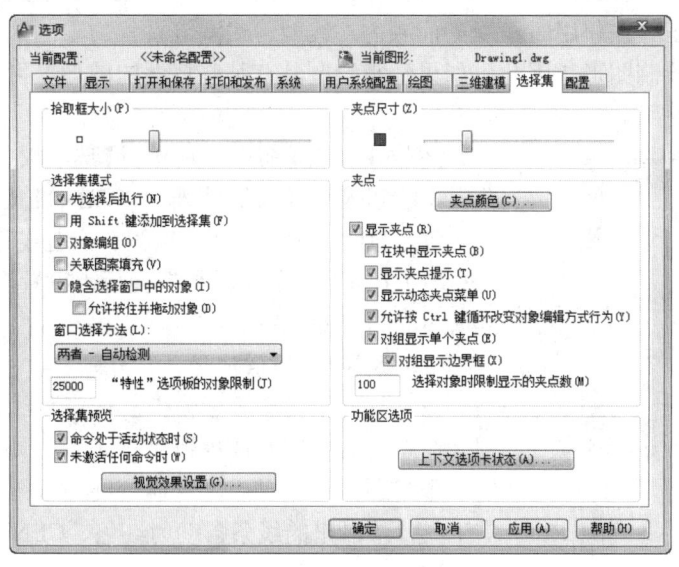

图 6.5 【选择集】选项卡

通过拖动滑块，可以改变拾取框的大小及夹点的大小。

可以改变未选中的夹点以及选中的夹点颜色。

选中【在块中启用夹点】则组成图块的所有图形的特征点都可以作为夹点，否则只有定义（或保存）图块时的插入点可以作为夹点进行编辑。

在【选择集模式】区，默认选中"先选择后执行"模式。如果清除该选择，则在执行编辑命令时，必须先启动命令，再按提示选择操作对象。

9.【配置】选项卡

多个用户使用同一台计算机，用户可以按自己的习惯分别定义不同的配置。绘制不同类型图形时常用选项也可定义为不同的配置，方便使用。

6.2 自定义工具选项板

【工具选项板】提供了组织图块、图案填充和常用命令的有效方法。用户可以将自己常用的图块、图案填充和常用命令组织到指定的工具选项板中，合理使用工具选项板，可以有效地提高绘图效率。

调用工具选项板的方法见 2.14.3。

单击【工具选项板】标题栏上的【自动隐藏】按钮 ，可以使【工具选项板】缩小为一个条状标题栏，当光标移至条状标题栏上时，【工具选项板】又会自动全部显示出来。还可以在【工具选项板】的标题栏或其空白处单击右键，在弹出的快捷菜单中选择透明选项，设置较大的透明级别，以方便观察被【工具选项板】遮住的图形。

6.2.1 创建常用命令工具选项板

打开工具选项板，选中【命令工具样例】选项板（单击工具选项板名称下侧的折叠选项卡处，可弹出菜单供选择），可发现里面已有常用绘图工具、标注工具等工具，如图 6.6 所示。其中绘图工具在使用时不受当前颜色、线型、线宽等设置的限制，而是按创建这些选项板时的设置绘制图形。因此，如果经常绘制具有某些特性的图形，可以创建这样的工具选项板，方便使用。

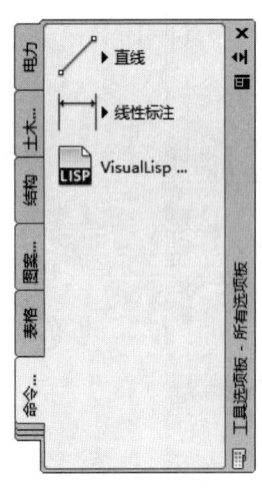

图 6.6 【命令工具样例】选项板

【例 6.1】在【命令工具样例】选项板中添加绘制多线、单行文字以及包含绘制非连续（CENTER）线型的红色图元（包括直线、圆、圆弧、椭圆、构造线等）命令的工具。

（1）在【特性】工具栏或面板上设置当前颜色为红色，当前线型为 CENTER。

（2）绘制一段直线。

（3）打开工具选项板窗口。选中直线，然后将其拖动到【命令工具样例】选项板"直线"工具的下方，又会出现一个 图标。以后，可通过展开该图标工具以选择所需工具，绘制出的线条自动为红色、CENTER 线型。

（4）在新建的 图标上单击右键，在快捷菜单中选择【重命名】，将该工具的名称改为"红色 CEN"。

（5）【绘图】→【多线】，在屏幕上任意画一条多线。

（6）选中多线，然后将其拖动到【命令工具样例】选项板"红色CEN"工具的下方，将名称改为"多线"。

（7）启动单行文字命令，在绘图窗口任意书写一行单行文字。

（8）选中单行文字，然后将其拖动到【命令工具样例】选项板"线性标注"工具的下方。可发现创建的工具名称为"动态文字"，将其按习惯称呼改为"单行文字"即可。

效果如图6.7所示。

说明：还可以通过对Windows剪贴板的操作，将常用命令（如绘图命令、标注命令、文字及表格命令）粘贴到【命令工具】工具选项板，或将填充图案粘贴到【图案填充】工具选项板。

6.2.2 利用AutoCAD设计中心创建块库工具选项板

AutoCAD的设计中心带有丰富的块库资源方便用户使用。其路径为AutoCAD安装目录下的Sample\DesisnCenter。

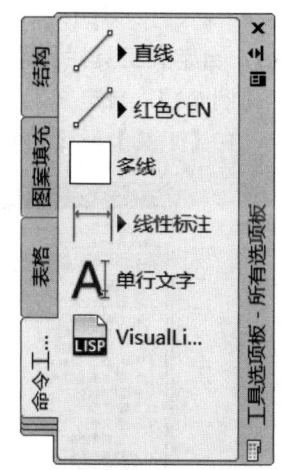

图6.7 添加工具后的【命令工具样例】选项板

【例6.2】 利用AutoCAD设计中心文件中的图块新建工具选项板。

下面介绍的方法同［例5.5］。

（1）打开【工具选项板】窗口。

（2）打开AutoCAD设计中心，单击主页按钮，定位至DesignCenter文件夹，如图6.8所示。

（3）在"Basic Electronics.dwg"文件名上单击右键，选择【创建工具选项板】，则在工具选项板窗口上会自动创建与文件名同名的工具选项板。

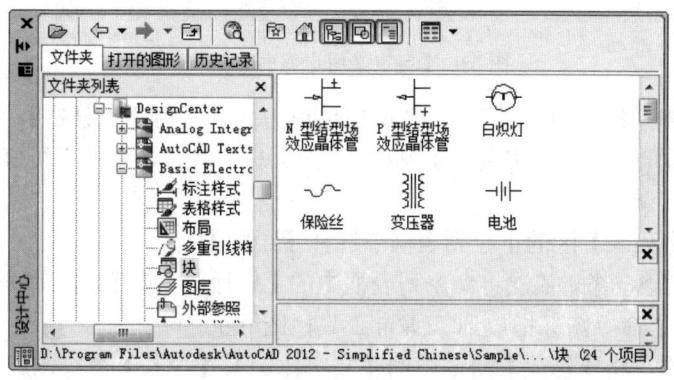

图6.8 设计中心中的块库文件

6.3 自定义用户界面

本节通过实例简单介绍自定义工具栏、自定义菜单以及自定义工作空间的方法。

调用【自定义用户界面】窗口的方式有两种：

- 【工具】→【自定义】→【界面】。

- 命令行：CUI↵。

6.3.1 自定义工具栏和菜单

【例 6.3】 自定义工具栏及菜单示例。

（1）【工具】→【自定义】→【界面】，弹出【自定义用户界面】窗口，如图 6.9 所示。

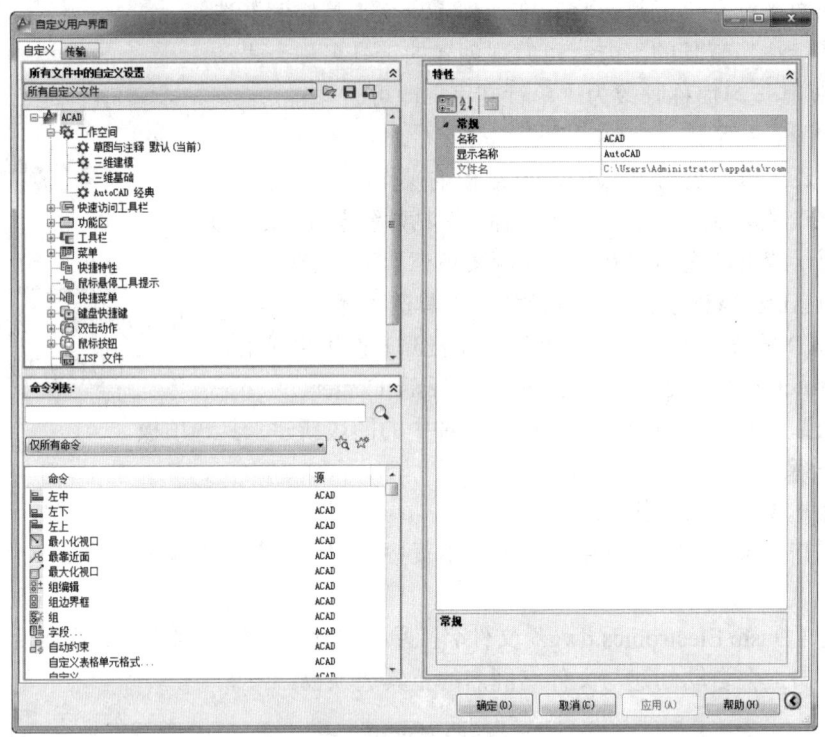

图 6.9 【自定义用户界面】窗口

（2）在 工具栏 图标上单击右键，从快捷菜单中选择【新建工具栏】，则自动展开工具栏项，并在其最后增加了一个名为"工具栏 1"的图标，且该名称处于可修改状态，此时输入新名称"常用"。

（3）在【命令列表】区的下拉列表框中选择【绘图】。

（4）配合拖动滚动条，依次将命令列表框中的【单行文字】、【定距等分】、【定数等分】、【射线】及【圆环】命令图标拖放到 常用工具栏图标上。

（5）类似操作，将【修改】命令中的【文字比例】、【拉长】命令图标添加到【常用】工具栏，如图 6.10 所示。

（6）在 常用 图标上单击右键，从快捷菜单中选择【新弹出】，则在【常用】工具栏的同级目录及下级目录同时出现名为"工具栏 2"的图标，利用右键菜单，将两级目录中的"工具栏 2"名称都改为"圆"。

（7）将【绘图】命令列表中的所有画圆方式【两点】、【三点】、【切点、切点、半径】、【切点、切点、切点】、【圆心、半径】、【圆心、直径】命令图标都添加到【常用】工具栏的下级目录【圆】工具栏上，如图 6.11 所示。

6.3 自定义用户界面

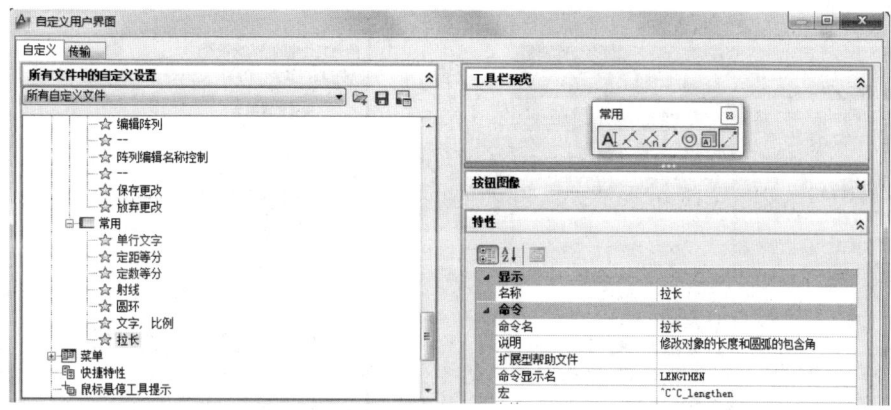

图 6.10 初步创建的【常用】工具栏

图 6.11 自定义的【常用】工具栏的结构

（8）单击【确定】按钮，结束工具栏的创建。创建的【常用】工具栏如图 6.12 所示。

创建自定义菜单的方法与创建工具栏非常相似，读者可参考上述步骤及图 6.12 创建如图 6.13 所示的【常用】菜单。

6.3.2 自定义工作空间

用户可以自定义工作空间来创建一个绘图环境，以便仅显示所选择的那些功能区选项卡、工具栏、菜单和可固定的窗口。

1. 将当前设置另存为新的工作空间

（1）设置最适合绘图任务的功能区选项卡、工具栏和可固定的窗口。

（2）在【工作空间】工具栏中选择【将当前工作空间另存为…】。

（3）在弹出的【保存工作空间】对话框中输入工作空间名称，最后单击【保存】按钮。用户可以在需要在该工作空间环境中绘图的任何时候访问该工作空间。

 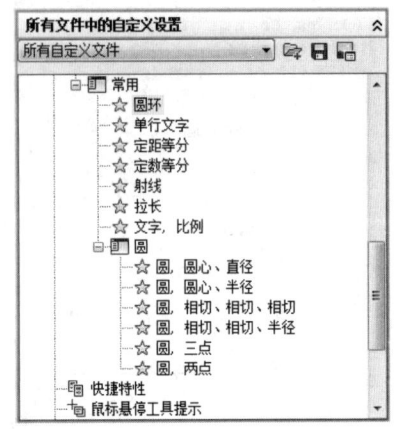

图 6.12　自定义的【常用】菜单　　　　图 6.13　自定义的【常用】菜单的结构

2. 使用【自定义用户界面】窗口来创建或修改工作空间

（1）打开图 6.9 所示的【自定义用户界面】窗口。

（2）在  上单击右键，在快捷菜单中选择【新建工作空间】。

（3）输入工作空间名称（如电气 CAD），然后在右侧的【工作空间内容】窗格中单击【自定义工作空间】按钮，则该按钮变成【完成】按钮；窗格内的项目名称均呈蓝色高亮显示，说明可以进行编辑；同时左侧窗格中的工具栏和菜单前增加了复选框，如图 6.14 所示。

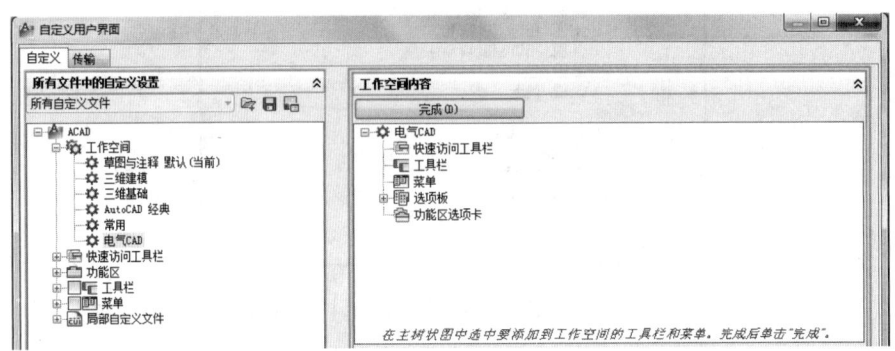

图 6.14　自定义工作空间过程中的【自定义用户界面】窗口

（4）分别展开功能区、工具栏及菜单项，勾选需要显示的选项卡、工具栏及菜单。

（5）如有必要，在【工作空间内容】窗格中，展开选项板项，选择需要修改的可固定窗口，在下方的【特性】窗格中设置其显示、方向、是否允许固定、是否允许自动隐藏以及透明等特性。

（6）单击【工作空间内容】窗格中的【完成】按钮。

说明：

如果发现自定义的工作空间不是很合适，可以在命令行中输入 CUI 命令，调出【自定义用户界面】窗口加以修改。

3. 设置当前工作空间

设置当前工作空间的方式如下：

- 在【工具】→【工作空间】菜单的下级菜单中选择。
- 在【工作空间】工具栏的下拉列表框中选择。
- 在【自定义用户界面】窗口中，右键单击已存在的工作空间，在快捷菜单中选择【置为当前】。
- 命令行：WORKSPACE。
- 命令行：WSCURRENT。

第 7 章

图纸布局与打印

7.1 添加绘图设备

本节介绍在 AutoCAD 中添加及配置绘图仪的方法。

（1）采用以下两种方式之一，调用【绘图仪管理器】窗口，如图 7.1 所示。
- 命令行：PLOTTERMANAGER✓。
- 菜单：【文件】→【绘图仪管理器】。

对已安装打印机的用户，或需要学习纸质打印但没安装打印机的用户，可按下面的步骤进行打印机的添加和配置。

图 7.1 【绘图仪管理器】窗口

（2）在【绘图仪管理器】对话框中，双击【添加绘图仪向导】，自动弹出【添加绘图仪—简介】对话框。

（3）单击【下一步】按钮，自动弹出【添加绘图仪—开始】对话框，如图 7.2 所示。

（4）选中【我的电脑】单选按钮，然后单击【下一步】按钮，弹出【添加绘图仪—绘图仪型号】对话框，选择生产商（如 HP）及绘图仪型号（如 Designjet 650C C2858B），如图 7.3 所示。

7.1 添加绘图设备

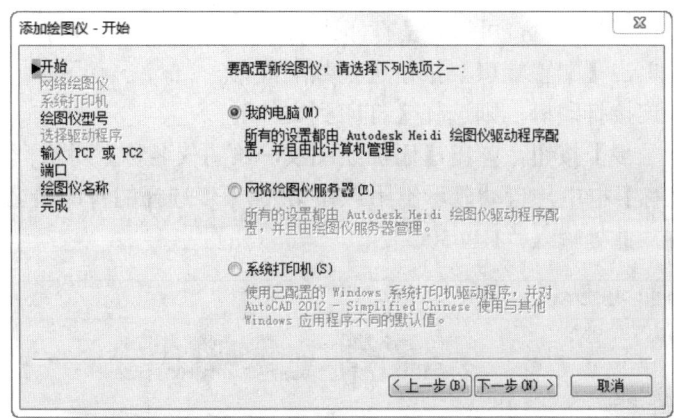

图 7.2 【添加绘图仪—开始】对话框

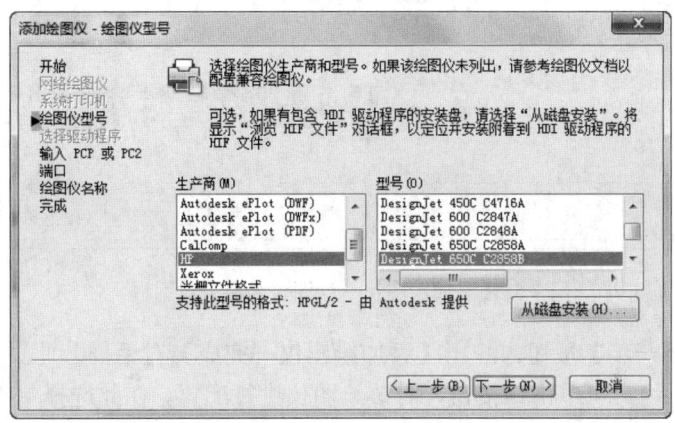

图 7.3 【添加绘图仪—绘图仪型号】对话框

（5）单击【下一步】按钮，阅读系统提示信息后，单击【继续】按钮。弹出【添加绘图仪—输入 PCP 或 PC2】对话框。

（6）单击【下一步】按钮，弹出【添加绘图仪—端口】对话框，如图 7.4 所示。

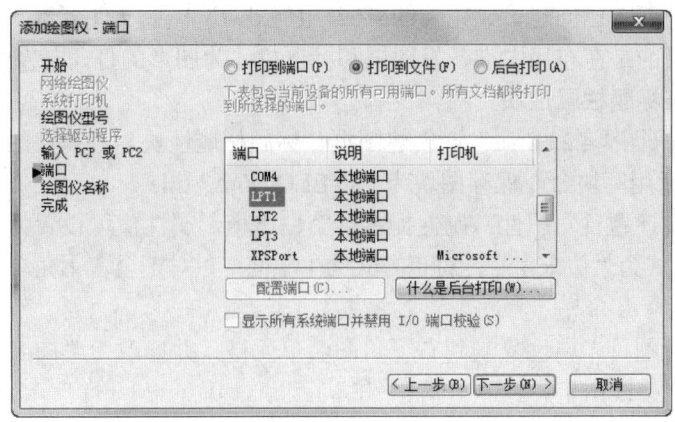

图 7.4 【添加绘图仪—端口】对话框

如果计算机已连接打印机,可选择【打印到端口】,然后在端口列表中选择打印机所连接的通信端口,再单击【配置端口】按钮进参数配置。

如果计算机未连接打印机,则选择【打印到文件】。

(7)单击【下一步】按钮,弹出【添加绘图仪—绘图仪名称】对话框,如图7.5所示。

在【绘图仪名称】框中,自动显示出用户在第(4)步选择的打印机名称,并允许用户指定一个新的名称,此处输入"HP650C"。

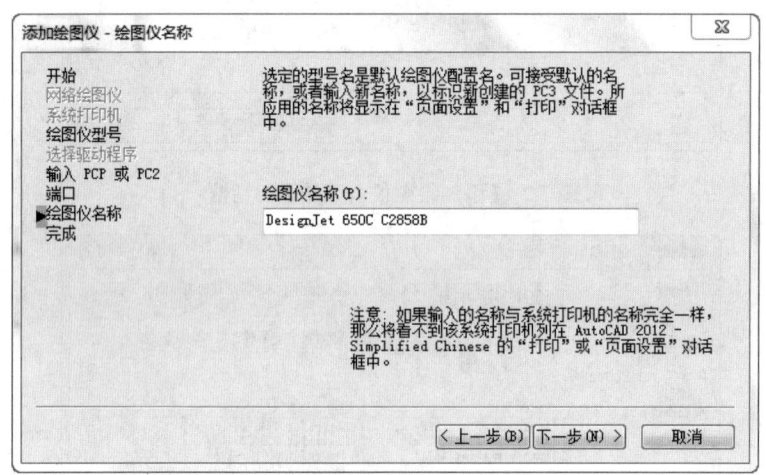

图7.5 【添加绘图仪—绘图仪名称】对话框

(8)单击【下一步】按钮,弹出【添加绘图仪—完成】对话框,此页有一个【编辑绘图仪配置】按钮,用户可单击该按钮,对该绘图仪进行配置。在此选择单击【完成】按钮,完成添加绘图仪的操作,在[例7.2]中再介绍如何对此绘图仪进行配置。

这实际上相当于安装了一台模拟绘图仪,完全可以满足学习布局及打印的要求。

7.2 图纸布局

通过前面的学习,已创建了较完善的"02 电气.dwt"样板文件,本节为这个样板文件设置布局,主要目的是在布局中准备好图框和标题栏,为图形的打印与发布做好准备。

7.2.1 创建图框与标题栏属性块

【例7.1】 打开图"4.23.dwg",创建图框与标题栏属性块。各属性的提示和默认值如图7.15所示。最后用写块命令保存图块为"D\BLOCK\A3.title"。

(1)添加"设计题目"属性:属性提示可空白不填,属性值可设置为"电气设计",字高取7,文字样式为"仿宋字",对正方式为"中间",对正至左上角单元格对角线的中点(利用捕捉追踪)。

(2)将"设计题目"属性复制到右下角图名单元格,并修改为"图名"属性标记,其属性值可设置为"接线图"。

(3)添加"设计人"属性:字高取5,其他设置与"设计题目"属性类似。

7.2 图 纸 布 局

（4）复制"设计人"属性至其他需要添加属性的单元格，并更改为相应的属性标记，参照图 7.15 更改相应的提示和默认值。添加属性后的标题栏如图 7.6 所示。

设计题目				图号	图号		
				比例	比例	日期	日期
设计	设计人	专业	专业	图名			
审核	审核人	班级	班级				

图 7.6 在标题栏中添加属性

（5）绘制标准 A3 图框，并与标题栏表格合并在一起，如图 7.7 所示。

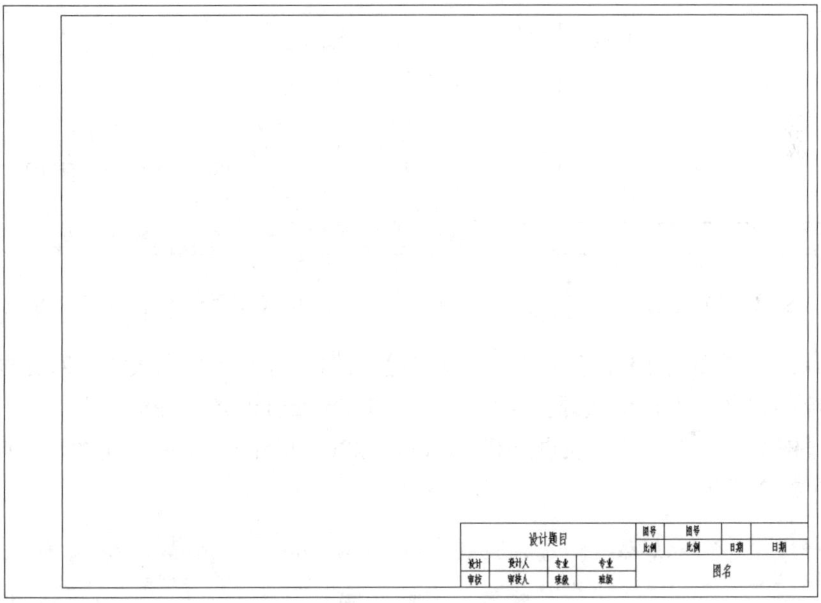

图 7.7 A3 图框与标题栏

（6）利用 WBLOCK 命令将上述 A3 图框与标题栏保存成"D:\BLOCK\A3.title"块。源对象处理方式为"删除"；拾取点为外图框的左下角点。

（7）单击【确定】按钮，图块创建完毕。

7.2.2 设置样板文件的布局

【例 7.2】 将"D:\BLOCK\A3.title"块添加到样板文件"05 电气.dwt"的布局中。然后将其另存为样板文件"06 电气.dwt"操作如下：

（1）打开样板文件"05 电气.dwt"。

（2）单击【布局 1】标签，切换到图纸空间，如图 7.8 所示。图中的虚线框表示可打印区域，实线框表示可观察到图形的视口。

下面要对此布局进行配置：配置为 A3 幅面；可打印区域扩展至整张图纸；扩大观察图形用的"视口"。

1）页面设置。

a）鼠标右击【布局1】标签→【页面设置管理器】，弹出【页面设置管理器】对话框，如图7.9所示。

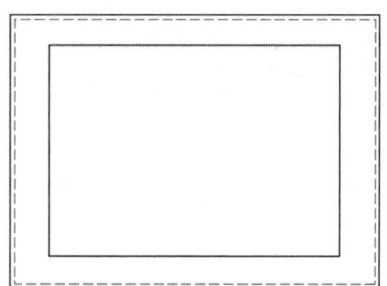

图7.8 【布局1】图纸空间　　　　　　图7.9 【页面设置管理器】对话框

b）确认选择【布局1】，然后单击【修改】按钮，打开【页面设置】对话框。

c）在绘图仪名称下拉框选择打印机型号"HP DesignJet 650 C 2858B"。

d）在【图纸尺寸】下拉列表框选择"ISO A3 420×297mm"。确认【图形方向】为【横向】。如图7.10所示。

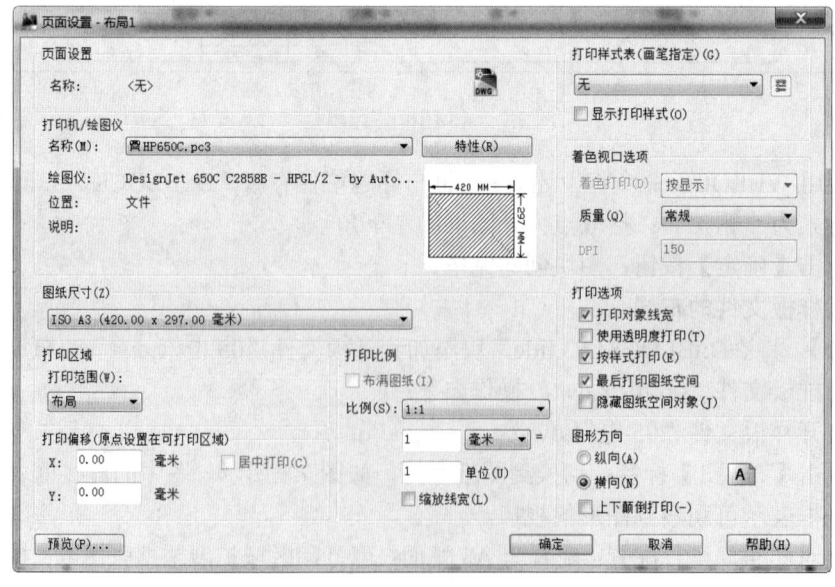

图7.10 【页面设置】对话框

e）单击打印机名称后面的【特性】按钮。弹出【绘图仪配置编辑器】对话框，如图 7.11 所示。

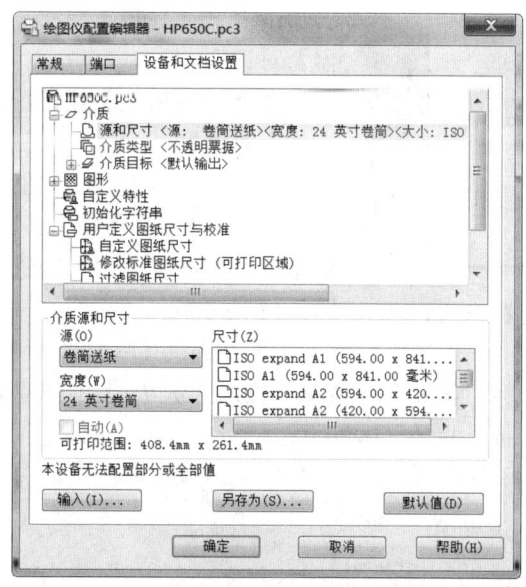

图 7.11 【绘图仪配置编辑器】对话框

在【绘图仪配置编辑器】对话框中可以对打印机的介质、特性、图纸尺寸、标准图纸的可打印区域等进行配置。

f）单击【修改标准图纸尺寸（可打印区域）】项，在对话框的中部出现【修改标准图纸尺寸】选择区，拖动垂直滚动条找到需修改的标准图纸名称，这里选择"ISO420×297mm"。

g）单击【修改】按钮，弹出【自定义图纸尺寸—可打印区域】页，把上、下、左、右文本框中的边界值都改为 0，如图 7.12 所示。

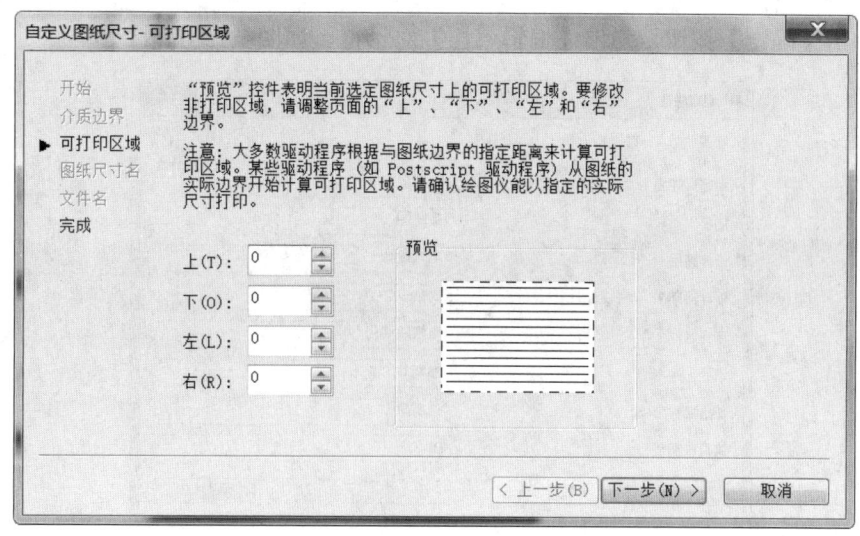

图 7.12 修改布局的可打印区域

h）单击【下一步】按钮，弹出【自定义图纸尺寸—文件名】页。接受默认的 PMP 文件名，直接单击【下一步】按钮，弹出【自定义图纸尺寸—完成】页。

i）单击【完成】按钮，返回【绘图仪配置编辑器】对话框。

j）单击【确定】按钮，弹出【修改打印机配置文件】对话框。

k）单击【确定】按钮，返回【页面设置】对话框。单击【确定】按钮，返回【页面设置管理器】对话框。单击【关闭】按钮，此时的【布局 1】如图 7.13 所示。

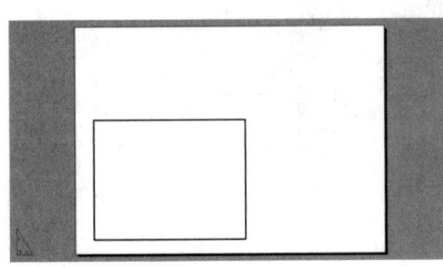

图 7.13　页面设置后的【布局 1】

2）在布局 1 中插入标题栏与图框。

a）启动 INSERT 命令，按图 7.14 所示，插入［例 7.1］中创建的"A3.title"图块，比例取【统一比例】为 1，插入点为（0，0）。

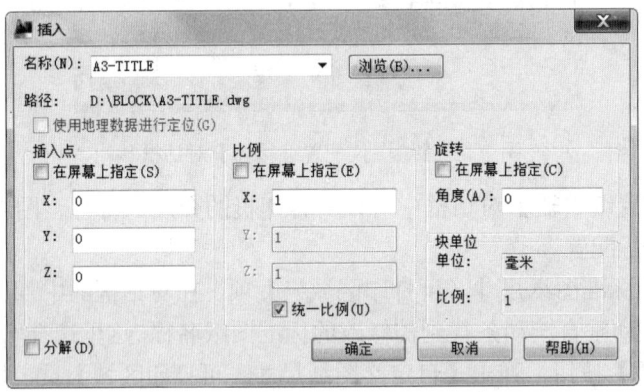

图 7.14　插入"A3.title"块及其参数设置

b）单击【确定】按钮，弹出【编辑属性】对话框，如图 7.15 所示。

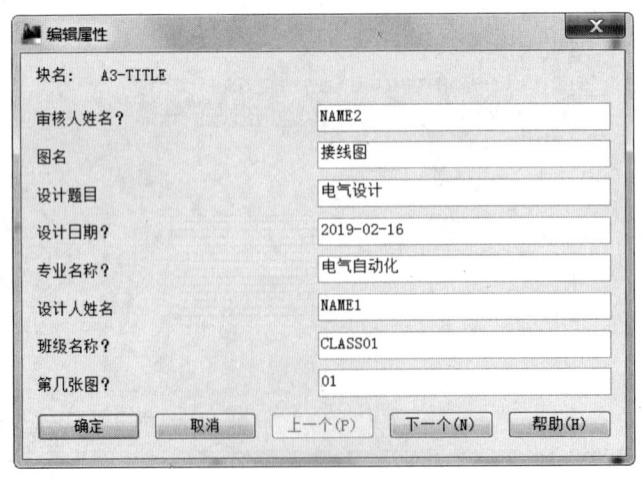

图 7.15　【编辑属性】对话框

c）单击【确定】按钮，接受所有默认属性值，此时的【布局 1】如图 7.16 所示。

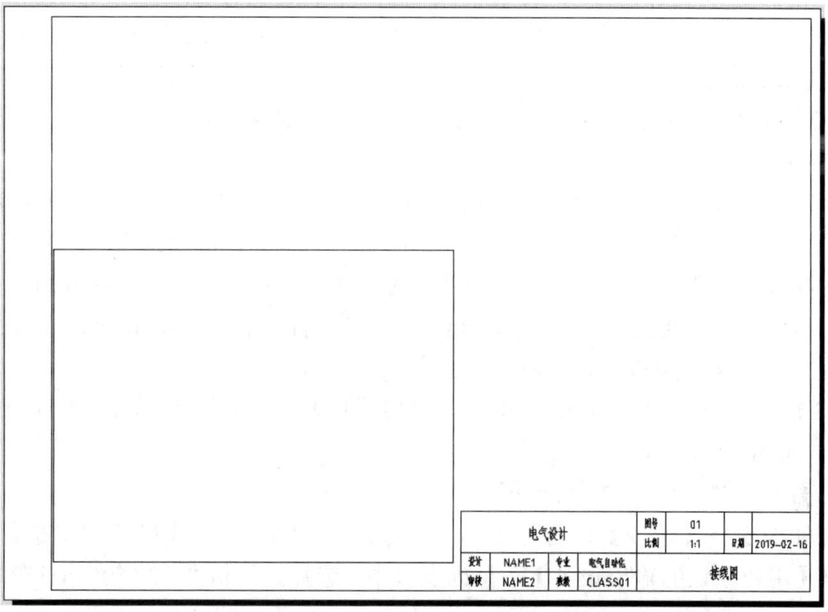

图 7.16　插入标题栏及图框块后的【布局 1】

3）重新设置视口。
a）将"视口"层置为当前层。
b）删除原来的视口矩形。
c）调出【视口】工具栏，单击多边形视口按钮，利用对象捕捉沿图框和标题栏联合组成的内边界确定新的视口边界。
d）鼠标右键单击【布局 1】标签→【重命名】，将【布局 1】改为【A3.title】。
e）切换回【模型】空间。
4）将当前文件另存为样板文件"06 电气.dwt"。然后关闭这个样板文件。
以后各章的实例，没有特别说明都以"06 电气.dwt"样板文件开始。

7.3　打　印

7.3.1　打印样式表

通俗地讲，打印样式就是将对象打印成什么样子。例如利用某个用户已定义好的打印样式，可以将某个图形对象（或某图层上的图形甚至全部图形）的特性黑色打印成红色、实线打印成虚线等；反之亦然。因此，打印样式同图层、线型、颜色等一样，也是对象的特性之一。并且如果在打印时使用打印样式，打印机则按打印样式中指定的线型、线宽、颜色等特性输出图纸。AutoCAD 提供了两种类型的打印样式，即颜色相关打印样式和命名打印样式。

1. 颜色相关（Color-Dependent）打印样式

颜色相关（Color-Dependent）打印样式是建立在图形对象颜色设置的基础上，通过颜色来控制图形输出的。颜色相关打印样式表文件的扩展名为".ctb"，每个文件包含 255 个打印样式。如同不能添加或删除颜色一样，打印样式也不能添加或删除，但允许用户对每种打印样式进行修改，重新保存或另存为新的打印样式表文件。

2. 命名（named）打印样式

命名打印样式与图形文件中对象的颜色无关，每个命名打印样式包括 AutoCAD 本身自带的打印样式和用户自己创建的打印样式。可以添加打印样式，也可以删除"普通"打印样式外的其他打印样式。命名打印样式表使用直接给图层或对象的打印样式，扩展名为".stb"。

AutoCAD 为用户准备了"monochrome.ctb"打印样式表和"monochrome.stb"打印样式表，使用这两种样式可以实现纯粹黑白工程图的打印。

【例 7.3】 将样板文件"06 电气.dwt"的默认打印样式表改为"monochrome.ctb"，默认打印机改为"HP650C.pc3"。操作如下：

（1）打开样板文件"06 电气.dwt"。

（2）【工具】→【选项】，打开【选项】对话框，然后打开【打印和发布】选项卡。

（3）在【用作默认的输出设备】下拉列表框中，选择打印机"HP 650C.pc3"。如图 7.17 所示。

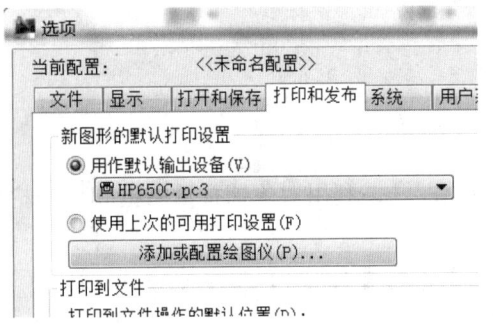
图 7.17 设置默认输出设备

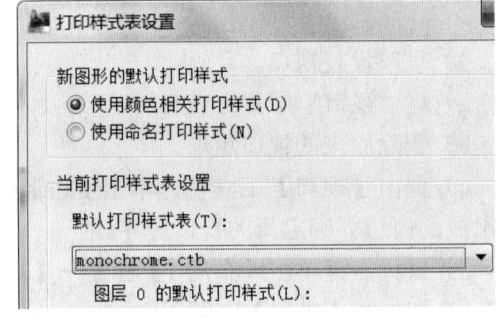
图 7.18 【打印样式表设置】对话框

（4）单击【打印样式表设置】按钮，打开【打印样式表设置】对话框，如图 7.18 所示。

（5）选中【使用颜色相关打印样式】单选按钮，在【默认打印样式表】下拉列表框中选择"monochrome.ctb"打印样式表文件。

（6）单击【确定】按钮，返回【选项】对话框。

（7）单击【确定】按钮，关闭【选项】对话框。

（8）保存样板文件。

7.3.2 在模型空间打印

【例 7.4】 在模型空间进行页面设置，以在 A3 图纸上打印如图 3.50 所示的图形。

（1）打开样板文件"06 电气.dwt"。

（2）打开图"3.56.dwg"。然后将图形另存为"模型打印示例"。

（3）执行比例缩放命令，将图形放大 30 倍。

7.3 打　印

（4）执行【视图】→【重生成】命令，以改善图形的显示效果。

（5）标注尺寸。应创建合适的标注样式，也可以按如下操作调用设计中心的资源：

1）打开 AutoCAD 设计中心。

2）选择【打开的图形】选项卡。

3）选中"03 电气.dwt"文件。

4）在 AutoCAD 设计中心的内容区双击"标注样式"图标，此时的 AutoCAD 设计中心如图 7.19 所示。

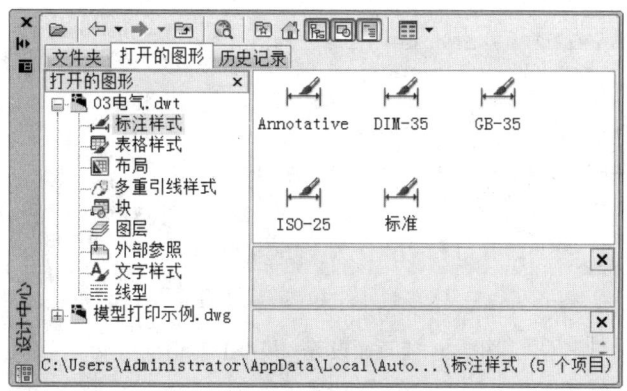

图 7.19　AutoCAD 设计中心

5）将"GB-35"标注样式拖动到当前绘图窗口。

6）类似地，将"06 电气.dwt"样板文件中的"标注"层拖动到当前绘图窗口。

7）关闭 AutoCAD 设计中心。

8）关闭"06 电气.dwt"文件。

9）修改"GB-35"标注样式：将【调整】选项卡中的"使用全局比例"改为 2（这仅是为了印刷的需要）。将【符号和箭头】选项卡中的"圆心标记"大小改为 2。在【主单位】选项卡中的"比例因子"框输入比例"1/30"。

10）标注尺寸，并调整尺寸文字位置，效果参见图 3.50。

（6）将当前文件保存为"图 3.50.dwg"。

（7）插入［例 7.1］中创建的"A3.title"块，插入比例为 1。在弹出的编辑属性对话框中修改绘图比例的值为"30:1"然后单击确定按钮，即其他属性先取默认值。

（8）调整好图形与图框的相对位置。

（9）【文件】→【页面设置管理器】，弹出【页面设置管理器】对话框。

（10）确认【当前页面设置】为"模型"，然后单击【修改】按钮。弹出【页面设置—模型】对话框。

（11）选择打印机"HP 650C.pc3"。

（12）如图 7.20 所示设置图纸尺寸、图形方向、打印样式，并设置打印比例为"布满图纸"，设置打印偏移为"居中打印"。设置"打印范围"为"范围"。

（13）单击打印机名称后面的【特性】按钮，修改"ISO A3 420×297mm"图纸的可打印区域，将各边界值都设置为上、下都取 0。

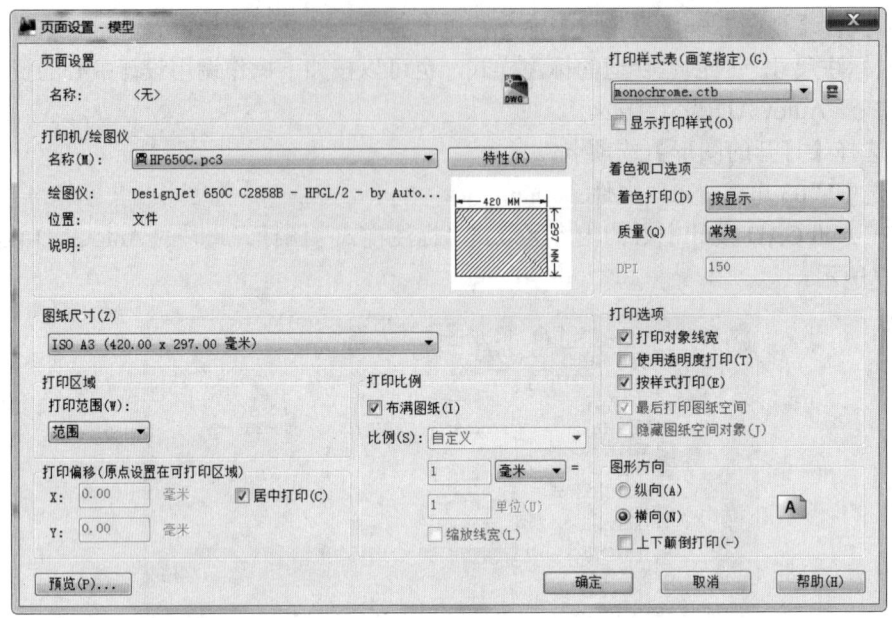

图 7.20 【页面设置—模型】对话框

(14) 单击【预览】按钮,预览效果如图 7.21 所示。在右键菜单中选择【退出】,自动返回【页面设置—模型】对话框。

(15) 单击【确定】按钮。

(16) 单击【关闭】按钮。

(17) 利用【修改】→【属性】→【单个】的操作,在标题栏内填入属性值。

(18) 单击【标准】工具栏上的打印预览按钮,预览效果合适,在右键菜单中选择【打印】。

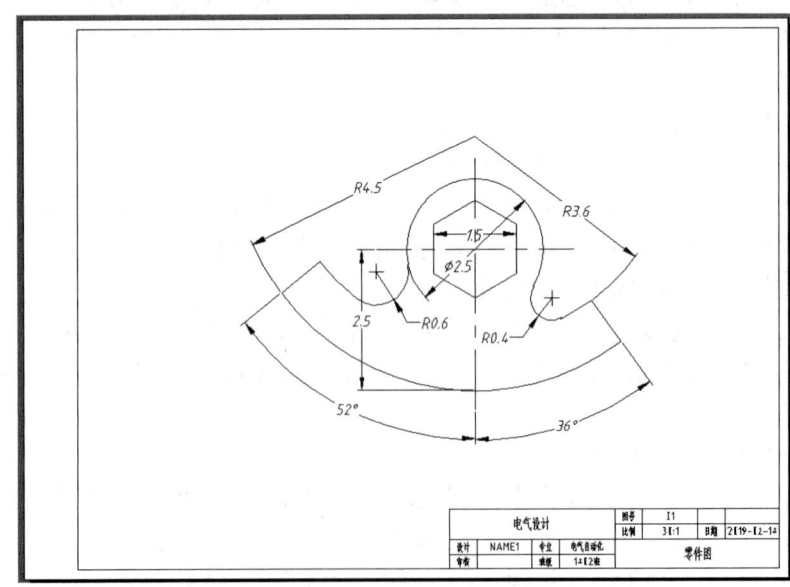

图 7.21 模型空间打印预览的效果

7.3 打　印

说明：无论在模型空间还是在图纸空间打印时，如果打印纸质图形时出现图框不全等状况，可以取消勾选【布满图纸】选项，通过打印试验设置合适的打印比例。

7.3.3　在图纸空间打印

【例 7.5】　在图纸空间打印如图 3.50 所示的图形。

（1）打开图"3.50.dwg"。然后将图形另存为"布局打印示例一"。

（2）在【布局 1】或【布局 2】选项卡上单击鼠标右键，在弹出的快捷菜单中选择"来自样板"。

（3）在弹出的【从文件选择样板】对话框中选择"06 电气.dwt"。

（4）在弹出的【插入布局】对话框中选择"A3"，则在当前图形中插入了【A3】布局。

（5）切换到【A3】布局，屏幕显示几乎看不到要打印的图形。

（6）在视口内部双击鼠标左键（或单击状态栏上的【图纸】按钮），则视口边线加粗显示，称此时的视口为活动视口。而状态栏上的【图纸】按钮变成了【模型】按钮，说明此时的操作相当于在模型空间进行。

（7）执行范围缩放命令。

（8）执行【视图】→【重生成】命令，以改善图形的显示效果。

（9）调出【视口】工具栏。

（10）在【视口】工具栏的比例下拉列表中，可选择图形输出比例，也可直接输入比例，这里输入 30。

（11）修改标题栏中的比例属性值：

1）在视口外双击鼠标左键，切换到图纸空间。

2）鼠标左键双击标题栏，在弹出的【增强属性管理器】中修改比例属性值为"30:1"。

（12）在视口内双击鼠标左键，切换到模型空间。

（13）单击【标准】工具栏上的平移命令按钮，把图形移到参见图 7.21 所示的合适位置。

（14）在视口外双击鼠标左键，切换到图纸空间。

（15）单击【标准】工具栏上的打印预览按钮，预览效果合适，在右键菜单中选择【打印】。

7.3.4　在布局空间的尺寸标注

如果需要从图 3.56 开始，在布局空间标注尺寸，打印出图 3.50 所示的图形，就需要先设置布局，再在布局的模型空间或图纸空间进行标注，下面介绍两种方法。

1. 在布局空间的模型空间标注尺寸

（1）打开图 3.56。然后将图形另存为"布局打印示例二"。

（2）按［例 7.5］的第（2）～（13）步进行操作。

（3）修改"GB-35"尺寸样式，将其【标注特征比例】选择为【将标注缩放到布局】；将标注尺寸的文字高度设置为 7；将箭头大小改为 7；圆心标记的大小改为 4。

标注及调整尺寸文字的操作及修改线型比例的操作不再赘述。

2. 在布局空间的图纸空间标注尺寸

（1）打开图 3.56。然后将图形另存为"布局打印示例三"。

(2)按[例 7.5]的第(2)~(14)步进行操作。

(3)修改"GB-35"尺寸样式,将其【标注特征比例】选择为【将标注缩放到布局】;将标注尺寸的文字高度设置为 7;将箭头大小改为 7;圆心标记的大小改为 4。

标注及调整尺寸文字的操作不再赘述。

利用对象捕捉在图纸空间中标注的尺寸与图形默认也是关联的。在模型空间按 1:1 绘图,然后在布局的模型空间调整好图形的大小和位置,最后再切换到图纸空间进行尺寸标注,这就像在真实的图纸上手工标注尺寸一样,可以很明确地得到所需要的尺寸文字的字高及箭头大小。例如本例打印出来的字高和箭头大小就是 7。

7.3.5 浮动视口

在图纸空间使用的视口称为"浮动视口"。在[例 7.5]及其后的练习中,都使用了单一多边形浮动视口。实际上 AutoCAD 能实现在一张图纸上设置多个浮动视口,每个视口可以使用不同的显示比例,以便更清晰地打印出图形中某部分的细节信息及数据。浮动视口中只有一个视口是当前视口,在视口内双击鼠标可以将该视口从图纸空间切换到模型空间,该视口的边框会高亮(加粗)显示,在这个视口中所作的修改会立即在其他视口中反映出来。

【例 7.6】 浮动视口应用示例。

(1)打开 AutoCAD 2012 安装目录下的 Sample 子文件夹中 db-samp.dwg,如图 1.24 所示。

(2)按照[例 7.5]的第(2)~(4)步,插入【A3】布局。

(3)切换到【A3】布局,屏幕显示几乎看不到要打印的图形。

(4)在图框内部双击(或单击状态栏上的【图纸】按钮),切换到【模型】空间。

(5)执行范围缩放命令。图形在视口内布满显示。

(6)调出【视口】工具栏,如图 7.22 所示。

(7)在【视口】工具栏的比例下拉列表中,直接输入比例"1:11"。

图 7.22 视口工具栏

(8)把图形平移到偏右侧合适位置。

(9)在图框外部双击(或单击状态栏上的【模型】按钮),切换到【图纸】空间。

(10)新建"视口"层,特性默认。然后将其置为当前层。

(11)单击【视口】工具栏的剪裁现有视口按钮,在"选择要剪裁的视口:"提示下,选择原有的多边形视口。

(12)在"选择剪裁对象或 [多边形(P)/删除(D)] <多边形>:"提示下,按 Enter 键。

(13)围绕图形画一个多边形,闭合后按 Enter 键,如图 7.23 所示。

(14)在图纸空白处画一个圆。

(15)单击【视口】工具栏的将对象转换为视口按钮,在"指定视口的角点或[……]<布满>: _o 选择要剪切视口的对象:"提示下,选择刚画的圆,此时效果如图 7.24 所示。

(16)在圆形视口内部双击(或单击状态栏上的【图纸】按钮),切换到【模型】空间。

7.3 打　印

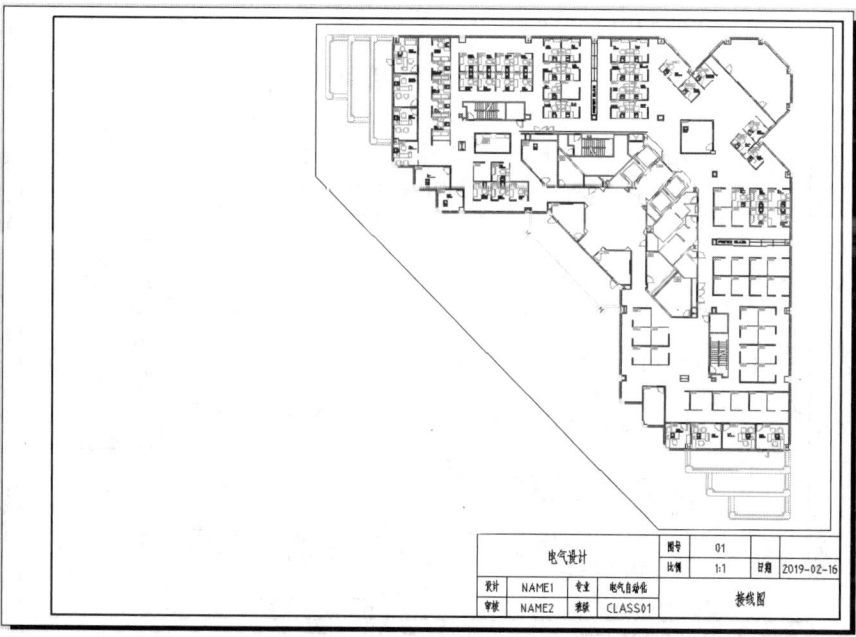

图 7.23　剪裁现有视口

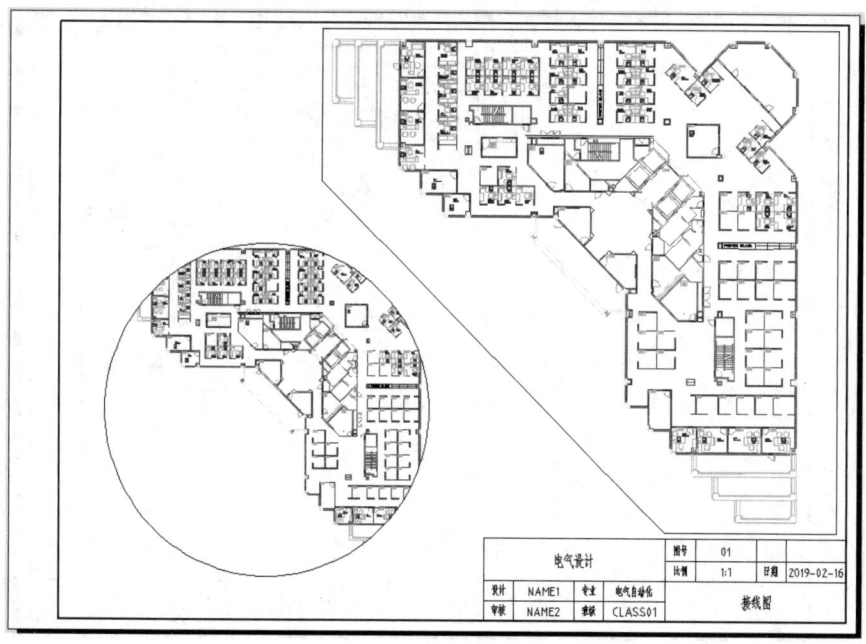

图 7.24　将对象转换为视口

（17）利用窗口缩放命令放大图形左上部的楼梯部分，效果如图 7.25 所示。

（18）在圆形视口外部双击（或单击状态栏上的【模型】按钮），切换到【图纸】空间。

（19）如果打印时不需要打印视口边框，可以将将"视口"层冻结或设置为"不打印"，打印预览的效果如图 7.26 所示。

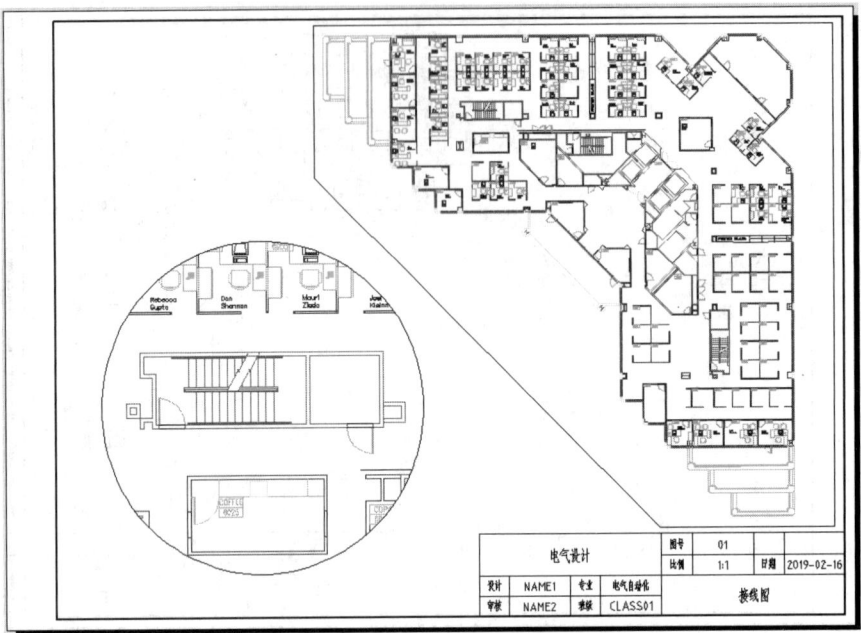

图 7.25　在新视口中放大显示局部图形

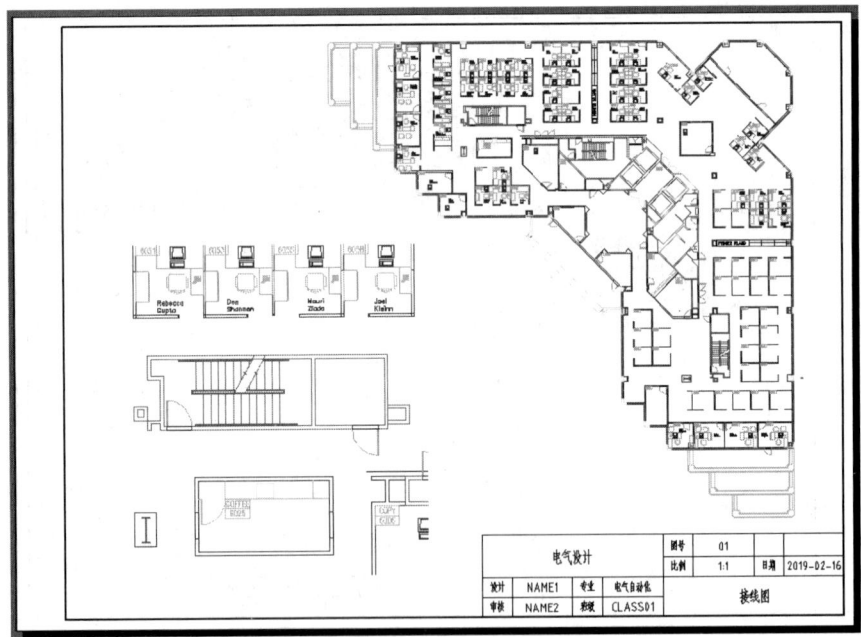

图 7.26　多视口打印预览效果

第 8 章

电气工程图绘制的基本知识

8.1 电气工程图的分类及特点

8.1.1 电气工程的主要项目

电气工程一般是指某一工程,如工厂、企业、住宅或其他设施的供电、用电工程。电气工程的规模大小不一,通常应包括以下几个项目:

(1) 内线工程:室内动力、照明电气线路及其他线路。

(2) 外线工程:室外电源供电线路,包括架空电力线路、电缆电力线路。

(3) 动力、照明及电热工程:各种动力设备、照明灯具、电扇、空调器、插座、配电箱及其他电气装置。

(4) 变配电工程:由变压器、高低压配电装置、继电保护与电气计量等二次设备和二次接线构成的室内外变电所。

(5) 发电工程:发电厂电气设备的布置、接线、控制等项目。

(6) 弱电工程:电话、广播、闭路电视、安全报警等系统的弱电信号线路和设备。

(7) 防雷工程:建筑物和电气装置的防雷设施。

(8) 电气接地工程:各种电气装置的保护接地、工作接地、防静电接地装置等。

8.1.2 电气工程图的种类

电气工程图是一类应用十分广泛的电气图,用它来阐述电气工程的构成和功能,描述电气装置的工作原理,提供安装接线和维护使用信息。一般而言,一项工程的电气图通常由以下几部分组成。

1. 目录和前言

图纸目录包括序号、名称、编号、张数等。

前言包括设计说明、图例、设备材料明细表、工程经费概算等。

2. 电气系统图和框图

电气系统图和框图主要表示整个工程或其中某一项目的供电方式和电能输送的关系,也可表示某一装置各主要组成部分的关系,如电气一次主接线图、建筑供配电系统图等。

3. 电路图

电路图主要表示一系统或装置的工作原理,如电动机控制回路图、继电保护原理图等。

4. 接线图

接线图主要表示电气装置内部各元件之间及其他装置之间的连接关系,便于安装接线及维护。

5. 电气平面图

电气平面图主要表示某一电气工程中电气设备、装置和线路的平面布置。它一般是在建筑平面的基础上绘制出来的。常见的电气工程平面图有线路平面图、变电所平面图、照明平面图、弱电系统平面图、防雷与接地平面图等。

6. 设备元件和材料表

设备元件和材料表是把某一电气工程所需主要设备、元件、材料和有关的数据列成表格，表示其名称、符号、型号、规格、数量等。

7. 设备布置图

设备布置图主要表示各种电气设备的布置形式、安装方式及相互间的尺寸关系，通常由平面图、立面图、断面图、剖面图等组成。

8. 大样图

大样图主要表示电气工程某一部件、构件的结构，用于指导加工与安装，其中一部分大样图为国家标准图。

9. 产品使用说明书用电气图

电气工程中选用的设备和装置，其生产厂家往往随产品使用说明书附上电气图。这些也是电气工程图的组成部分。

10. 其他电气图

在电气工程图中，电气系统图、电路图、接线图、平面图是最主要的图。在某些较复杂的电气工程中，为了补充和详细说明某一方面，还需要有一些特殊的电气图，如功能图、逻辑图、曲线图、表格、印制电路板图等。

8.1.3 电气工程图的特点

（1）简图是电气工程图的主要形式。简图是采用图形符号和带注释的框或简化外形表示系统或设备中各组成部分之间相互关系的一种图。电气工程图绝大多数都采用简图的形式。

（2）元件和连接线是电气图描述的主要内容。一种电气装置主要由电气元件和电气连接线构成，因此，无论是电路图、系统图，还是平面图和接线图，都是以电气元件和连接线作为描述的主要内容。也因为对元件和连接线描述方法不同，而构成了电气图的多样性。

（3）功能布局法和位置布局法是电气工程图的两种基本的布局方法。功能布局法是指电气图中元件符号的位置，只考虑便于表述它们所表示的元件之间的功能关系而不考虑实际位置的一种布局方法。如电气工程图中的系统图、电路图都是采用的这种方法。位置布局法是指电气图中元件符号的布置对应于该元件实际位置的布局方法。如电气工程图中的接线图、平面图通常都采用这种方法。

（4）图形符号、文字符号和项目代号是构成电气图的基本要素。一个电气系统、设备或装置通常由许多部件、组件、功能单元等组成。这些部件、组件、功能单元被称为项目。项目一般用简单的符号表示，这些符号就是图形符号。通常每个图形符号都要有相应的文字符号。而在一个图上，为了区分同类设备，还必须加上设备编号，它与文字符号一起构成项目代号。

（5）对能量流、信息流、逻辑流、功能流的不同描述方法，构成了电气图的多样性。

描述能量流和信息流的电气图有系统图、框图、电路图、接线图等，描述逻辑流的电气图有逻辑图等，描述功能流的电气图有功能表图、程序图等。

8.2 电气工程 CAD 制图一般规则概述

本节参考 GB/T 18135—2008《电气工程 CAD 制图规则》以及 DL/T 5127—2001《水力发电　工程 CAD 制图技术规定》中对电气专业 CAD 制图的相关规定，同时对其引用的有关标准中的规定加以引用与解释。

8.2.1 图纸格式

1. 幅面

图纸的优选实际幅面列于表 8.1。当主要采用示意图或简图的表达形式时，推荐采用 A3 幅面。

表 8.1　　　　　　　　　　　图纸的优选实际幅面

代　号	尺寸（$B×L$）/（mm×mm）	代　号	尺寸（$B×L$）/（mm×mm）
A0	841×1189	A3	297×420
A1	594×841	A4	210×297
A2	420×594		

2. 图框

（1）图框尺寸。图框又分为内框和外框，外框尺寸即表 8.1 中规定的尺寸。内框尺寸为外框尺寸减去相应的"a""c""e"的尺寸，见表 8.2 和图 8.1、图 8.2。

表 8.2　　　　　　　　　　　图纸的图框尺寸

幅　面　代　号	A0	A1	A2	A3	A4
e	20	20	20	10	10
c	10	10	10	5	5
a	25				

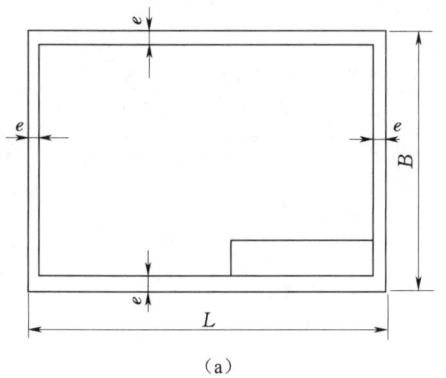
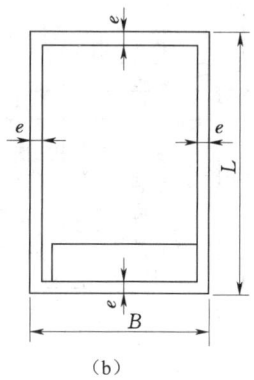

图 8.1　不留装订边的图框

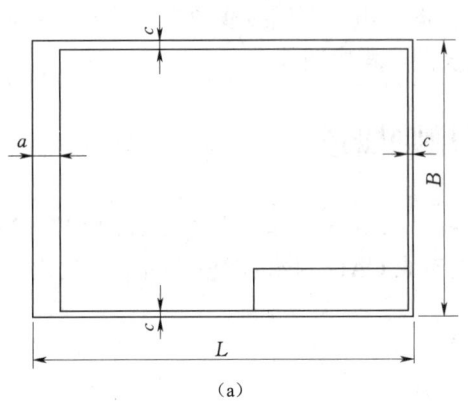
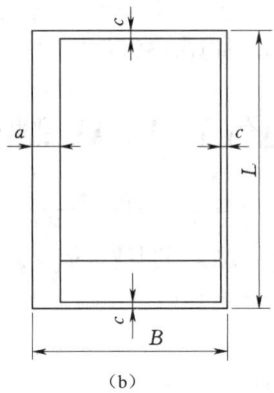

图 8.2 留装订边的图框

(2)图框线宽。图幅的内框线,根据不同幅面,不同输出设备宜采用不同的线宽,见表 8.3。各种图幅的外框线均为 0.25 的实线。

表 8.3 图幅内框线宽 单位:mm

幅 面	绘 图 机 类 型	
	喷墨绘图机	笔式绘图机
A0、A1 及其加长图	1.0	0.7
A2、A3、A4 及其加长图	0.7	0.5

3. 标题栏的格式

(1)标题栏位置。无论对 X 型水平放置的图纸,还是 Y 型垂直放置的图纸,标题栏都应放在图面的右下角,如图 8.1 和图 8.2 所示。标题栏的观看方向一般应与图的观看方向相一致。

(2)国内工程通用标题栏的基本信息及尺寸如图 8.3 和图 8.4 所示。

(3)标题栏图线。标题栏外框线为 0.5mm 的实线,内分格线为 0.25mm 的实线。

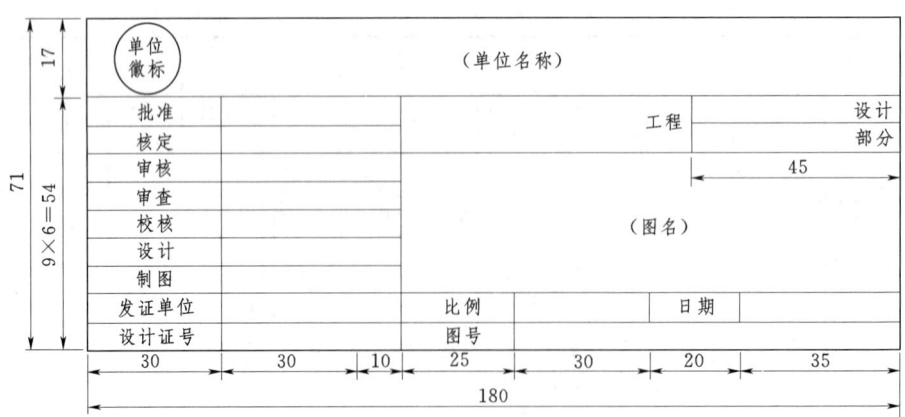

图 8.3 设计通用标题栏(A0~A1)(单位:mm)

8.2 电气工程CAD制图一般规则概述

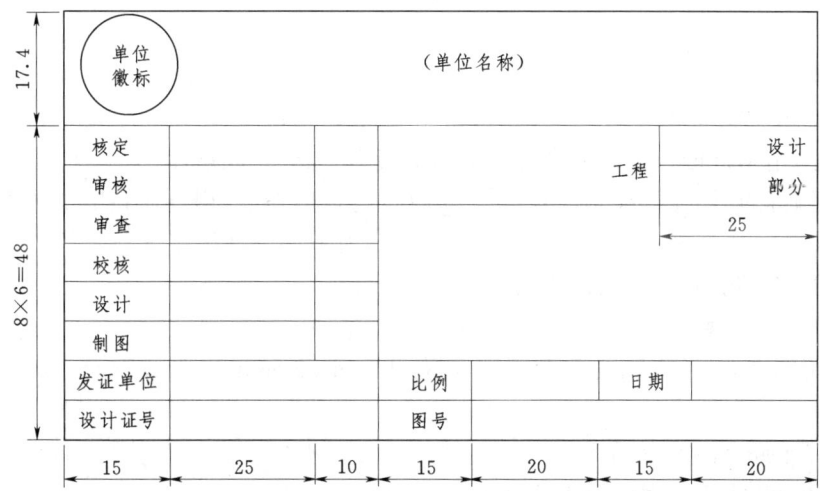

图 8.4 设计通用标题栏（A2~A4）（单位：mm）

4. 会签栏

由多个专业相关的图纸应有会签栏，会签栏的格式如图8.5所示。其外框线宽为0.5mm，内框线宽为0.25mm。

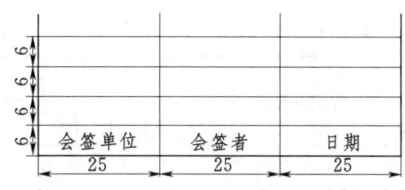

图 8.5 会签栏（单位：mm）

5. 图幅分区

为确定图上内容的位置及其他用途，一些幅面较大、内容复杂的电气图要对图幅进行分区。

分格数应是偶数，并应按图的复杂性选取。建议组成分区的长方形的任何边长都应不小于25mm，不大于75mm。

分区都应沿着一边用大写字母、另一边用数字做标记。标记的顺序可以从标题栏相对的一角开始，如图8.6所示。

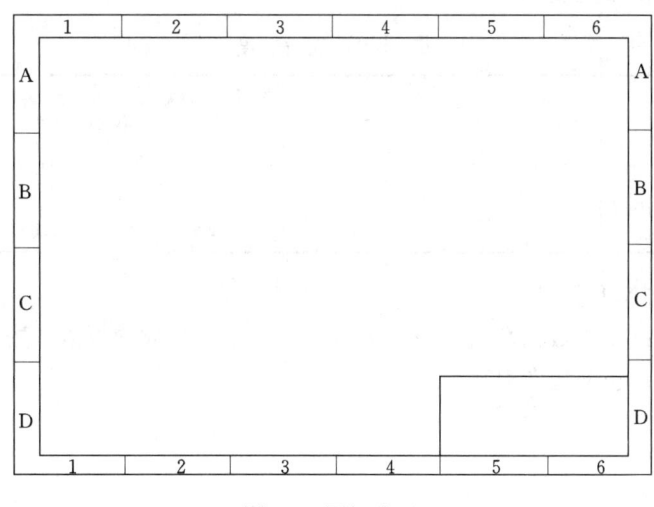

图 8.6 图幅分区

8.2.2 文字

1. 字体

电气技术图样和简图中的字体，所选汉字应为长仿宋体：在 AutoCAD 2008 环境中，汉字字体可采用 Windows 系统所带的 TrueType 字体"仿宋_GB2312"，也可采用 AutoCAD 提供的符合国标的形字体 gbenor、gbeitc、gbcbig 等，另外可采用 hztxt.shx（仿宋体单线）字体。AutoCAD 不带有这种字体，建议用户通过互联网下载该字体，尤其需要打开其他 CAD 软件绘制的图形时，很可能需要用到这种字体。

2. 文本尺寸高度

（1）常用的文本尺寸宜在下列尺寸中选择：2.5mm、3.5mm、5mm、7mm、10mm、14mm、20mm。

（2）字符的宽高比约为 0.7。

（3）各行文字间的行距不应小于 1.5 倍的字高。

（4）图样中采用的各种文本尺寸见表 8.4。

表 8.4　　　　　　　　　　图样中各种文本尺寸　　　　　　　　　　单位：mm

文本类型	中文		字母和数字	
	字高	字宽	字高	字宽
标题栏图名	7～10	5～7	5～7	3.5～5
图形图名	7	5	5	3.5
说明抬头	7	5	5	3.5
说明条文	5	3.5	3.5	2.5
图形文字标注	5	3.5	3.5	2.5
图号和日期	5	3.5	3.5	2.5

（5）最小字符高度见表 8.5。

表 8.5　　　　　　　　　　最 小 字 符 高 度　　　　　　　　　　单位：mm

字符高度	图幅				
	A0	A1	A2	A3	A4
汉字	5	5	3.5	3.5	3.5
数字和字母	3.5	3.5	2.5	2.5	2.5

3. 表格中的文字和数字

（1）数字书写：带小数的数值，按小数点对齐；不带小数的数值，按个位数对齐。

（2）文本书写：正文按左对齐。

8.2.3 图线

1. 线宽

根据用途，图线宽度宜从下列线宽中选用：0.18mm、0.25mm、0.35mm、0.5mm、0.7mm、1.0mm、1.4mm、2.0mm。

图形对象的线宽应尽量不多于 2 种，每两种线宽间的比值应不小于 2。

2. 图线间距

平行线（包括画阴影线）之间的最小间距不小于粗线宽度的两倍，建议不小于 0.7 mm。

3. 图线型式

根据不同的结构含义，采用不同的线型，见表 8.6。

若在特殊领域（如电气或管网图）使用其他形式图线，或者表 8.6 中所规定的图线不是用于表最右边一栏所述的范围，按惯例必须在其他国家标准中规定，或在有关的图上用注释加以说明。

表 8.6　　　　　　　　　　图　　线

线型编号	图线名称	线　型	线宽/mm	颜色	一　般　用　途
1	实线 1		1.0 0.7	蓝 红	（1）外轮廓线及建筑轮廓线； （2）钢筋； （3）小型断层线； （4）结构分缝线； （5）材料断层线； （6）标题字母； （7）母线
2	实线 2		0.5	黄	
3	实线 3		0.35	绿	（1）剖面线； （2）重合剖面轮廓线； （3）粗地形线； （4）风化界限、浸润线； （5）示坡线； （6）钢筋图结构轮廓线； （7）表格中的分格线
4	实线 4		0.25	白	
5	实线 5		0.18	青	（1）曲面上的素线； （2）边界线； （3）引出线； （4）细地形线； （5）尺寸线、尺寸界限； （6）设备和元件的可见轮廓线； （7）电缆、电线、导体回路
6	虚线 1		0.7	红	（1）单线管路图和三线管路图不可见管线； （2）推测地层界限； （3）不可见轮廓线； （4）不可见结构分缝线； （5）原轮廓线； （6）设备和元件的不可见轮廓线； （7）不可见电缆、电线、母线、导体回路
7	虚线 2		0.5	黄	
8	虚线 3		0.35	绿	
9	虚线 4		0.25	白	
10	点画线		0.25 0.18	白 青	（1）中心线； （2）轴线； （3）对称线
11	双点画线		0.25	白	（1）原轮廓线； （2）假想投影轮廓线； （3）运动构建在极限或中间位置的轮廓线； （4）相配线（两剖面对接线）
12	点线		0.5	黄	（1）牵引线； （2）岩性分界线

4. 线型比例

线型比例 k 与印制比例宜保持适当关系,当印制比例为 $1:n$ 时,在确定线型库文件后,线型比例可取 $k\times n$。

8.2.4 比例

推荐采用比例规定见表 8.7。

表 8.7   推荐采用的比例规定

类 别	推荐的比例			
放大比例	50∶1 5∶1			
原尺寸	1∶1			
缩小比例	1∶2 1∶20 1∶200 1∶2000	1∶5 1∶50 1∶500 1∶5000	1∶10 1∶100 1∶1000 1∶10000	

注 如果因为特殊需要对表中所列比例再加以放大或缩小,推荐的比例可以在两个方向加以扩展,但所需比例应是推荐比例的 10 整数倍。由于功能原因不能应用推荐比例的特殊情况下,可选用中间比例。

8.2.5 符号

符号的选用应符合有关标准,例如,GB/T 4728—2005《电气简图用图形符号》用于电气项目的简图和安装图;GB/T 20063—2006《简图用图形符号》用于非电气项目的简图;GB/T 1526—1989《信息处理　数据流程图、程序流程图、系统流程图、程序网络图和系统资源图的文件编制符号及约定》用于基本流程图等。当没有适当的符号可用时可使用 GB/T 4728 一般符号 S00059、S00060 或 S00061,或使用按 GB/T 4728 和 GB/T 16901.1—2008《技术文件用图形符号表示规则　第 1 部分:基本规则》的规定创建的符号。

符号的含义由其形状和内容确定,符号的尺寸和线宽不影响其含义。

符号的取向应与简图中所选择的主要流程方向一致。当简图中的符号方向不同于符号标准符号的方向时,如果符号含义不会改变,来源于符号标准的符号可以旋转或镜像。在某些情况下有必要重新设计符号。

第 9 章

电气工程图绘制实例

9.1 电动机控制电路图

电动机是工厂中使用最多的拖动设备,有多种启动和控制方式,本节以图 9.1 所示的具有自耦变压器降压启动的控制电路图为例,介绍电动机电气控制电路图的画法。

本图不涉及绘图比例。绘制这类图的要点有两个:一是合理绘制图形符号(或以适当的比例插入事先做好的图块);二是要使布局合理,图面美观。

9.1.1 绘制主电路

(1)使用"06 电气.dwt"样板文件新建文件。

(2)将"电气符号"层置为当前层。

(3)按[例 5.3]所给尺寸绘制断路器符号,或从工具选项板插入断路器符号,如图 9.2(a)所示。

(4)将"连接线"层置为当前层。

(5)在断路器符号的上、下侧分别绘制长度为 5 和 10 的连接线,效果如图 9.2(b)所示。

(6)复制一个断路器符号至下侧连接线的下方,效果如图 9.2(c)所示。

(7)删除断路器符号上的"×"(如果是图块,须先将其分解),效果如图 9.2(d)所示。

(8)将"电气符号"层置为当前层。在图 9.2(d)所示位置分别画两个小圆,其中上面的圆半径

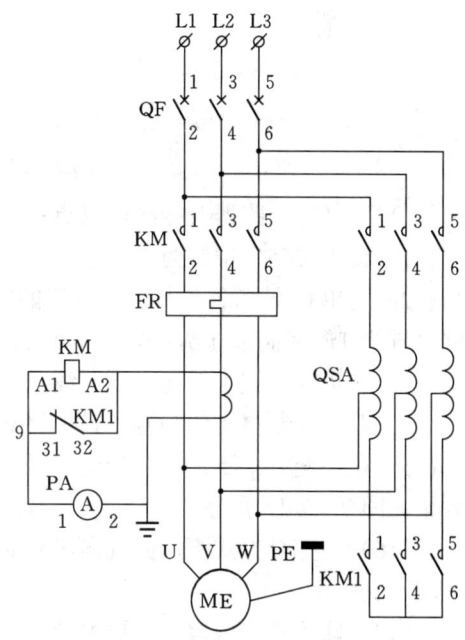

图 9.1 自耦变压器降压启动的控制电路图

为 0.7,下面的圆半径为 0.6,圆心通过捕捉相应的直线端点确定,效果如图 9.2(e)所示。

(9)移动圆 R0.7:基点为其下象限点,目标点为其圆心(即直线端点),效果如图 9.2(f)所示。

(10)以圆 R0.7 的圆心为起点,画一条短斜线。

命令: _line 指定第一点:(捕捉圆心)

指定下一点或 [放弃(U)]: @1.4<45✓

指定下一点或 [放弃(U)]: ✓

效果如图 9.2(g)所示。

(11) 复制短线：基点为其右上端点，目标点为其左下端点（或圆心），效果如图 9.2（h）所示。

(12) 利用延伸命令或夹点编辑命令，将处于圆 R0.6 内的直线端点延长到圆 R0.6 的下象限点，效果如图 9.2（i）所示。

(13) 执行修剪命令，修剪掉圆 R0.6 的右半部分，效果如图 9.2（j）所示。

(14) 将"连接线"层置为当前层。在接触器触点符号下方绘制长度为 3 的连接线，效果如图 9.2（k）所示。

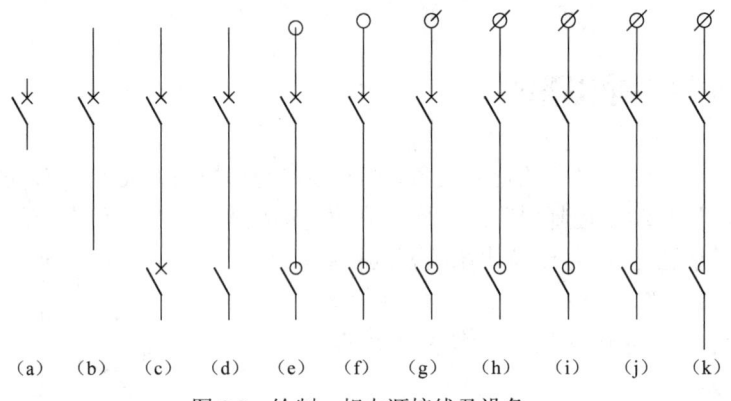

图 9.2 绘制一相电源接线及设备

(15) 书写断路器及接触器触点符号的接线端子编号。

1）将"文字"层置为当前层。

2）用单行文字命令书写断路器的端子编号"1"：使用"仿宋字"文字样式，宽度比例设置为 1，字高取 1.5，效果如图 9.3（a）所示。

3）在正交方式下，向下复制编号"1"至合适位置，效果如图 9.3（b）所示。

4）双击复制得到的编号"1"，将其修改为编号"2"，效果如图 9.3（c）所示。

5）在正交方式下，向下复制编号"1"和"2"得到接触器触点符号的接线端子编号，效果如图 9.3（d）所示。

(16) 在正交方式下，分别向右复制图 9.3（d）所示的图形 5 和 10 个图形单位，效果如图 9.4 所示。

(17) 修改文字内容，效果如图 9.5 所示。

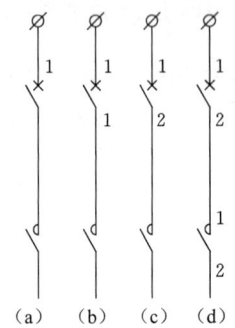

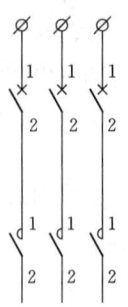

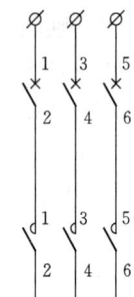

图 9.3 书写接线端子编号　　图 9.4 复制图形　　图 9.5 三相电源接线

(18)画热继电器符号。

1)将"电气符号"层置为当前层。

2)画一个宽 15、高 3 的矩形,然后画矩形上、下边中点的连线。

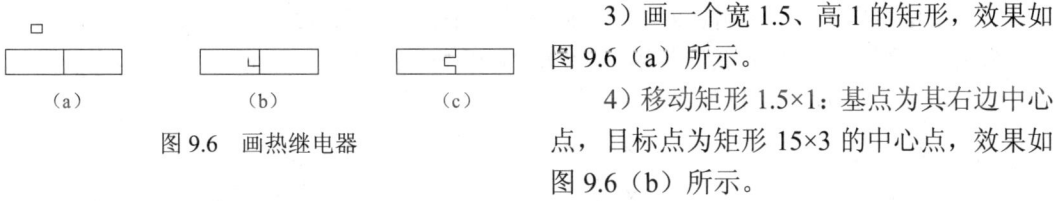

图 9.6 画热继电器

3)画一个宽 1.5、高 1 的矩形,效果如图 9.6(a)所示。

4)移动矩形 1.5×1:基点为其右边中心点,目标点为矩形 15×3 的中心点,效果如图 9.6(b)所示。

5)修剪得到热继电器符号,效果如图 9.6(c)所示。

(19)移动热继电器符号:基点为矩形 15×3 的上边的中点,目标点为中间相接线的下端点,如图 9.7 所示。

(20)画热继电器与电动机的连接导线。长度为 37,操作如下:

1)利用夹点编辑命令,将三相电源接线的下端点分别向下延长 40,如图 9.8(a)所示。

2)执行修剪命令,得到如图 9.8(b)所示的效果。

(21)将"电气符号"层置为当前层。画一个半径为 4 的圆,效果如图 9.8(c)所示。

(22)打开极轴追踪,并将【增量角】设置为 45°。

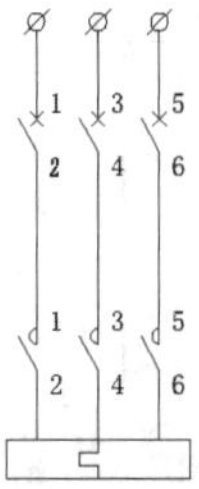

图 9.7 移动热继电器符号

(23)以圆心为起点,画两条角度分别为 45° 和 135° 的直线,效果如图 9.8(d)所示。

(24)修剪图形,得到如图 9.8(e)所示的效果。

(25)在圆内书写单行文字:使用"仿宋字"文字样式,对正方式为"中间",对正点为圆心,字高取 3,效果如图 9.8(f)所示。

后面的操作步骤,有关图层的切换,请读者自行处理,不再赘述。

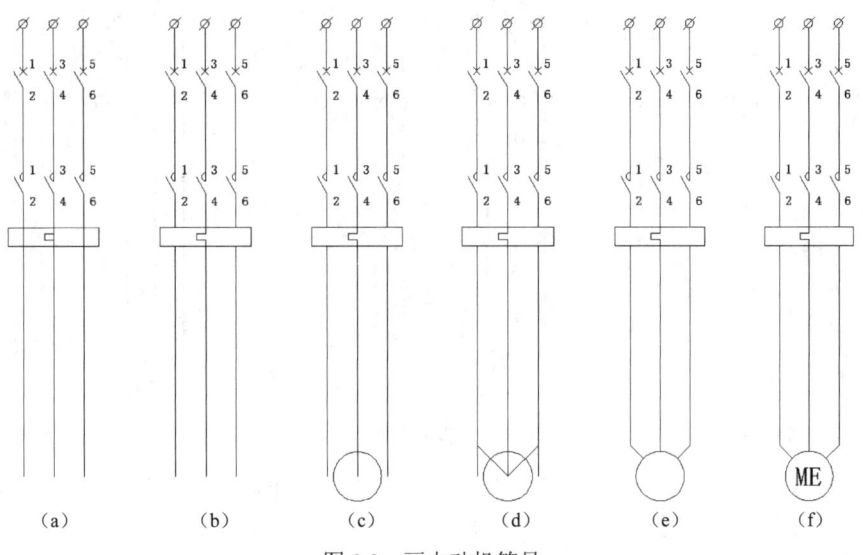

图 9.8 画电动机符号

9.1.2 绘制自耦变压器电路

（1）水平向右复制断路器与接触器触点之间的连接线及接触器触点 25 个图形单位，效果如图 9.9 所示。

（2）以复制得到的 2 号端子为起点，向下画一条长度为 35 的直线。然后以这条直线的中点为圆心，画一个半径为 1.5 的圆，效果如图 9.10 所示。

（3）将圆 R1.5 向上复制两份，向下复制一份，效果如图 9.11 所示。

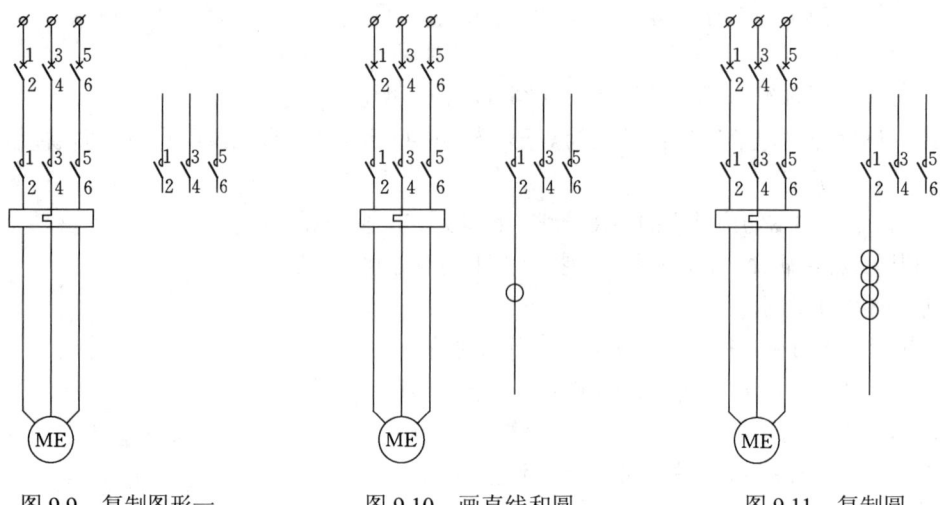

图 9.9　复制图形一　　　图 9.10　画直线和圆　　　图 9.11　复制圆

（4）执行修剪命令，效果如图 9.12 所示。

（5）复制得到另外两相的自耦变压器线圈符号，效果如图 9.13 所示。

（6）向下复制接触器触点，效果如图 9.14 所示。

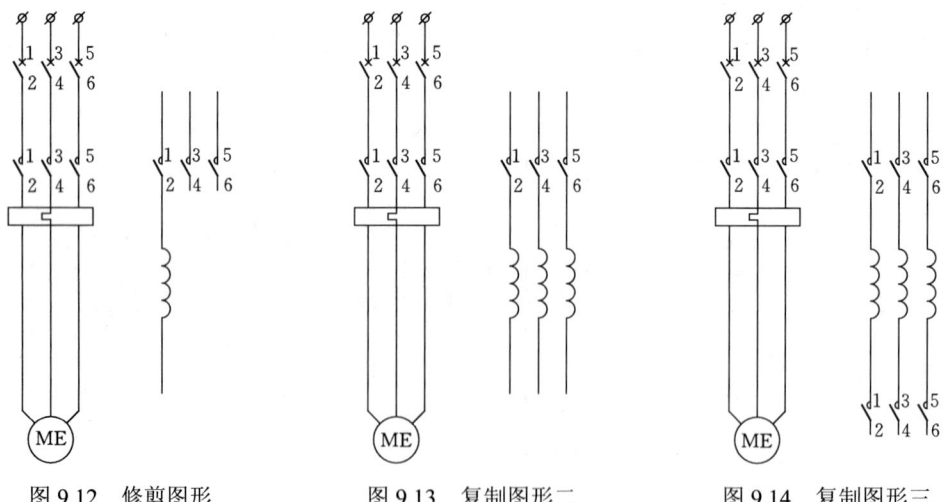

图 9.12　修剪图形　　　图 9.13　复制图形二　　　图 9.14　复制图形三

（7）如图 9.15 所示，以下方的 2 号端子为起点，向下画一条长度为 3 的直线。

（8）复制出另外两相上的直线，并绘制水平连接线，效果如图 9.16 所示。

（9）绘制水平直线，线间距离为 3，效果如图 9.17 所示。

（10）执行修剪命令，效果如图9.18所示。

（11）绘制圆环，表示导线之间相接：圆环内径为0，外径可取0.7，效果如图9.19所示。

（12）单击【绘图】工具栏上的 按钮，启动倒角命令。

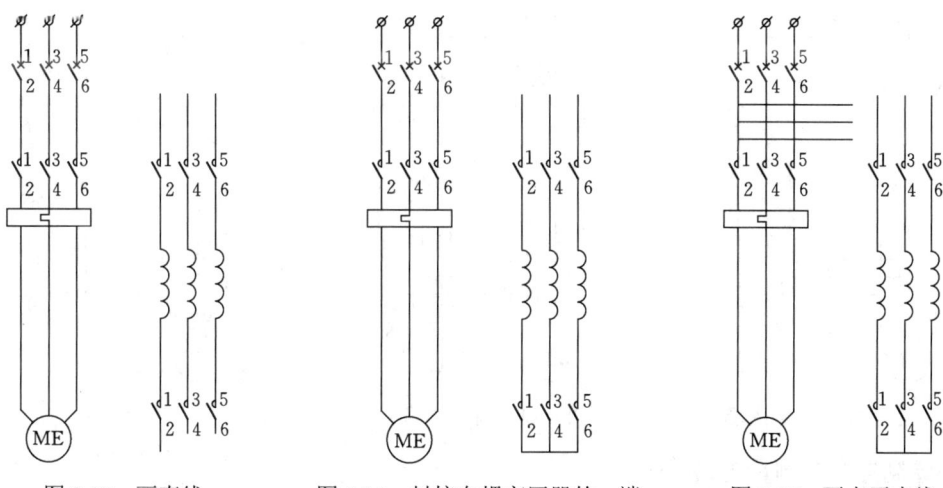

图9.15　画直线　　　　图9.16　封接自耦变压器的一端　　　　图9.17　画水平直线

命令：_chamfer

（"修剪"模式）当前倒角距离1=0.0000，距离2=0.0000

选择第一条直线或［放弃（U）/……/多个（M）］：M↙

选择第一条直线或［放弃（U）/……/多个（M）］：（选择最上方的水平线）

选择第二条直线，或按住Shift键选择要应用角点的直线：（选择最右侧的竖线）

……

效果如图9.20所示。

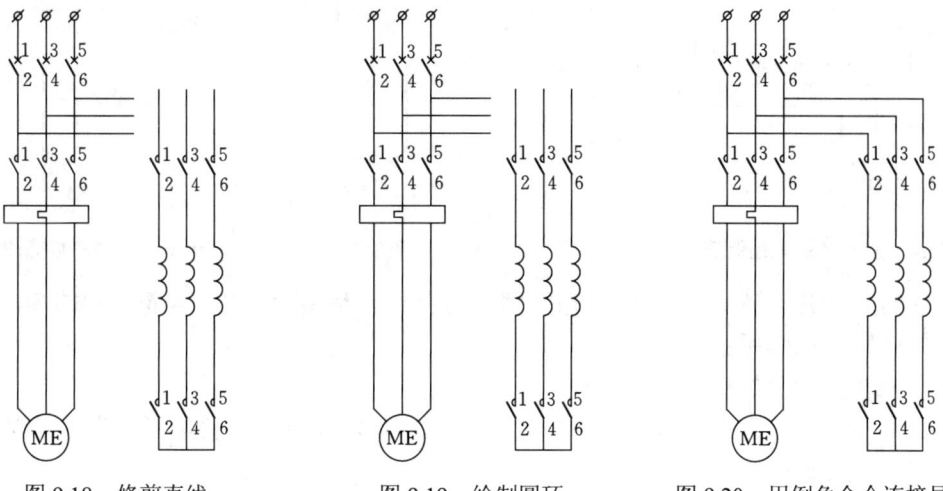

图9.18　修剪直线　　　　图9.19　绘制圆环　　　　图9.20　用倒角命令连接导线

（13）镜像复制水平直线及圆环，效果如图9.21所示。

(14)绘制自耦变压器的调节端子,其中水平直线的长度可取 1.5,效果如图 9.22 所示。

(15)执行倒角命令,以连接直线,效果如图 9.23 所示。

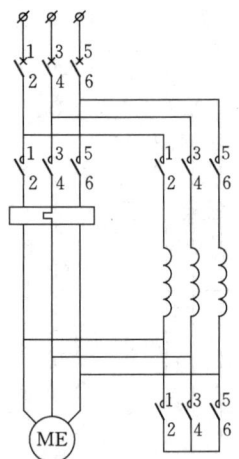 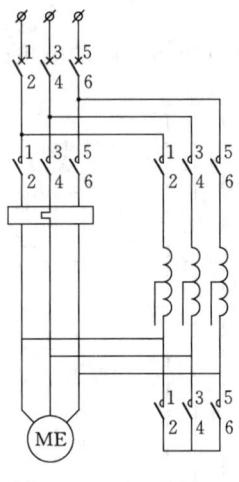 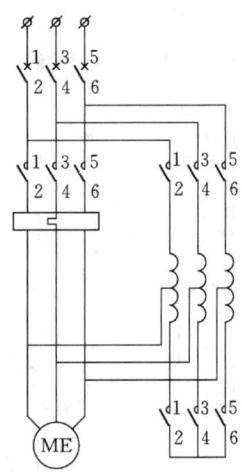

图 9.21　镜像复制图形　　　　图 9.22　画调节端子　　　　图 9.23　用倒角命令连接导线

9.1.3　绘制控制与测量电路

(1)复制自耦变压器符号上的两段圆弧至图 9.24 所示位置。

(2)如图 9.24 所示,绘制两条长度分别为 14 和 10 的直线。

(3)如图 9.25 所示,绘制两个矩形 12×8 和 2×4;绘制两条直线,其中竖线长度为 3,斜线角度为 120°。

(4)移动矩形 2×4,然后执行修剪命令,效果如图 9.26 所示。

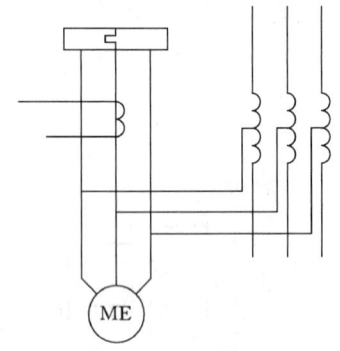 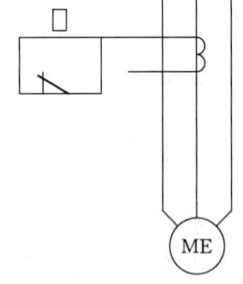 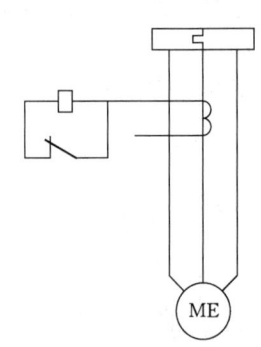

图 9.24　复制圆弧并绘制连接线　　　图 9.25　绘制矩形和直线　　　图 9.26　移动并修剪图形

(5)绘制电流互感器与控制、测量回路的连接线,然后绘制电流表符号中的圆,半径为 2,效果如图 9.27 所示。

(6)修剪掉圆内的直线。

(7)以中间对正方式在圆内书写单行文字:文字起点为圆心,文字样式为"工程字"。字高为 2,效果如图 9.28 所示。

(8)绘制控制、测量回路的接地符号:绘制方法参见[例 5.3]中绘制避雷器接地部分的说明,尺寸应适当放大,如图 9.29 所示。

（9）绘制电动机的保护接地装置：其中接地体可用宽度为 1 的多段线表示，效果如图 9.29 所示。

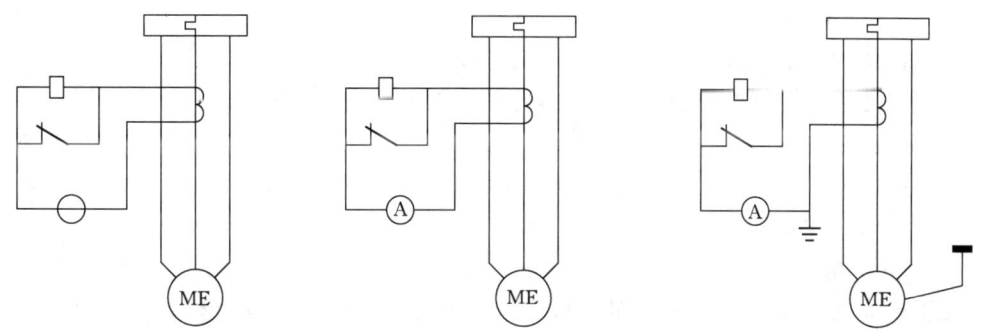

图 9.27 绘制连接线和圆　　图 9.28 修剪并书写单行文字　　图 9.29 绘制接地符号和接地装置

至此，图形部分绘制完毕。

最后标注设备的文字符号及各端子代号：可以先把电流表符号中的文字"A"复制到其他需要标注文字的位置，然后修改文字内容即可，效果如图 9.1 所示。

9.2　电气主接线图

如图 9.30 所示的某无人值守变电站的一次主接线图，全图基本上由图形符号、连线及文字注释组成。

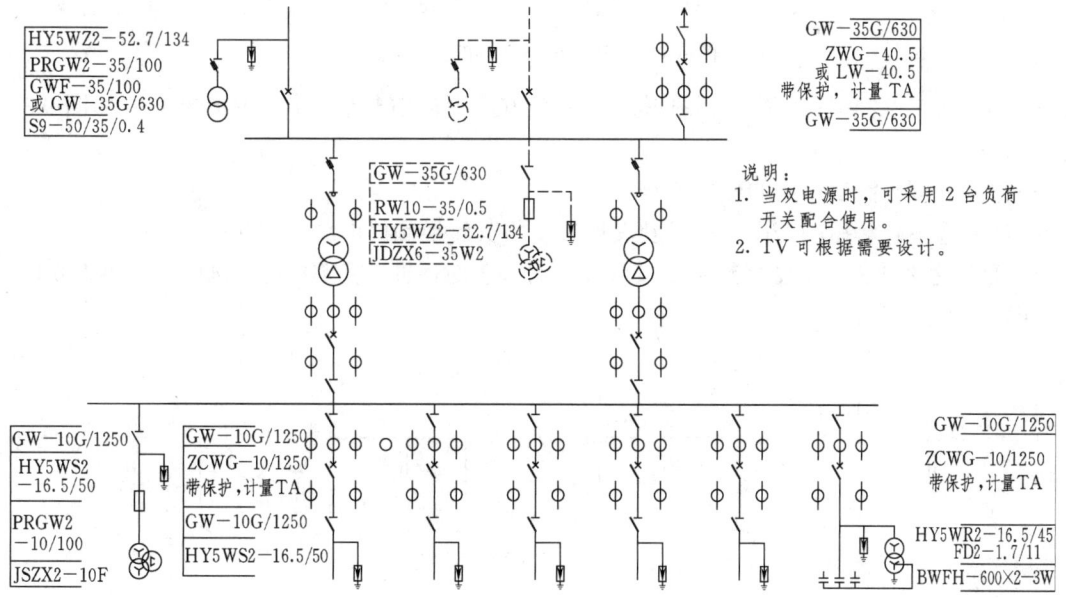

图 9.30　某 35kV 变电站一次主接线

9.2.1　绘制 35kV 进线部分

（1）使用"06 电气.dwt"新建文件。

（2）将"电气符号"层置为当前层。

（3）参见图 5.20 或图 5.21，利用设计中心或工具选项板，将所需的断路器、站用变压器（以两圈 TV 简化符号代替）、避雷器以及带熔断器的隔离开关等图形符号插入到当前图形中，插入比例均取默认值 1，相对位置如图 9.31（a）所示。

（4）将"连接线"层置为当前层，绘制电源进线及设备之间的连线。

1）在正交方式下，以点 A 为起点向上绘制合适长度的直线（参考长度为 15），如图 9.31（b）所示。

2）绘制设备之间的连线。

命令：_line 指定第一点：（捕捉 B 点）

指定下一点或 [放弃（U）]：[如图 9.31（c）所示，同时追踪 B 点和 C 点]

指定下一点或 [放弃（U）]：_per 到（捕捉垂足）

指定下一点或 [闭合（C）/放弃（U）]：✓

效果如图 9.31（d）所示。

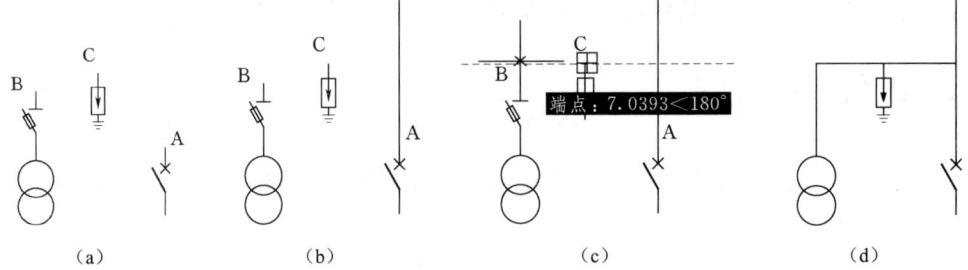

图 9.31　35kV 进线部分的绘图步骤

（5）将图 9.31（d）所示的图形，在正交方式下向右复制 50 个图形单位，如图 9.32 所示。

（6）分解复制后得到的变压器符号。

（7）选中分解后的变压器符号及其连线，将其转换到"虚线"层。

（8）【格式】→【线型】，打开【线型管理器】对话框，将【全局比例因子】改为 0.15，效果如图 9.33 所示。

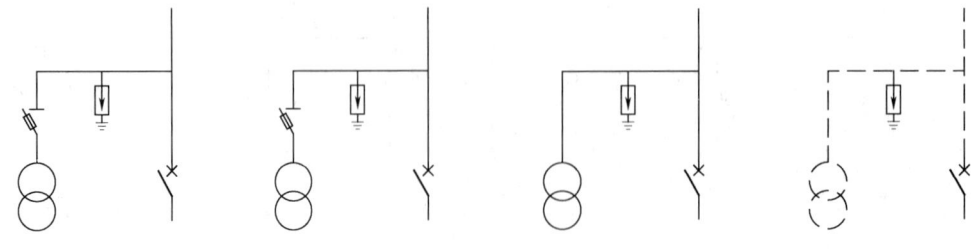

图 9.32　复制后的效果　　　　图 9.33　改变线型及线型比例后的效果

（9）启动画多段线命令，在合适位置画一条长 100 的【宽度】为 0.7mm 的水平多段线，如图 9.34 所示。

（10）分解图 9.34 中的两个断路器符号。

图 9.34　绘制表示 35kV 母线的多段线

（11）执行延伸命令，将断路器符号下面的短竖线延伸到水平多段线，效果如图 9.35 所示。

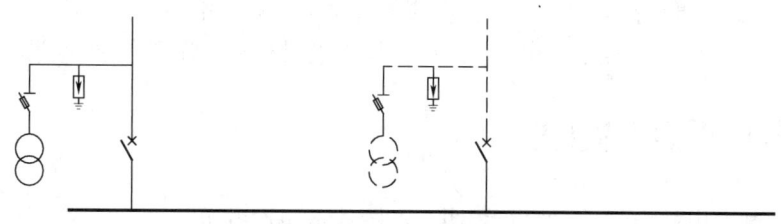

图 9.35　延伸后的效果

（12）在母线右侧绘制与 35kV 进线的对称位置绘制 35kV 转出线。这一步需要利用设计中心或工具选项板插入隔离开关、断路器及单次级电流互感器的简化符号，其中电流互感器的简化符号的插入比例取 0.8 为宜，效果如图 9.36 所示。

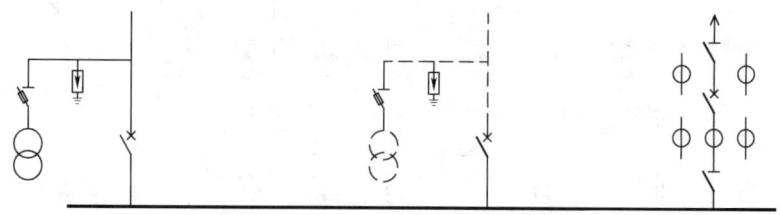

图 9.36　绘制 35kV 转出线后的效果

（13）输入注释文字。

为了对齐文字，可以利用单行文字命令一次输入几行，然后再调整其位置。例如，输入 35kV 转出线的说明文字，操作如下：

1）将"文字"层置为当前层。

2）在【样式】工具栏中，将"工程字"文字样式置为当前样式。

3）启动 DT 命令，对齐隔离开关符号，连续输入几行单行文字，文字高度取 1.5，效果如图 9.37（a）所示。

4）在正交方式下，采用夹持点编辑中的拉伸移动，使下面的文字分别与（带 TA 的）断路器符号、母线隔离开关符号对齐，效果如图 9.37（b）所示。

5）绘制文字框线，要用到绘直线命令和复制命令，效果如图 9.37（c）所示。

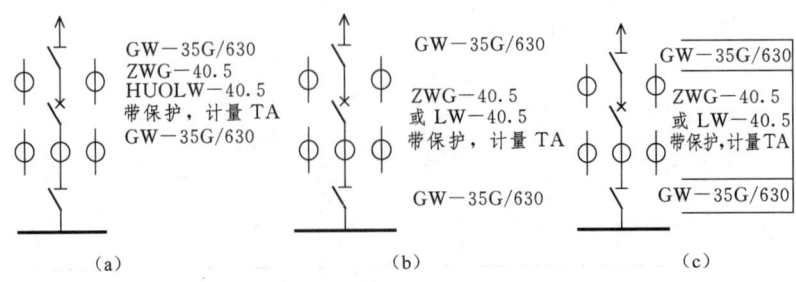

图 9.37 输入注释文字示例

9.2.2 变压器回路及 10kV 出线回路部分

这两个部分的绘图方式与 35kV 进线部分的作图方式几乎完全相同，不再赘述。图形右下侧的星接电容器符号请读者自行绘制，右侧的说明文字宜利用多行文字输入，双圈变压器符号宜放大为原来的 1.5 倍插入。注意在绘图过程中采用复制或阵列命令，以提高绘图效率。

9.3 电气总平面布置图

图 9.38 为某变电站电气总平面布置图。本图基本由设备符号、连线及标注构成。各设备可以只绘制出其示意符号，而不必完全按其真实尺寸及形状绘制。要注意使用合适的图层，并根据需要调整线宽。

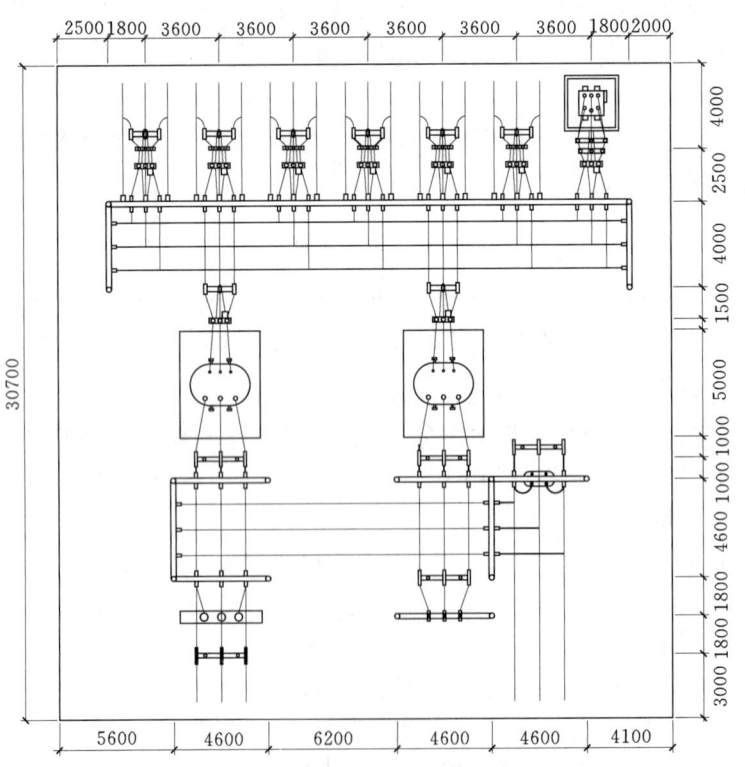

图 9.38 某 35kV 变电站电气总平面布置图

9.3 电气总平面布置图

9.3.1 图纸布局

（1）使用"06 电气.dwt"样板文件新建文件。

（2）设置图形界限：左下角点为（0，0），右上角点为（30000，35000）。

（3）执行【视图】→【缩放】→【全部】。

（4）在"轴线"层画构造线，以偏移方式确定各部分图形要素的位置。水平、垂直构造线的偏移距离如图 9.39 所示。

（5）为减小构造线对绘制图形元素的影响，利用修剪命令对构造线进行初步修剪，效果如图 9.39 所示。说明如下：

1）启动修剪命令。

2）在"选择对象或<全部选择>："提示下，按 Enter 键，选择全部构造线为剪切边。

3）利用"窗交（C）"方式，分 4 次选择外围所有被修剪对象。

4）继续用"拾取"方式依次选择内侧需要修剪的对象。

（6）为方便定位各设备的位置，宜预先进行尺寸标注，标注效果如图 9.39 所示，说明如下：

1）将"DIM-35"标注样式置为当前样式。

2）修改"DIM-35"标注样式的参数：箭头大小修改为 2.5，文字的垂直位置修改为"上"，文字对齐修改为"与尺寸线对齐"，标注特征比例修改为 200。

3）在"标注"层进行线性标注及连续标注。

（7）【格式】→【线型】，调出【线型管理器】对话框，将【全局比例因子】改为 50。这一步是为了更好地将定位直线与设备符号及导线等加以区分。

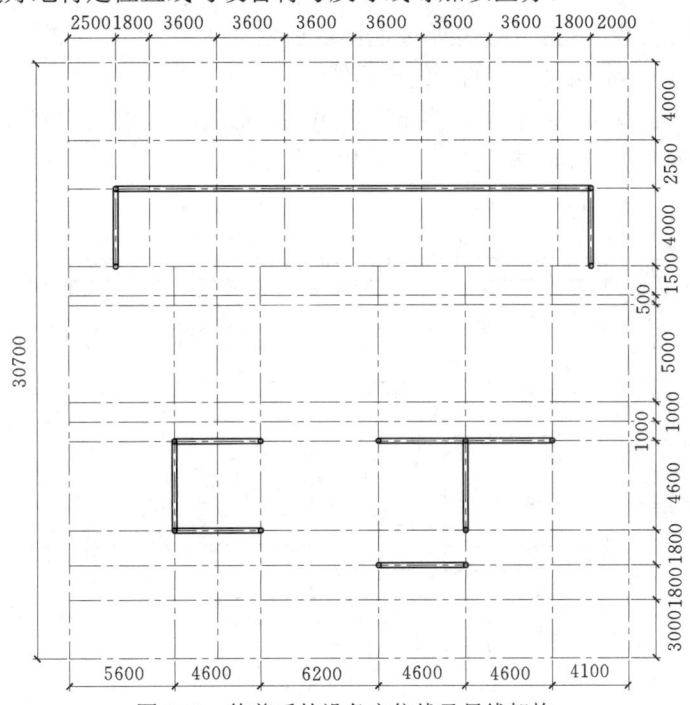

图 9.39 修剪后的设备定位线及母线架构

9.3.2 绘制母线及其架构

（1）将"实体"层置为当前层。

(2) 使用绘制多线命令，绘制架构。

命令：_mline

当前设置：对正=上，比例=1.00，样式=STANDARD

指定起点或 [对正（J）/比例（S）/样式（ST）]：S↵

输入多线比例<1.00>：250↵

当前设置：对正=上，比例=250.00，样式=STANDARD

指定起点或 [对正（J）/比例（S）/样式（ST）]：j↵

输入对正类型 [上（T）/无（Z）/下（B）]<上>：z↵

当前设置：对正=无，比例=250.00，样式=STANDARD

指定起点或 [对正（J）/比例（S）/样式（ST）]：（通过捕捉交点确定各条多线的端点）

各条多线宜单独绘制。

(3) 绘制表示构架杆塔的小圆，半径为125。然后利用复制的操作，绘制出其他表示杆塔的小圆。

此时的效果如图9.39所示。

(4) 偏移复制水平母线架构的定位线，以确定各相母线位置。

1) 35kV 母线：偏移距离分别为1100、1200、1200。

2) 10kV 母线：偏移距离分别为900、1100、1100。

以上尺寸如图9.40所示。

(5) 在"实体"层绘制表示母线绝缘子串的小矩形，宽250，高140。

(6) 利用捕捉交点的功能将小矩形复制至合适位置。

(7) 删除第（3）步偏移得到的母线定位线。

(8) 画水平方向的母线：利用捕捉小矩形中点的功能，在"连接线"层描画出母线。

至此，架构及母线绘制基本完成，如图9.40所示。

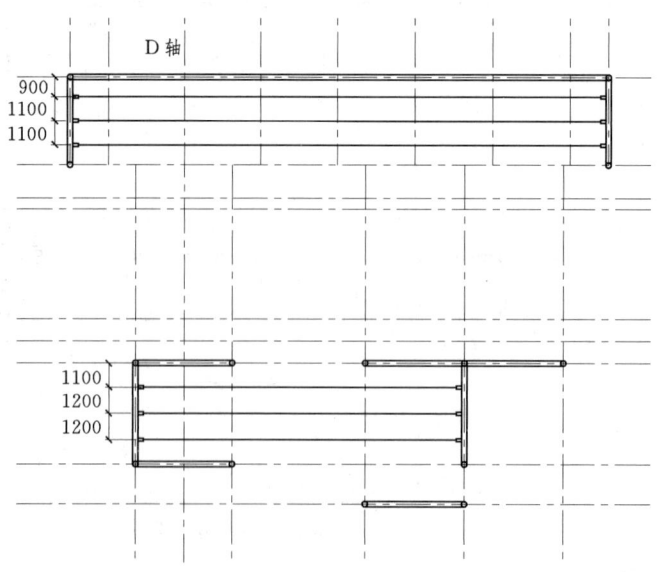

图 9.40　绘制母线及绝缘子串

9.3.3　35kV 侧进线局部绘制

（1）如图 9.45 所示，先按图中的尺寸标注，偏移复制轴线，以定位各设备位置。

（2）在"实体"层绘制表示母线绝缘子串的小矩形，宽 140，高 250。

（3）利用捕捉交点的功能将小矩形复制至合适位置并执行镜像命令完成线绝缘子串的绘制。

（4）隔离开关部分：绘制这一部分要用到画矩形命令、复制命令、画圆命令、镜像命令和修剪命令。注意适当使用捕捉模式。各部分尺寸及绘制结果如图 9.41 所示。

（5）图 9.45 中有 5 处布置了隔离开关符号，可以通过复制命令完成隔离开关的绘制。

（6）断路器部分：绘制这部分要用到画矩形命令、画圆命令、复制命令及镜像命令。注意适当使用捕捉模式。各对象尺寸及绘制结果如图 9.42 所示。

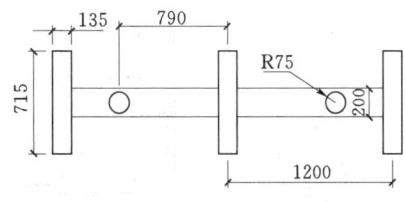

图 9.41　"1"部分的参考尺寸

（7）避雷器部分：绘制这部分要用到画矩形命令、画圆命令、复制命令、修剪命令及镜像命令。注意适当使用捕捉模式。各对象尺寸及绘制结果如图 9.43 所示。

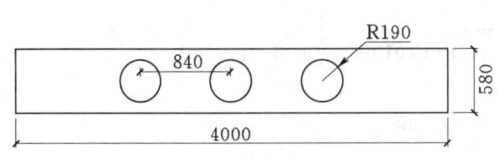

图 9.42　"2"部分的参考尺寸

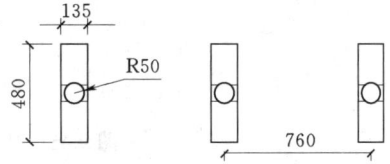

图 9.43　"3"部分的参考尺寸

（8）"4"部分如图 9.45 所示，三个绝缘子串可通过镜像命令得到。

（9）"5"部分如图 9.45 所示，在"连接线"层，利用捕捉中点及垂足的功能，绘制三条连接母线。

（10）负荷开关部分。

1）在"实体"层，以圆角方式画一个宽 1450、高 680 的矩形，圆角半径为 250，然后将矩形移动到合适位置，如图 9.44（a）所示。

2）用多线修剪矩形。

3）在矩形内分别绘制半径为 39 及 55 的圆，然后镜像出另外两个圆，如图 9.44（b）所示。

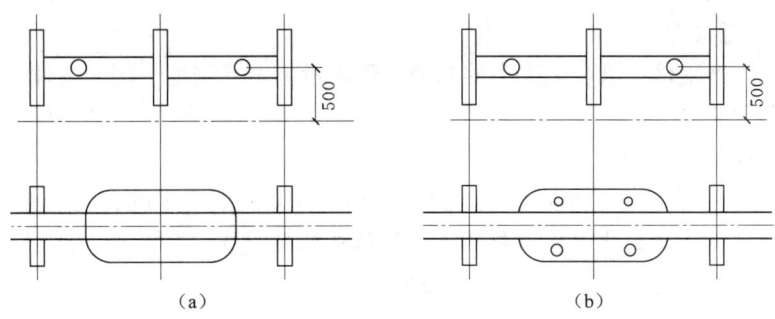

图 9.44　"6"部分的绘制

(11)"7"部分如图 9.45 所示,在"连接线"层,绘制两条连接线:先用三点画弧命令画出一条弧线,然后镜像出另一条弧线。注意适当使用捕捉模式。

(12)删除步骤(1)中偏移复制出的轴线。

其余细节部分不再赘述,35kV 侧进线局部绘制结果如图 9.45 所示。

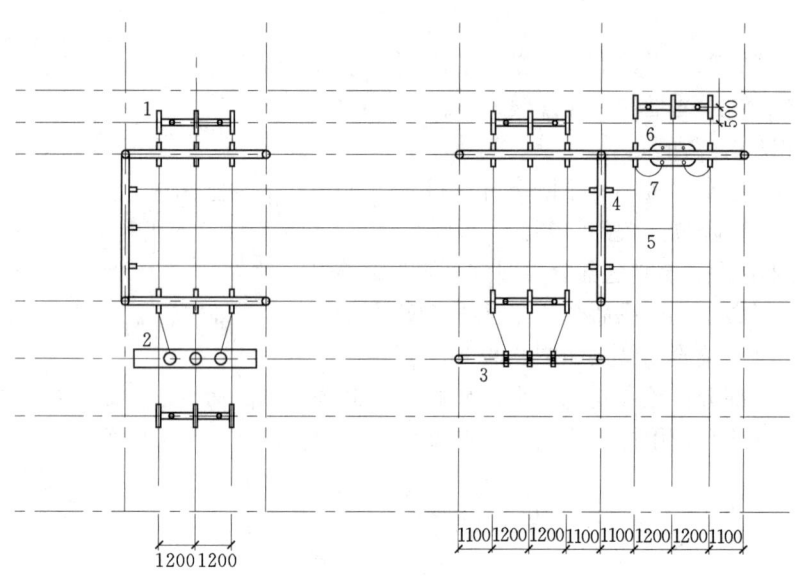

图 9.45 35kV 侧进线局部绘制效果

9.3.4 绘制变压器及其低压侧设备

1. 绘制变压器

(1)将"实体"层置为当前层。

(2)变压器基座部分:用宽 3900、高 5000 的矩形表示,如图 9.46(a)所示。

(3)变压器本体部分。

1)画一个宽 960、高 1950 的矩形,如图 9.46(a)所示。

2)利用捕捉两点间的中点功能,将两个矩形的中心对正,如图 9.46(b)所示。

3)分解小矩形,然后删除两边的竖线,如图 9.46(c)所示。

4)对两条平行线的两侧分别进行倒圆角操作,如图 9.46(d)所示。

5)绘制表示接线端子的小圆:高压侧可取半径为 100,低压侧半径为 50。这一部分还要用到复制及镜像命令。

6)绘制变压器附件:以合适大小的两个矩形表示,先复制出一侧的附件,然后镜像出另一侧的附件。

效果如图 9.46(e)所示。

7)如图 9.48 所示,将绘制好的变压器图形移动并复制到图中的合适位置。

2. 画变压器低压侧出线开关设备及高、低压侧连接导线

本部分的绘制宜直接在图内参照中心线位置完成。

开关部分图形参考尺寸如图 9.47 所示。绘图的主要步骤说明如下:

9.3 电气总平面布置图

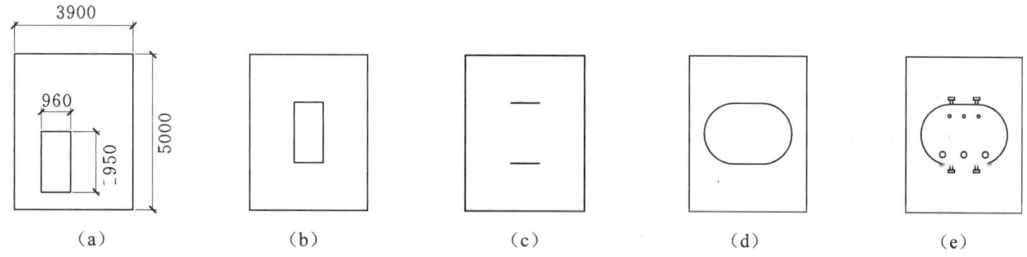

图 9.46 变压器部分绘图步骤

（1）如图 9.40 所示，将"D 轴"分别向左、右各偏移复制 700，以定位设备并便于描绘 10kV 总开关与母线的连接线。

（2）如图 9.47 所示，以合适尺寸绘制隔离开关，中间的固定金具用两个椭圆表示（使用偏移复制命令得到第 2 个椭圆）。

（3）如图 9.47 所示，以合适尺寸绘制断路器。

（4）绘制断路器操动机构，以合适尺寸的矩形表示。

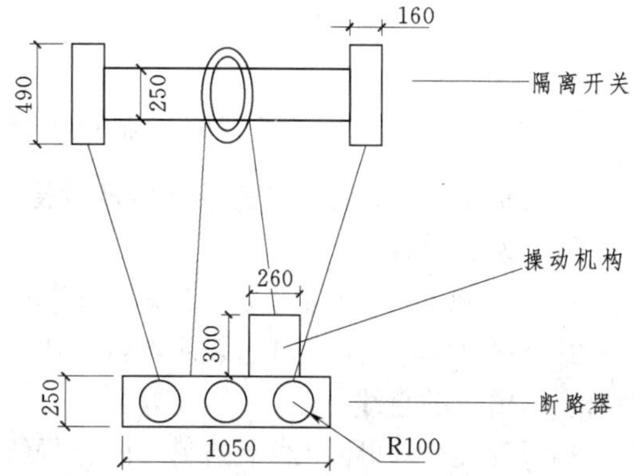

（5）绘制固定导线用的绝缘子串。

（6）在"连接线"层，描绘出母线连线及开关与变压器的连线。

（7）删除第（1）步偏移复制"D 轴"所得到的定位线。

（8）复制得到另一路变压器支路上的设备及连线。

此部分绘制结果如图 9.48 所示。

图 9.47 变压器低压侧出线开关设备

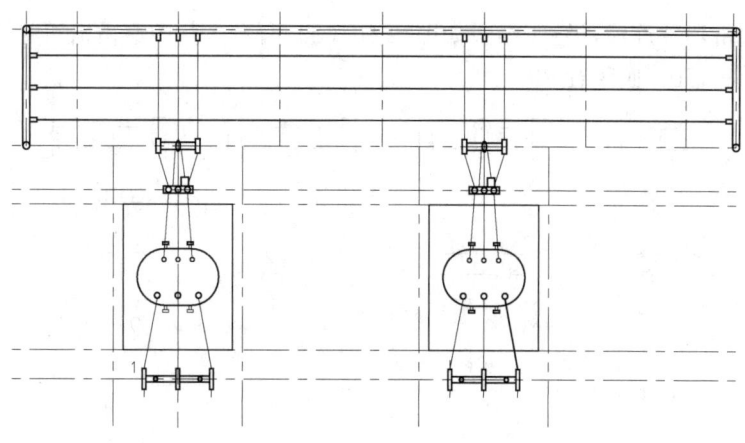

图 9.48 绘制变压器低压侧出线开关设备及连线

9.3.5 绘制 10kV 各条出线与母线的连接线

（1）复制变压器出线上的三条引线及绝缘子串至最左端出线的轴线。

（2）利用修剪命令修剪出各相连接线实际长度。

(3) 利用复制命令得到其他出线的连接线。
(4) 利用夹点编辑命令,调整轴线的长度。
(5) 删除偏移复制"D轴"所得到的定位线。
效果如图9.49所示。

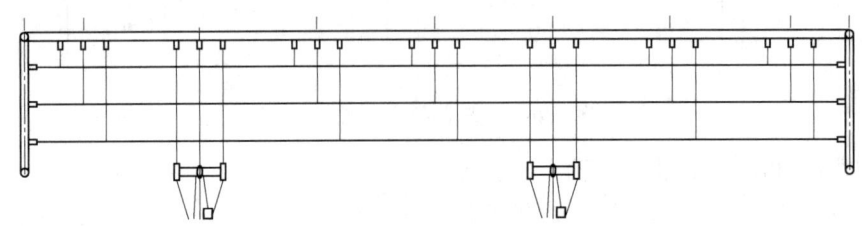

图9.49 绘制10kV各条出线与母线的连接线

9.3.6 绘制10kV母线上的各条出线及设备

(1) 绘制导线。
1) 将"D轴"分别向左、右偏移复制1100,以定位导线位置。
2) 在"D轴"上绘制出表示绝缘子串的小矩形。矩形的宽为200,高为285。然后描绘出表示出线的直线。
3) 复制出本回路出线上的另外两相导线及绝缘子串。
(2) 绘制10kV出线上电器设备:宜在屏幕空白处作图,可通过复制并修改图9.47得到这部分的设备图形。在绘图中,应注意适当切换图层。
1) 复制图9.47所示的开关设备图形,如图9.50(a)所示。
2) 镜像图形上部,并删除镜像后的隔离开关,如图9.50(b)所示。
3) 删除上部两侧的连接导线、操动机构及其连线,然后将剩余导线镜像到右侧,如图9.50(c)所示。
4) 绘制避雷器并连线,绘制结果如图9.50(d)所示。其中避雷器符号的参考尺寸:矩形宽1000,高150;圆半径70。

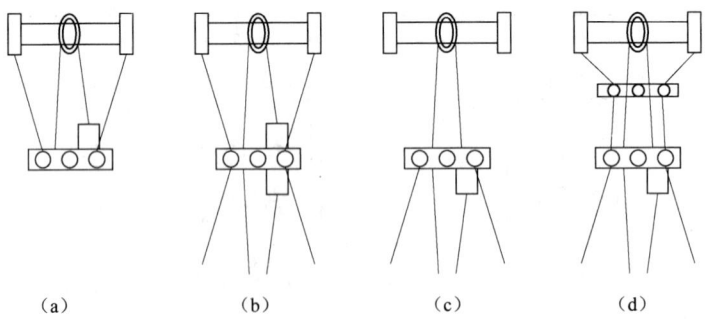

图9.50 10kV出线上电器设备

(3) 执行镜像命令,将10kV架构下侧的绝缘子串镜像复制到架构另一侧。
(4) 参照"D轴",把图9.50(d)所示图形移动到合适位置。
(5) 绘制表示出线隔离开关与出线连接线的弧线。

(6) 由于避雷器图形下侧的连接线较短，可利用夹点编辑命令延长连接线至绝缘子串上边的中点。

(7) 删除第（1）步偏移复制"D 轴"所得到的定位线。

至此，"D 轴"上的出线及开关设备已绘制完毕。

(8) 利用复制命令复制出其他几回出线及其设备。站用变压器回路，可暂时复制成和其他出线一样的图形，然后进行编辑修改，如图 9.51 所示。

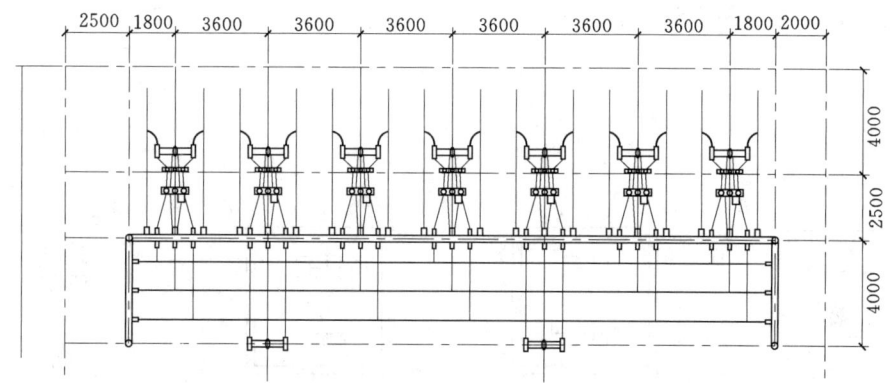

图 9.51 初步绘制出的 10kV 母线上的各条出线及设备

(9) 修改最右边出线回路，并添加部分图形，形成站用变压器回路图形。

1）将开关的上半部分进行修改。

a．删除部分图形，如图 9.52（a）所示。

b．绘制设备支架符号：要用到画矩形命令、画圆命令（圆半径可取 65）、复制命令及镜像命令，如图 9.52（b）所示。

c．将 A 相绝缘子串复制到 B 相位置，并相应调整其连接线及位置。

d．移动设备支架至图 9.52（c）所示位置，并绘制连接线。

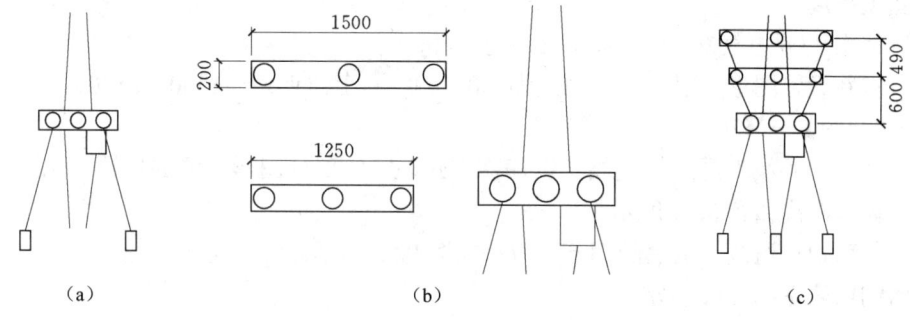

图 9.52 修改绘制站用变压器开关设备

2）站用变压器台部分的绘制：先绘制一个边长为 2600 的正方形，再将其向内偏移复制 150。

3）站用变压器本体符号的绘制。

a．绘制一个宽 1200、高 1150 的矩形，然后利用捕捉两点间的中点功能，把这个矩形的中心与表示变压器台的矩形的中心对齐，如图 9.53（a）所示。

b．在合适位置绘制一个宽 240、高 210 的矩形，然后经过两次镜像复制出其他三个矩形，接着绘制表示油枕的矩形，宽和高各取 140、540，如图 9.53（b）所示。

c．绘制表示变压器高低压接线套管（端子）的圆形，圆的半径可取 75，这部分的绘制还要用到复制及镜像命令，如图 9.53（c）所示。

4）利用移动命令，将图 9.53（c）所示的图形移动到图 9.52（c）所示图形的正上方，并绘制连线，效果如图 9.53（d）所示。

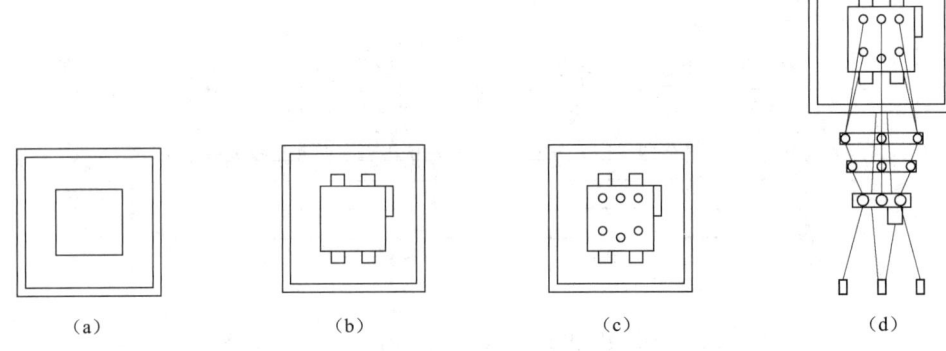

图 9.53　绘制站用变压器回路

至此，某 35kV 变电站电气总平面布置图及本绘制完毕。最后沿图 9.39 所示的外围中心线绘制一实线矩形，表示变电所的占地区域，然后关闭"轴线"层，效果如图 9.38 所示。

9.4　高压开关柜盘面布置图

图 9.54 为 KYN1-12 开关柜的盘面布置图。本节介绍其绘制过程。

9.4.1　图纸布局

（1）使用"06 电气.dwt"样板文件新建文件。

（2）重新设置图形界限，左下角点为（0，0），右上角点为（1500，2500）。

（3）【视图】→【缩放】→【全部】。

（4）在"中心线"层画构造线，以偏移方式确定各部分图形要素的位置。水平、垂直构造线的偏移距离如图 9.55 所示。

（5）修剪掉构造线上多余的部分，效果如图 9.55 所示。

9.4.2　绘制仪表室门面板部分

（1）执行【绘图】→【边界】命令后，弹出【边界创建】对话框。

（2）单击【拾取点】按钮，对话框暂时消失，在图 9.55 所示的中间的矩形内部任意位置单击，然后单击右键，完成创建闭合多段线的操作。

（3）将上一步创建的多段线向内偏移复制 25 个图形单位，然后删除原多段线，并把复制后的矩形多段线转换到"实体"层，如图 9.56 所示。

（4）按图 9.57 所示尺寸，偏移复制出设备定位线，然后把图 9.55 中的定位线全部转换到"实体"层,并把该层置为当前层。

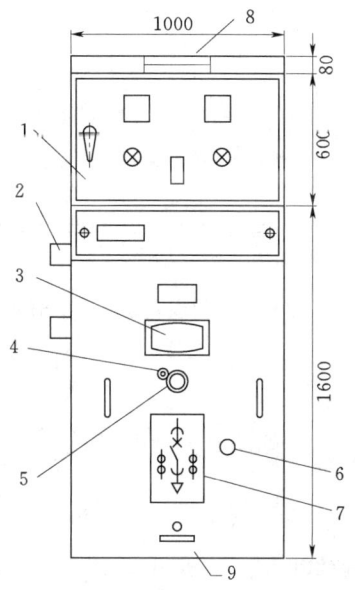
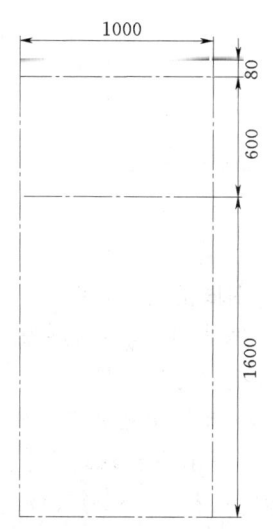

图 9.54　KYN1-12 开关柜盘面布置图　　　图 9.55　用构造线确定图形轮廓

1—仪表室;2—瓷套管;3—观察窗;4—推进机构;5—手车位置指示
及锁定旋钮;6—紧急分闸旋钮;7—模拟母线室;8—标牌;9—厂标牌

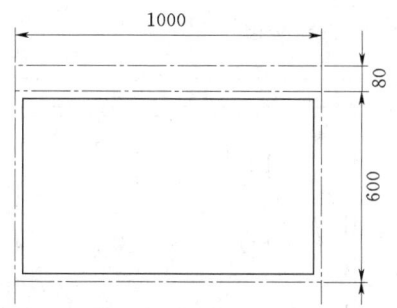
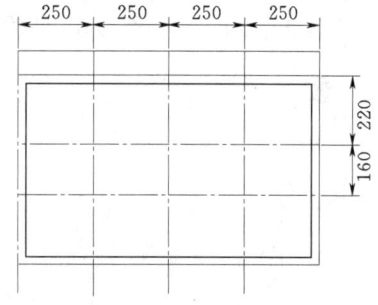

图 9.56　绘制表示仪表室门的矩形　　　图 9.57　仪表室设备定位线

(5) 绘制出表示仪表的矩形(宽和高均为 120)及信号灯图形(圆的半径为 40),并画出表示标牌的矩形(宽 60,高 120),如图 9.58 所示。

(6) 移动信号灯:基点为圆的左象限点,移动到定位线 1 和定位线 2 的交点,即原来的圆心位置。

(7) 移动标牌矩形:基点为矩形上边的中点,移动到定位线 4 和定位线 2 的交点。

(8) 镜像复制仪表矩形和信号灯图形,镜像线为定位线 4,如图 9.59 所示。

(9) 画仪表室把手。

1) 在合适位置画一个辅助作图用的宽 60、高 180 的矩形,如图 9.60 (a) 所示。

2) 以矩形的上边为直径画圆,如图 9.60 (b) 所示。

3) 以矩形下边的中点为起点,分别作圆的两条切线。删除辅助矩形,效果如图 9.60 (c)

所示。

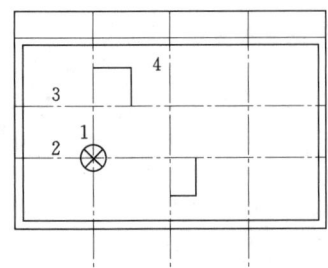

图 9.58 画仪表及信号灯

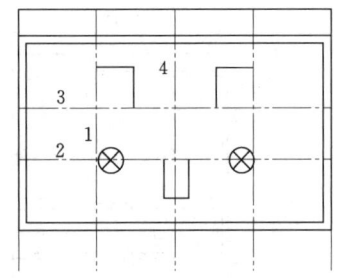

图 9.59 初步完成仪表室部分的绘制

4）对圆的两条切线进行圆角，圆角半径为 5。

5）修剪掉切线间的圆弧部分。

6）把"标注"层置为当前层，画出把手定位线，如图 9.60（d）所示。

7）选择把手及其定位线，然后启动移动命令。

命令：_move 找到 6 个

指定基点或［位移（D）］<位移>：（捕捉定位线的交点）

指定第二个点或<使用第一个点作为位移>：_from 基点：（单击【对象捕捉】工具栏上的 按钮，然后捕捉左侧信号灯的左象限点为偏移基点）

<偏移>：@-160，110

（10）除了保留定位线 6 以外，其余定位线全部删除。

仪表室至此绘制完毕，图 9.61 是关闭"中心线"层后的效果。

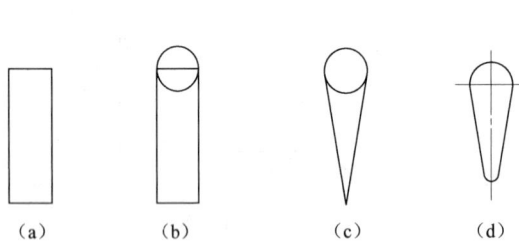

图 9.60 绘制把手的步骤

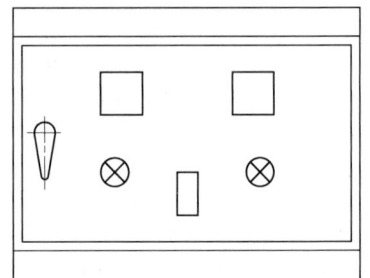

图 9.61 仪表室门面板图

9.4.3 绘制开关柜固定面板部分

（1）画一个宽 950、高 200 的矩形。

（2）选中矩形，然后启动移动命令。

命令：_move 找到 1 个

指定基点或［位移（D）］<位移>：（捕捉矩形上边的中点）

指定第二个点或<使用第一个点作为位移>：25↙（向下追踪定位线 4 和 5 的交点）

效果如图 9.62 所示。

（3）画出面板左侧的螺孔及其中心线：螺孔半径为 20，圆心距直线 6 的中点水平向右 40 个图形单位（可通过对象追踪的方式确定该点的位置）。

(4)以定位线 4 为镜像线,将上一步绘制的螺孔及其中心线复制到右侧。

(5)绘制标牌矩形:宽 220,高 70。

(6)移动标牌矩形:基点为矩形左边的中点,移动的目标点距直线 6 的中点水平向右 100 个图形单位(可通过对象追踪的方式确定该点的位置),如图 9.63 所示。

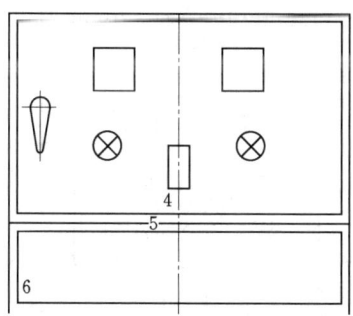

图 9.62 画表示固定面板的矩形

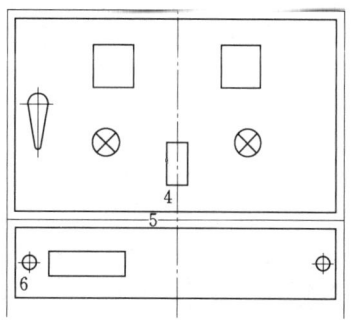

图 9.63 画固定面板用的螺孔及标牌

9.4.4 绘制手车室门面板部分

(1)执行几次偏移复制命令,画出手车室面板各部分的定位线,如图 9.64 所示。

(2)绘制观察窗。

1)先在图 9.64 所示位置画一个宽 300、高 160 的矩形。

2)移动矩形:基点为矩形的中心点(可利用捕捉两点间的中点),位移的第二点为原左上角点(交点或垂足)。

3)将矩形向内偏移复制 30 个图形单位,如图 9.65 所示。

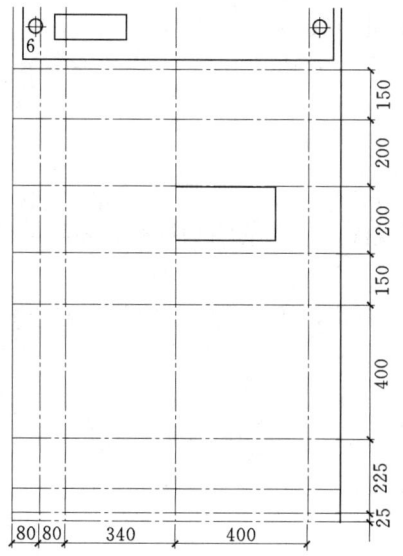

图 9.64 画手车室面板定位线及观察窗轮廓

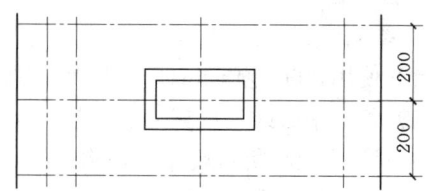

图 9.65 移动并偏移复制矩形

4)以"起点、端点、半径"方式画弧。圆弧的起点和端点分别为内侧矩形的右上角点和左上角点,半径为 450。

5）镜像复制上一步绘制的弧线，镜像线为穿过矩形中心的水平线。

6）用圆弧作修剪边，修剪内部的矩形，得到图 9.66 所示的图形。

（3）其他部分的绘制过程不再详细介绍。图 9.67 给出了各部分的参考尺寸。

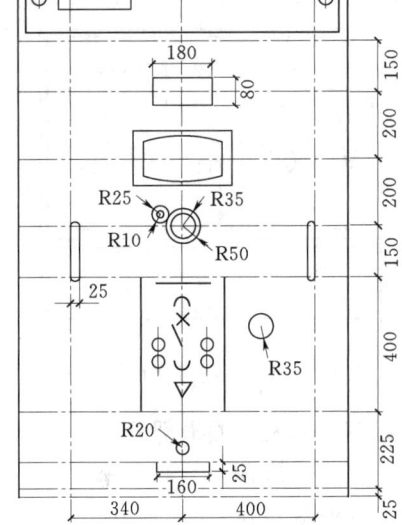

图 9.66 修改内部矩形后的效果　　　　图 9.67 初步完成的开关柜面板图

9.4.5 标注图例

先补充绘制其他细节部分：如图 9.54 中的"2.瓷套管"等所示。

标注图例序号可使用引线标注命令，引线设置及标注的操作过程参见第 4 章 4.4 节。图例说明文字使用"工程字"文字样式进行标注，字高取 100。

至此，配电柜盘面布置图绘制完毕。

9.5 电力金具图

图 9.68 为架空线路施工中常用的耐张铁帽的三视图，本图的绘制过程必须满足机械制图中"长对正，宽相等，高平齐"的规定。

由于各视图都是对称图形，都可以先绘制一部分图形，再镜像复制出另一部分图形。

9.5.1 绘制主视图

1. 绘制定位线

（1）使用"06 电气.dwt"样板文件新建文件。

（2）将"中心线"层置为当前层。

（3）按图 9.69 所示尺寸绘制构造线。

（4）执行修剪命令，得到图 9.70 所示的轮廓定位线。

2. 绘制主视图

（1）将直线 1 向下偏移复制 4 个图形单位，然后选中复制后的直线，将其图层特性改为"虚线"。

9.5 电力金具图

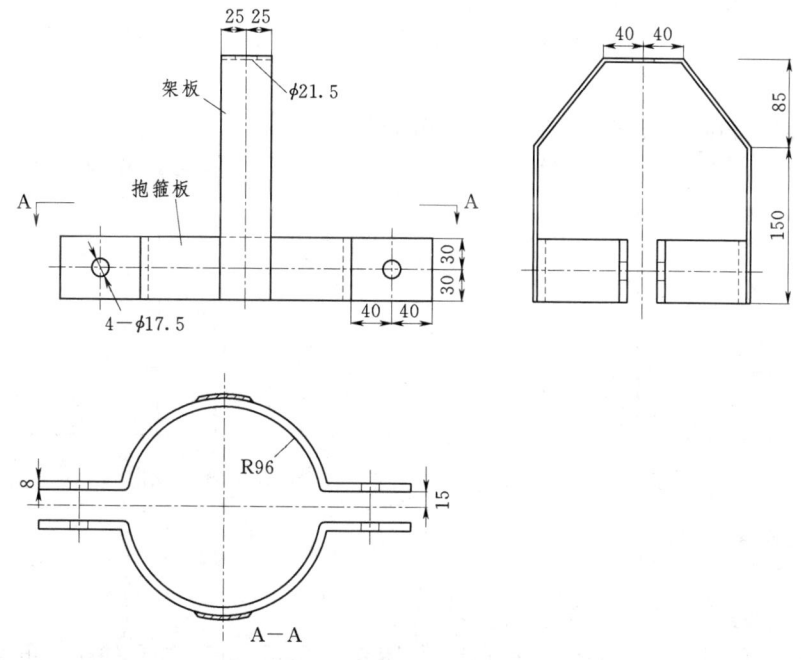

图 9.68 耐张铁帽三视图

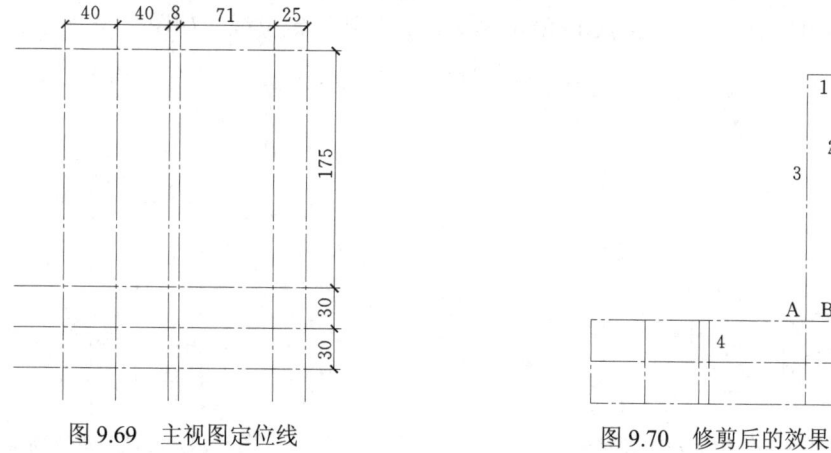

图 9.69 主视图定位线

图 9.70 修剪后的效果

（2）将直线 2 向左偏移复制 9.75 个图形单位，然后选中复制后的直线，将其图层特性改为"虚线"。最后执行修剪命令得到表示圆孔的隐线。

（3）将直线 3 向左偏移复制 4 个图形单位，然后选中复制后的直线，将其图层特性改为"实体"。最后执行修剪命令得到表示架板与抱箍板连接斜面的小矩形，并用"solid"图案填充这个小矩形。

（4）将"虚线"层置为当前层，描绘出点 *A* 和点 *B* 之间的虚线。

（5）将轴线 4 的图层特性改为"虚线"。将其左侧的直线的图层特性改为"实体"。

（6）将"实体"层置为当前层。

（7）画出直径为 17.5 的表示螺栓孔的小圆形。

（8）执行画多段线命令画出主视图外轮廓线的左半部分。

（9）利用夹点编辑命令调整螺栓孔中心线的长度，并删除多余的中心线，效果如图9.71所示。

（10）镜像复制出主视图的右半部分，如图9.72所示。

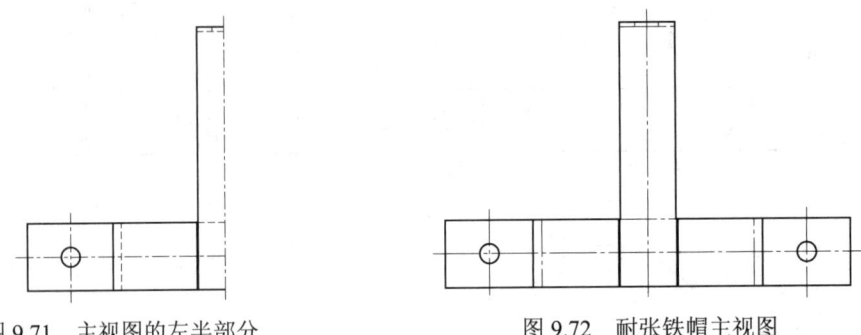

图9.71　主视图的左半部分　　　　　图9.72　耐张铁帽主视图

9.5.2　绘制左视图

1．绘制定位线

（1）将"中心线"层置为当前层。

（2）绘制左视图左半部分的定位矩形，如图9.73所示。其中矩形的左下角点可以通过向左追踪主视图的右下角点100个图形单位得到。

（3）分解矩形后，执行几次OFFSET命令，补充绘制定位线，如图9.74所示。

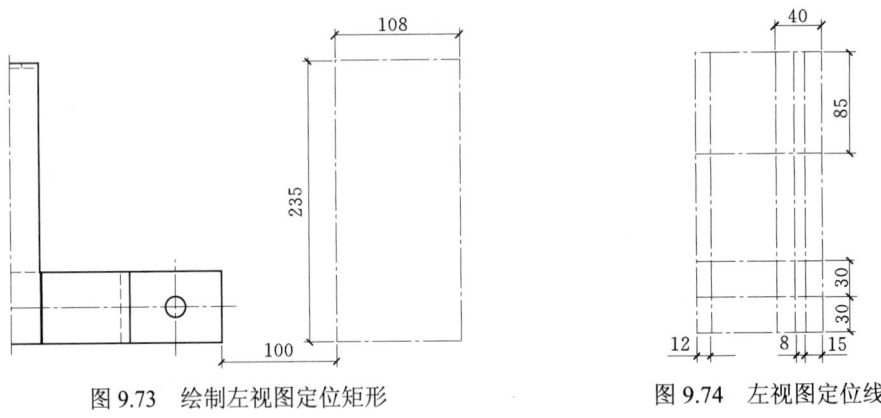

图9.73　绘制左视图定位矩形　　　　　图9.74　左视图定位线

2．绘制左视图

（1）将"实体"层置为当前层，执行画多段线命令通过捕捉端点及交点画出架板的外轮廓线，如图9.75（a）所示。

（2）将前面绘制的架板的外轮廓线向内偏移复制4个图形单位，得到架板的内轮廓线，如图9.75（b）所示。

（3）对左视图区域的左下方轴线进行修剪，得到抱箍板的大致轮廓，如图9.76（a）所示。

（4）调整直线所在的图层，并利用夹点编辑命令调整孔中心线的长度，效果如图9.76（b）所示。

9.5 电力金具图

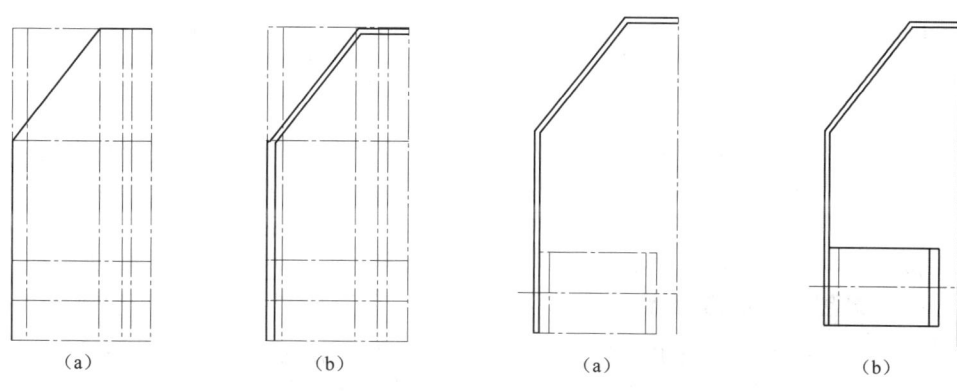

图 9.75 画架板的轮廓线　　　　图 9.76 画抱箍板的轮廓线

（5）画出表示抱箍板上的螺孔的虚线。

1）将"虚线"层置为当前层。

2）调出【草图设置】对话框，设置象限点、交点、垂足、中点、端点为可捕捉模式。

3）启动画直线命令，利用对象追踪功能，通过追踪主视图中螺孔的象限点，确定直线的第一个端点，如图 9.77 所示。

4）利用捕捉垂足命令确定直线的第二个端点。

5）镜像复制刚画好的直线，效果如图 9.78 所示。

（6）将图 9.78 所示的抱箍板的左半部分镜像复制，得到左视图的右半部分。

（7）将主视图上部的表示螺孔的两条虚线复制到左视图的合适位置。左视图效果如图 9.79 所示。

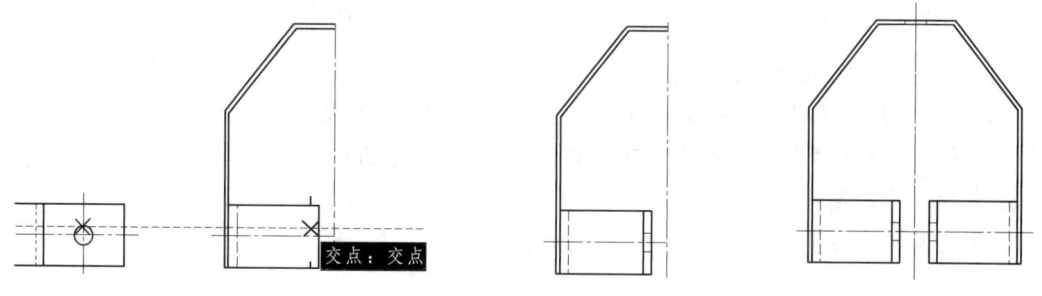

图 9.77 使用对象追踪功能确定点　　图 9.78 抱箍板的左半部分　　图 9.79 耐张铁帽左视图

9.5.3 绘制俯视图

1. 绘制定位线

（1）将"中心线"层置为当前层。

（2）绘制剖视图必要的定位线。其中定位线的右上角点可以通过向下追踪主视图的垂直中心线的下端点 100 个图形单位得到，而其左下角点也可通过追踪主视图螺栓孔的水平中心线的左端点得到，如图 9.80 所示。

（3）执行几次 OFFSET 命令，补充绘制定位线，如图 9.81 所示。

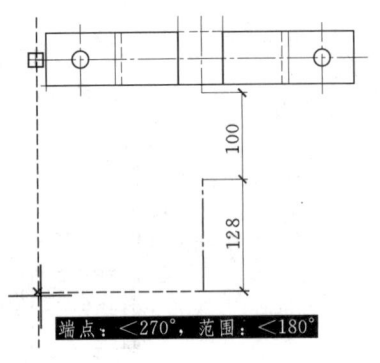
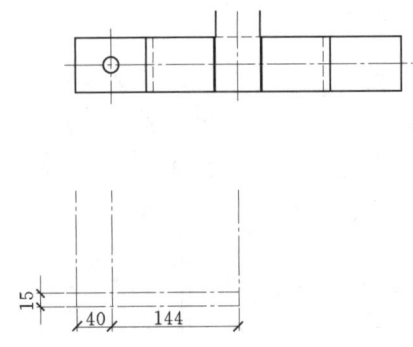

图 9.80 俯视图定位线的位置　　　　图 9.81 添加俯视图定位线

2. 绘制俯视图

（1）将"实体"层置为当前层，执行画圆命令，绘制抱箍板内部圆弧部分的轮廓，如图 9.82 所示。

（2）绘制连接 C 点和 D 点的直线，并删除原位置的虚线。

（3）用直线 CD 和直线 2 修剪圆，效果如图 9.83 所示。

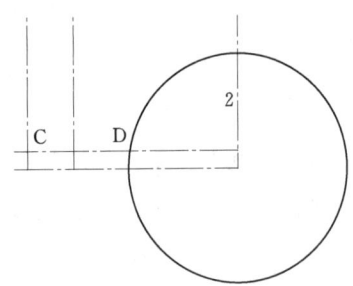
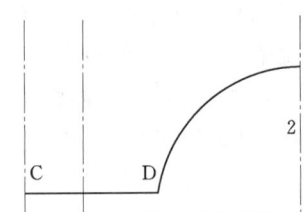

图 9.82 画圆弧的辅助圆　　　　图 9.83 将圆修剪成圆弧

（4）在直线和圆弧连接处进行圆角，圆角半径可取 12。

（5）【修改】→【对象】→【多段线】，按命令行提示操作如下：

命令：_pedit 选择多段线或[多条（M）]：（选择直线 CD）

选定的对象不是多段线

是否将其转换为多段线?<Y>↙

输入选项

[闭合（C）/合并（J）/……/放弃（U）]：J↙

选择对象：找到 2 个（选择圆角生成的圆弧及半径为 96 的连续圆弧）

选择对象：

2 条线段已添加到多段线

输入选项

[闭合（C）/合并（J）/……/放弃（U）]：↙

效果如图 9.84 所示。

（6）将多段线分别向上偏移 8 和 12 个图形单位，将直线 2 分别向左偏移复制 25 和 29 个图形单位，效果如图 9.85 所示。

9.5 电力金具图

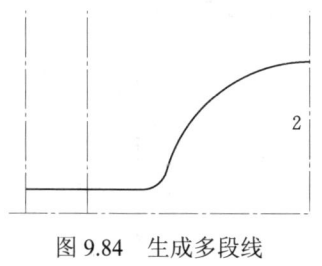

图 9.84 生成多段线

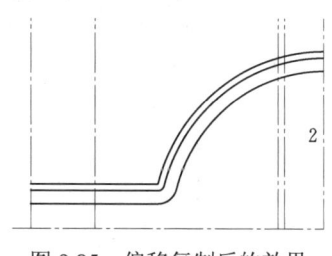

图 9.85 偏移复制后的效果

（7）执行绘制直线命令、修剪、删除及夹点编辑命令，得到图 9.86（a）所示的效果。

（8）参照绘制左视图过程中步骤（5）的方法，画出表示抱箍板上的螺孔的虚线，效果如图 9.86（b）所示。

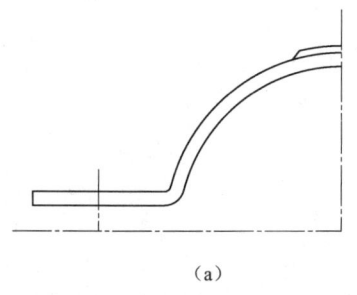

（a）

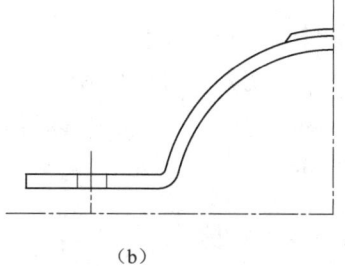

（b）

图 9.86 俯视图的一部分

（9）执行两次镜像命令，初步得到剖视图图形。

（10）关闭"中心线"层，然后对表示架板剖面的部分进行图案填充，填充图案为 ANSI31，填充比例取 2。图 9.87 是重新打开"中心线"层后的显示结果。

（11）执行【视图】→【缩放】→【全部】，则三视图全部显示于模型空间。

9.5.4 标注尺寸及注释文字

完成标注及注释的效果如图 9.68 所示。下面仅对标注时的一些参数设置以及需要修改的标注加以说明。

图 9.87 耐张铁帽俯视图

（1）所使用的标注样式均可取 GB—35。注意应将其【文字】选项卡中的【文字高度】项的值改为 10，将【符号和箭头】选项卡中的【箭头大小】修改为 5。

（2）图中表示剖切符号的转折箭头用画多段线命令画出，然后连同单行文字"A"镜像复制到另一侧。

（3）在主视图中有三个快速引线标注：$\phi21.5$、架板、抱箍板。在标注前须对快速引线标注进行设置，标注时也要注意合理输入文字。以标注 $\phi21.5$ 为例，操作如下：

1）在命令行输入 QLEADER 命令，则命令行提示如下：

指定第一条引线点或 [设置（S）] <设置>：S↙

2）在弹出的【引线设置】对话框中，选中【附着】选项卡，并选中【最后一行加下划线】复选框，如图 9.88 所示。

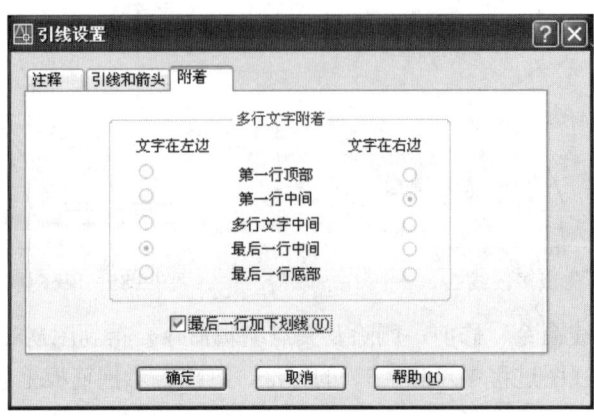

图 9.88 【引线设置】对话框

3）选中【引线和箭头】选项卡，设置【点数】最大值为 2。
4）单击【确定】按钮，对话框消失，按命令行提示进行操作如下：
指定第一条引线点或 [设置（S）] <设置>：
指定下一点：
指定文字宽度<0>： ✓
输入注释文字的第一行<多行文字（M）>： ✓

5）在弹出的【文字格式】编辑器的【文字格式】编辑器（或【文字编辑器】面板中），单击@按钮，在弹出的符号列表中选择直径符号，随即输入 21.5，最后单击【确定】按钮。

（4）标注直径"4-ϕ17.5"的操作如下：
1）对主视图左面平板上的螺孔进行直径标注，如图 9.89 所示。
2）把直径标注的文字"ϕ17.5"改为"4-ϕ17.5"，表示有四个相同尺寸的螺孔。可利用特性管理器或 DIMEDIT 命令进行修改。

a．利用特性管理器修改标注文字。
（a）选中欲修改的直径标注。
（b）单击右键，在弹出的快捷菜单中选择【特性】，弹出【特性】对话框。
（c）在【文字】选项区的【文字替代】文本框中输入"4-%%C17.5"，如图 9.90 所示。

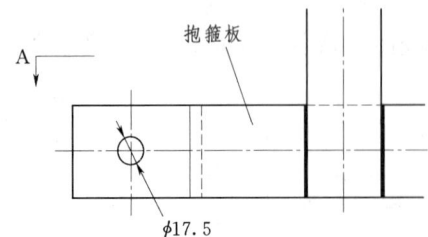

图 9.89 标注一个螺孔的直径

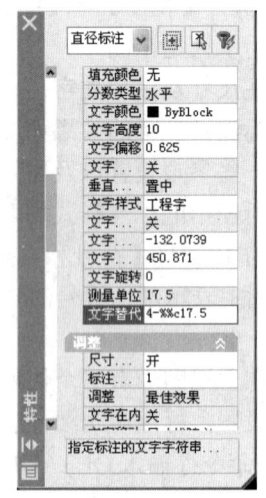

图 9.90 使用【特性】管理器修改标注文字

（d）单击【特性】管理器左上角的【关闭】按钮，完成对直径标注的修改。

b．使用DIMEDIT命令修改标注文字。

（a）选中欲修改的直径标注。

（b）启动DIMEDIT命令，选择"新建（N）"选项。

（c）在弹出的【文字格式】编辑器的内容输入区，有一带阴影的文字"0"，将光标定位至其前面输入"4-"，然后单击【确定】按钮。

对其他视图的标注及注释文字的操作不再赘述。至此完成了耐张铁帽三视图的绘制。

9.6 电缆敷设施工图

图9.91为一种直通型电缆人孔井做法图的平面图及剖视图，本节介绍其绘制过程。

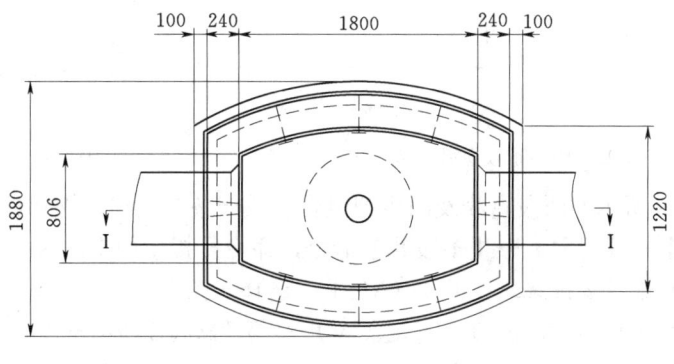

平面图

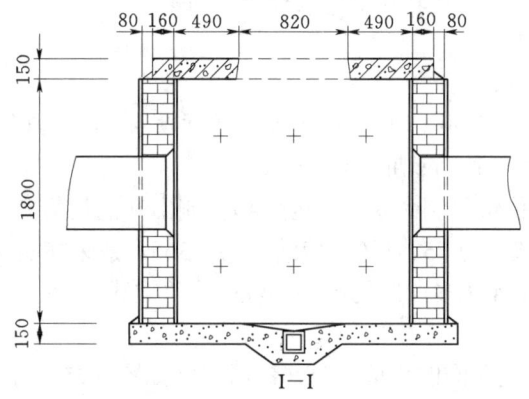

I—I

图9.91 一种直通型电缆人孔井做法图

9.6.1 绘制平面图

（1）使用"06电气.dwt"样板文件新建文件。

（2）重新设置图形界限，左下角点为（0，0），右上角点为（5000，8000）。

（3）【视图】→【缩放】→【全部】。

（4）画一个宽2480、高1220的矩形。

（5）单击绘图工具栏上的 按钮，启动画圆弧命令。

命令：_arc 指定圆弧的起点或 [圆心（C）]：（捕捉矩形的右上角点）

指定圆弧的第二个点或 [圆心（C）/端点（E）]：330✓ [向上追踪矩形上边的中点，如图 9.92（a）所示]

指定圆弧的端点：（捕捉矩形的左上角点）

效果如图 9.92（b）所示。

（6）镜像复制圆弧，并对矩形进行修剪，效果如图 9.93 所示。

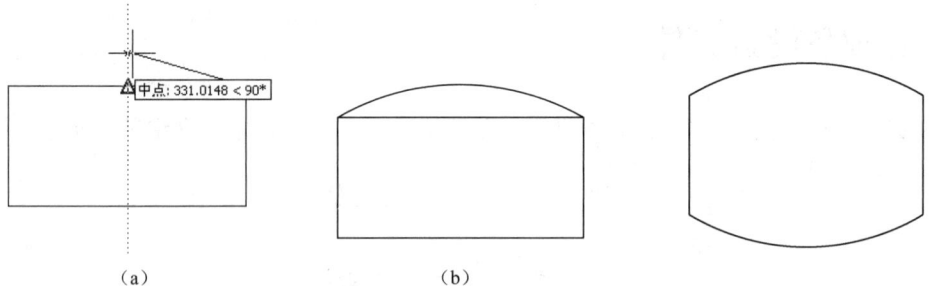

图 9.92　画矩形及圆弧　　　　　　　图 9.93　镜像并修剪图形

（7）将图 9.93 所示的两段直线及两段圆弧合并成一条多段线，操作如下：

执行【修改】→【对象】→【多段线】命令，命令行提示如下：

命令：_pedit 选择多段线或 [多条（M）]：（选择一条直线）

输入选项 [闭合（C）/合并（J）/宽度（W）/编辑顶点（E）/拟合（F）/样条曲线（S）/非曲线化（D）/线型生成（L）/放弃（U）]：J✓

选择对象：指定对角点：找到 4 个（选择所有对象）

选择对象：✓

3 条线段已添加到多段线

输入选项 [打开（O）/合并（J）/宽度（W）/编辑顶点（E）/拟合（F）/样条曲线（S）/非曲线化（D）/线型生成（L）/放弃（U）]：✓

（8）重复执行 5 次偏移复制命令，向内偏移复制出其他几条多段线，偏移距离（相对上一步生成的多段线）依次为 75、100、175、340、365，效果如图 9.94 所示。

（9）将从外向里数第 4 条多段线的图层特性改为"虚线"，并通过【特性】对话框将其线型比例改为 15。

（10）画出人孔井与电缆沟的相接部分，参考尺寸如图 9.95 所示。

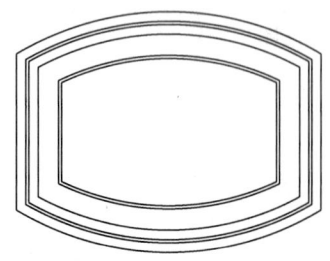

图 9.94　偏移复制多段线

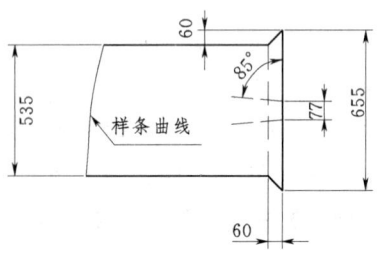

图 9.95　人孔井与电缆沟的相接部分的
参考尺寸及线型

(11)画出中间部分的圆,半径分别为410、100。其中半径为410的圆的线型可以先画成实线,然后利用【特性匹配】命令转化成虚线。

1)单击选中第(9)步得到的虚线多段线。

2)单击【标准】工具栏上的特性匹配按钮 。

3)在命令行提示"选择目标对象或[设置(S)]:"时,单击半径为410的圆。

4)✓,结束命令。

(12)利用画多段线命令、单行文字命令及镜像命令标注剖面符号。

电缆人孔井平面图的初步效果如图9.96所示。

(13)补充画平面图中的配筋,要用到画直线命令、阵列命令及镜像命令。

1)先画出一组配筋的形状,如图9.97所示。

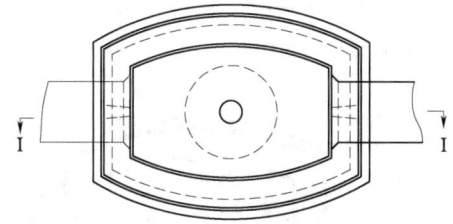
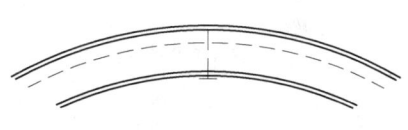

图9.96 电缆人孔井平面图的初步效果　　　　图9.97 画一组配筋

2)对第1)步画出的一组配筋进行环形阵列操作。

在AutoCAD 2012中的操作步骤如下:

a.选择第1)步画出的一组配筋。

b.单击【修改】工具栏上(或面板)上的 按钮,命令行提示如下:

命令:_arraypolar 找到1个

类型=极轴　关联=是

指定阵列的中心点或[基点(B)/旋转轴(A)]:(捕捉圆弧的圆心)

输入项目数或[项目间角度(A)/表达式(E)] <4>: 2✓

指定填充角度(+=逆时针、-=顺时针)或[表达式(EX)] <360>: 15✓

按 Enter 键接受或[关联(AS)/基点(B)/项目(I)/项目间角度(A)/填充角度(F)/行(ROW)/层(L)/旋转项目(ROT)/退出(X)] ✓

在AutoCAD 2008中的操作步骤如下:

a.选择第1)步画出的一组配筋。

b.单击【修改】工具栏上的 按钮,启动阵列命令,然后在【阵列】对话框中选择【环形阵列】。

c.单击【中心点】右侧的按钮 ,对话框暂时消失,在绘图窗口捕捉圆弧的圆心。

d.设置【项目总数】为2,【填充角度】为15,如图9.98所示。

e.单击【预览】按钮。预览效果合适,则可单击【接受】按钮,结束命令。

阵列的效果如图9.99所示。

3)连续执行两次镜像命令,复制出其他配筋,效果如图9.100所示。

第 9 章 电气工程图绘制实例

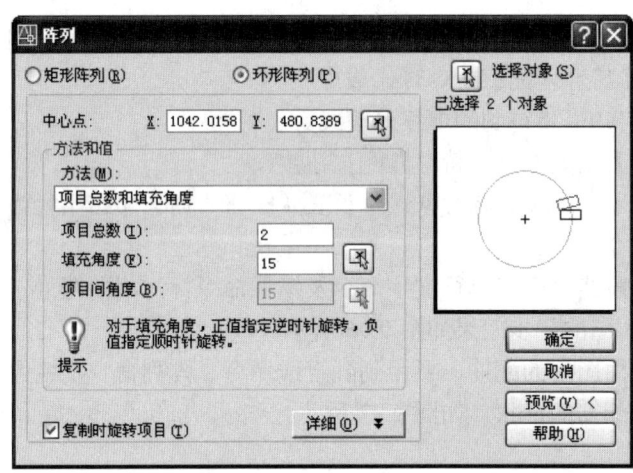

图 9.98 设置阵列的【项目总数】及【填充角度】

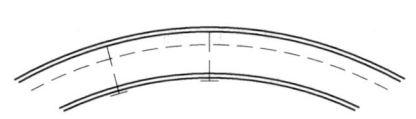

图 9.99 对配筋进行环形阵列后的效果

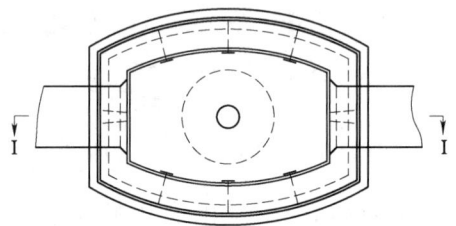

图 9.100 平面图中的配筋效果

9.6.2 绘制剖视图

（1）画电缆人孔井的墙线，如图 9.101 所示，最左边直线的端点利用对象追踪得到，长度为 1800，其余直线均可通过偏移复制命令得到。

（2）画盖板。

1）画一个宽 2120、高 150 的矩形，如图 9.102（a）所示。

2）画矩形的垂直中线，并将其向左分别偏移复制 410、430，如图 9.102（b）所示。

3）在第 2）步复制得到的竖线中间画连接端点的斜线，删除原竖线，并把斜线镜像复制到另一侧，如图 9.102（c）所示。

4）删除中线，并对矩形进行修剪，如图 9.102（d）所示。

5）将矩形被修剪掉的部分重新连接成虚线，如图 9.102（e）所示。

6）图案填充，需要两次执行图案填充命令。

a. 填充图案 ANSI31，填充比例取 25。

b. 填充图案 AR-SAND，填充比例取 1。效果如图 9.102（f）所示。

7）在填充图案内部，画若干闭合的样条曲线以表示石子。

（3）画底板。绘制过程与画盖板的操作过程有很多类似，绘制步骤及参考尺寸如图 9.103 所示。

（4）将盖板、底板与墙线组合在一起，并画出连接处的斜线，如图 9.104 所示。

9.6 电缆敷设施工图

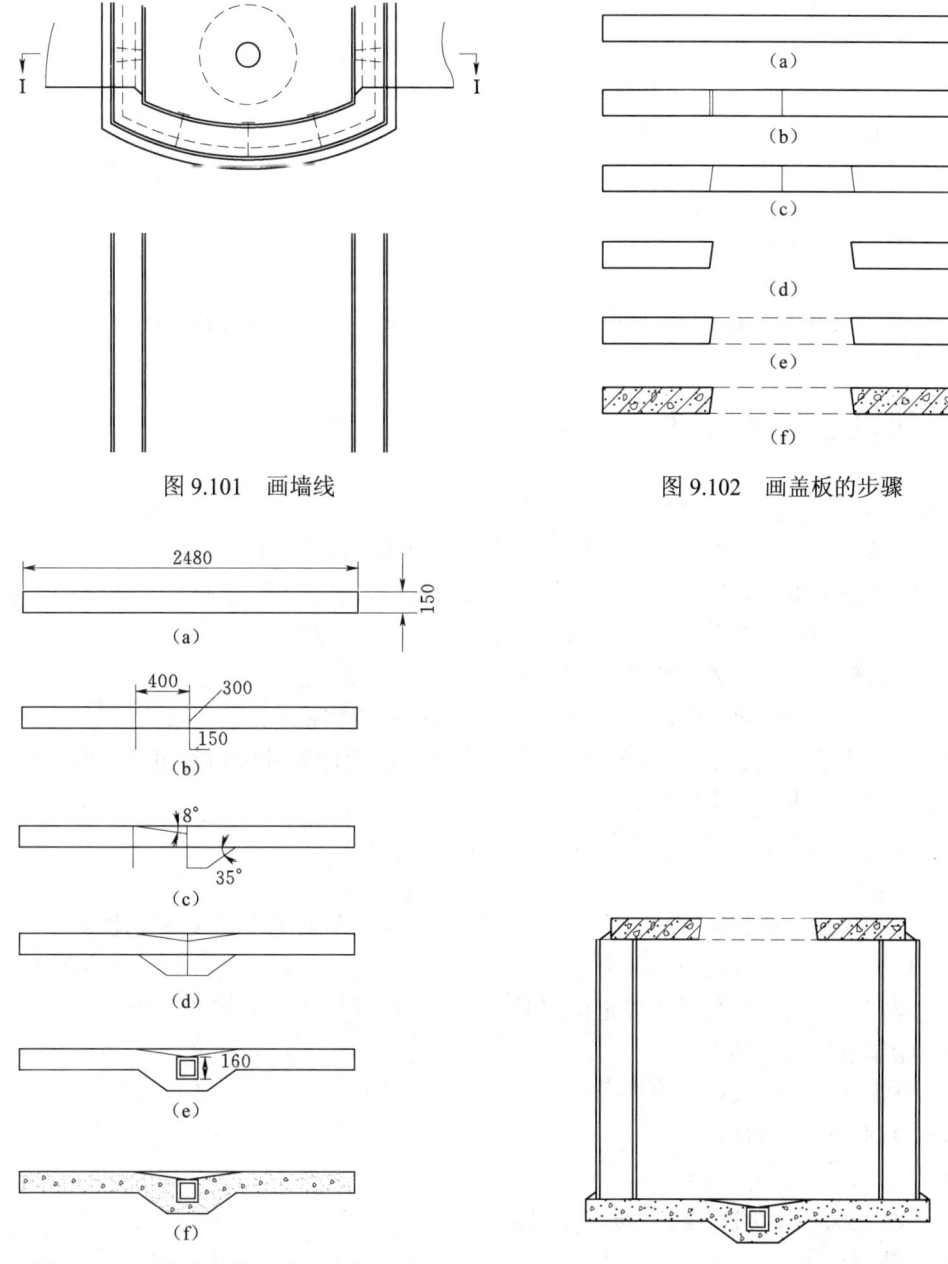

图 9.101 画墙线

图 9.102 画盖板的步骤

图 9.103 绘制底板的步骤及参考尺寸

图 9.104 墙线、盖板及底板的组合

(5) 复制平面图上的电缆沟形状至剖视图的合适位置,并参照第(2)步画盖板操作中生成虚线的方法,生成电缆沟与外墙皮交界处的虚线,如图 9.105 所示。

(6) 对墙体部分进行图案填充,填充图案为 AR-B816,比例为 0.37,如图 9.106 所示。

(7) 补充绘制剖视图中的配筋,要用到画直线命令、移动命令及矩形阵列命令,此处不再赘述,效果参见图 9.106 中剖视图中的 6 个 "+" 图形。

(8) 对平面图及剖视图进行标注后,图形绘制完毕。

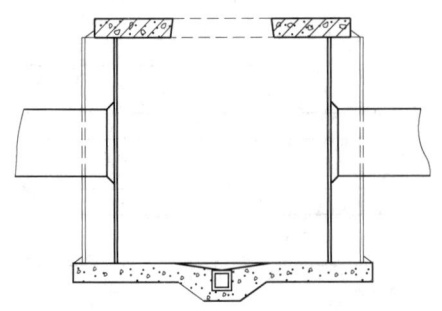 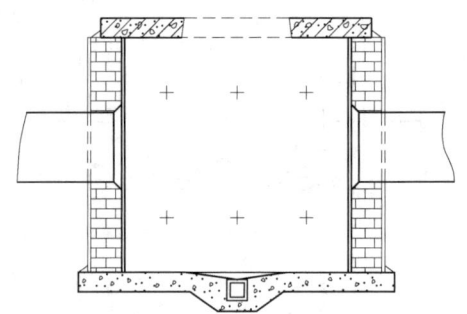

图 9.105　电缆人孔井与电缆沟的连接　　　　图 9.106　墙体图案填充后的效果

9.7 建筑照明平面图

建筑照明平面图是基于建筑平面图绘制的。一般情况下，建筑平面图应由相关专业提供。由于建筑平面图与照明平面图表现各有侧重，引用时应注意以下几点：

（1）关闭或清除一些次要的图层或图形，仅保留墙、（门）窗、阳台、起居室、厨房等功能单元，且只保留主要轴线及主要标注尺寸。

（2）建筑轮廓线应改为细实线。

（3）电气设备符号可用细实线绘制，连接导线应用粗实线绘制。

如果建筑专业仅提供了建筑平面图纸，而不能提供用计算机绘制的图形文件，自行绘制建筑平面图时，大致的步骤如下：

（1）设置或调用绘制建筑图用的样板文件。

（2）绘制中心轴线。

（3）绘制墙线：执行画多线命令，不同厚度的墙采用不同的多线线型及比例。

（4）修改墙线：执行编辑多线命令，常用到角点结合、T 型打开、十字合并等功能。

（5）开门洞：偏移复制轴线以定位门洞的位置，炸开墙线，修剪出门洞。

（6）绘制或插入门图形块。

（7）开窗洞，绘制或插入窗图形块。

（8）绘制阳台、楼梯。

（9）修改、补画细节部分。

（10）标注文本、标注尺寸、标注轴号。

（11）整理视图。

如果平面图具有对称性或局部对称性，在绘制过程中应注意使用镜像命令，减少绘图工作量。

图 9.107 是某住宅 A 单元照明平面图。本节简要介绍其绘制过程。

9.7.1 绘制或调用建筑平面图

本例的建筑平面图如图 9.108 所示，下面简单介绍其绘制过程。

（1）以样板文件"06 电气.dwt"开始，新建文件。

（2）设置图形界限：左下角为（0，0），右上角为（20000，15000）。

9.7 建筑照明平面图

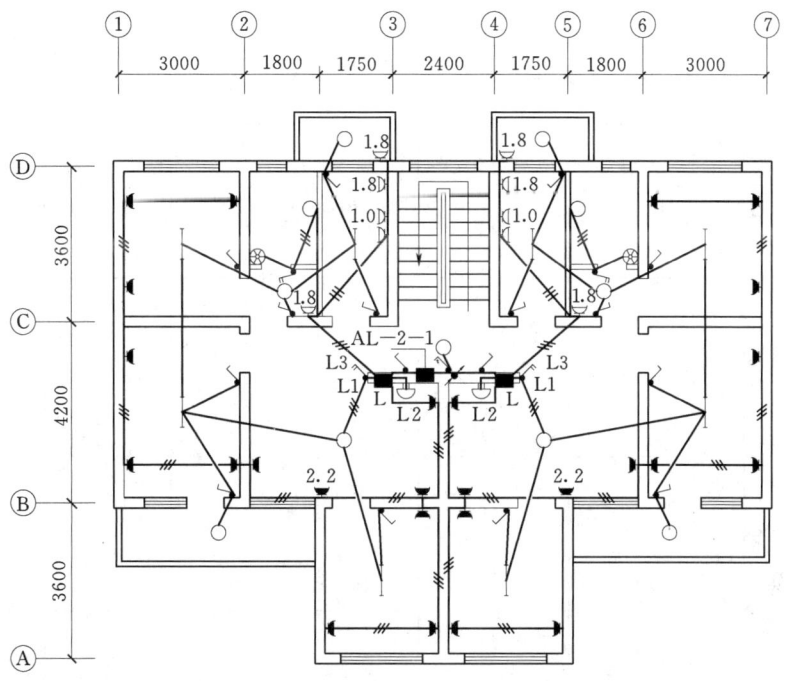

图 9.107　某住宅 A 单元照明平面图

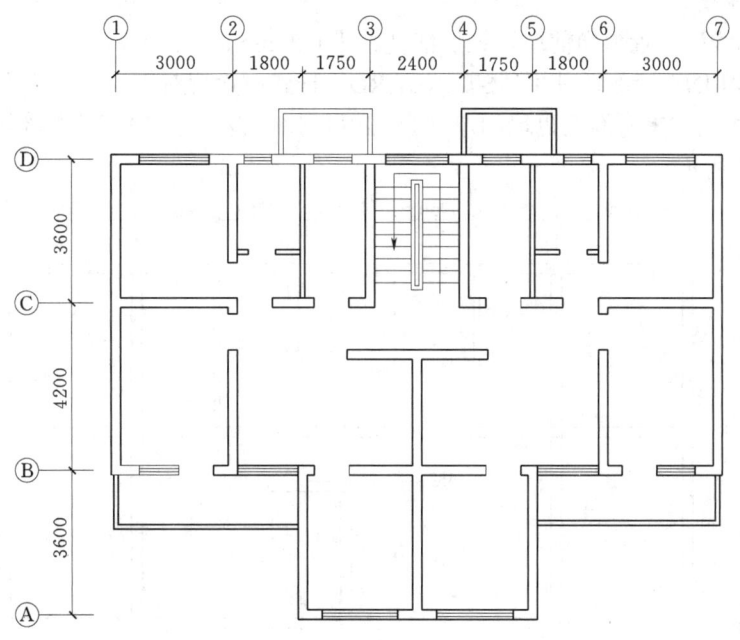

图 9.108　建筑平面图

（3）执行缩放全图操作。
（4）打开【对象捕捉】按钮和【对象追踪】按钮。
（5）在"轴线"层绘制构造线，如图 9.109 所示。

• 209 •

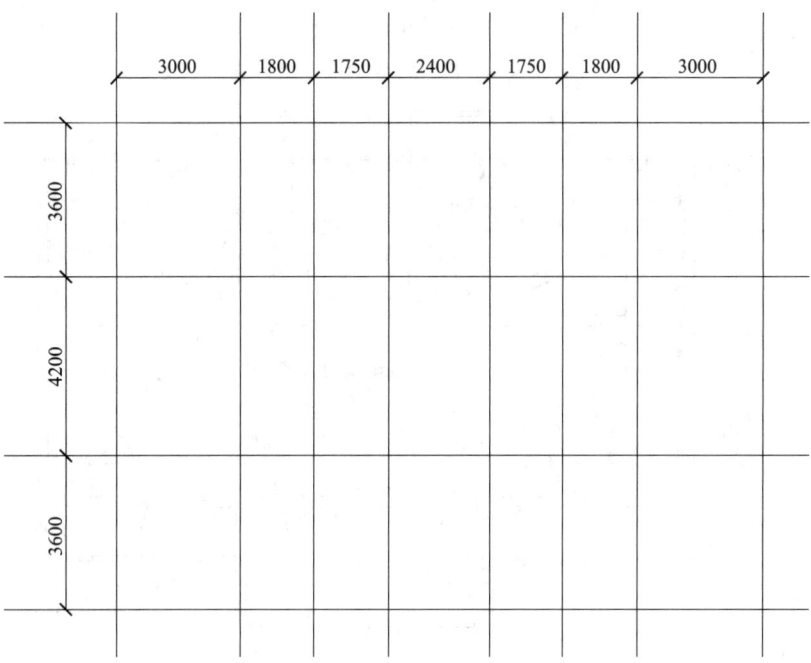

图 9.109　建筑平面图的轴线

（6）绘制墙线。

1）将"墙线"层置为当前层，该层线宽改为 0.25mm。

2）启动 MLINE 命令：使用"STANDARD"样式；设置对正方式为"无"；图中阳台的墙线以及卫生间与厨房间的隔墙的厚度为 120（即比例设置为"120"），其他墙厚度为 240。效果如图 9.110 所示。

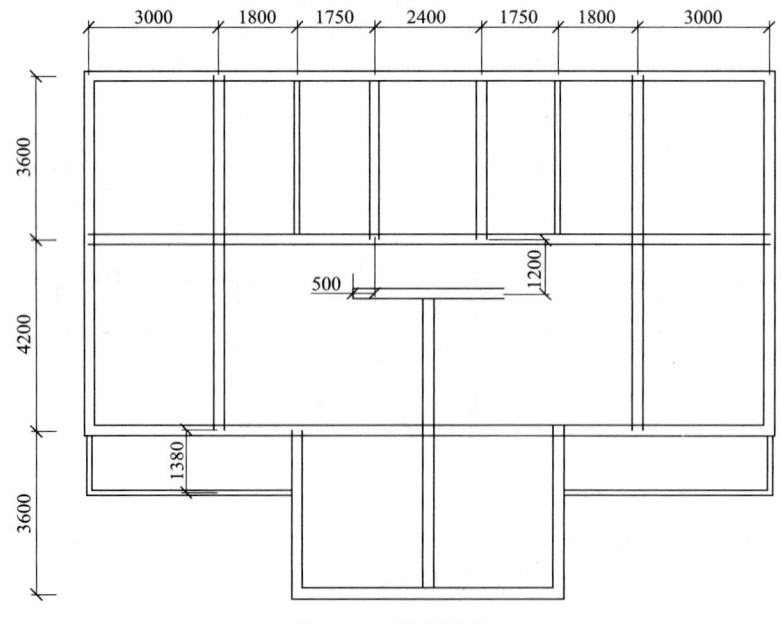

图 9.110　绘制墙线

9.7 建筑照明平面图

（7）使用修改多线命令将多线进行"T 型打开"或"十字合并"等编辑操作，效果如图 9.111 所示。

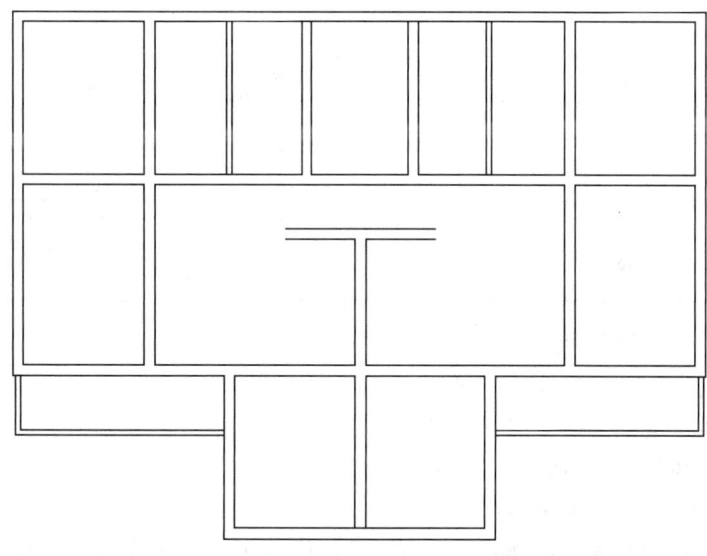

图 9.111 修改多线后的效果

（8）开窗洞和门洞，插入或绘制门、窗符号。效果如图 9.108 所示。鉴于本图仅供练习用，图中的门窗大小不再具体说明，读者在绘图时设定大概尺寸即可。

（9）绘制楼梯。

1）画一个宽 300、高 2750 的矩形，然后将其向内偏移复制 100，如图 9.112（a）所示。

2）以外面矩形的左边中点为起点，向左画一条长 930 的水平线，如图 9.112（b）所示。

3）将水平线向上矩形阵列 5 份，如图 9.112（c）所示。

4）两次执行镜像命令，复制出其他表示台阶的直线，如图 9.112（d）所示。

5）用画多段线命令绘制表示楼梯走向的箭头，如图 9.112（e）所示。

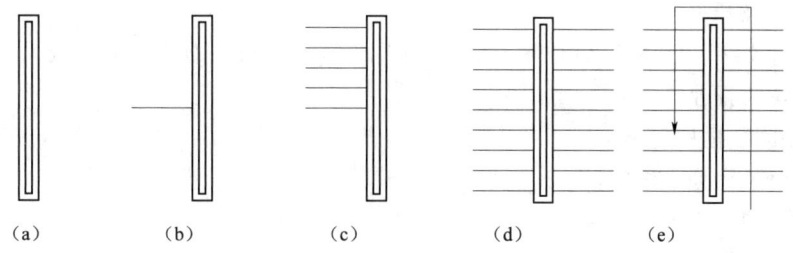

图 9.112 绘制楼梯的步骤

9.7.2 绘制各电气设备符号

图 9.107 共有 11 种电气设备符号，还有表示导线走向的引线符号，它们的图形及意义见表 9.1。

表 9.1　　　　　　　　　图 9.107 中的电气符号的意义

序　号	图形符号	名　称	序　号	图形符号	名　称
1		明装插座	7		引线
2		暗装插座	8		暗装配电箱
3		白炽灯	9		智能开关
4		单极开关	10		对讲门铃
5		荧光灯	11		排风扇
6		双极开关			

1. 绘制各种开关的符号

（1）绘制单极开关符号。

1）将"符号"层置为当前层。

2）画一个半径为 75 的圆。

3）用"SOLID"图案填充该圆。

4）设置极轴捕捉方式：捕捉角为 45°，设置极轴角测量方式为"相对上一段"，选中"用所有极轴角设置追踪"单选按钮，并启用极轴追踪。

5）执行画直线命令，直线的第一点为捕捉圆的上象限点，第二点为沿 45°方向 440 个图形单位。

6）在"指定下一点："提示符下，向右下方移动鼠标，在出现 270°追踪线后，输入 140↙。

7）↙结束画直线命令，如图 9.113（a）所示。

（2）绘制双极开关符号。

1）复制单极开关符号。

2）复制出表示另一极的短斜线：基点为原短斜线与 45°方向直线的交点，位移的第二点可捕捉 45°方向直线上的合适的最近点，如图 9.113（b）所示。

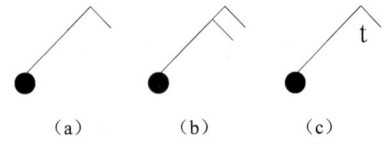

图 9.113　单极、双极、智能开关符号

（3）绘制智能开关符号。

1）复制单极开关符号。

2）用单行文字（Dtext）命令输入文字"t"，字高为 100，如图 9.113（c）所示。

2. 绘制插座符号

（1）绘制明装插座符号。

1）画一个半径为 175 的圆。

2）画出圆的水平方向的直径。

3）把上述直径向上偏移复制 40 个图形单位，如图 9.114（a）所示。

4）执行修剪及删除命令，得到图 9.114（b）。

5）打开"正交"模式，在空白处画一条长度为 245 的水平直线，如图 9.114（c）所示。

6）移动直线：以直线的中点为基点，位移的第二点为半圆的上象限点。

7）以半圆的上象限点为第一点，向上画一条长度为 75 的垂直线，如图 9.114（d）所示。

9.7 建筑照明平面图

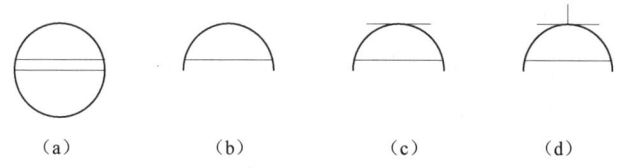

图 9.114 绘制明装插座符号的步骤

（2）绘制暗装插座符号。

1）复制明装插座符号。

2）用"SOLID"图案填充封闭区域。

3. 画白炽灯、荧光灯及暗装配电箱符号

白炽灯、荧光灯及暗装配电箱符号可参考图 9.115 所示尺寸画出。

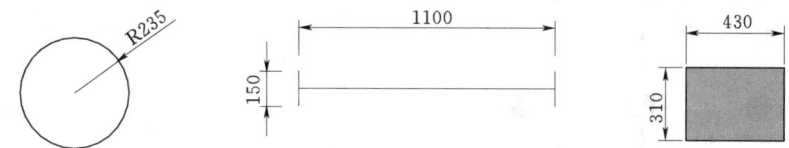

图 9.115 白炽灯、荧光灯及暗装配电箱符号的参考尺寸

4. 绘制对讲门铃符号

（1）画一个半径为 180 的圆，并画出其水平及垂直方向的直径，如图 9.116（a）所示。

（2）将垂直的直径分别向左右各偏移复制 60 个图形单位，将水平的直径向上偏移复制 120 个图形单位，如图 9.116（b）所示。

（3）执行修剪命令及删除命令，得到图 9.116（c）所示的结果。

5. 绘制表示电源干线走向的引线符号

（1）画一个半径为 95 的圆。

（2）用"SOLID"图案填充该圆，如图 9.117（a）所示。

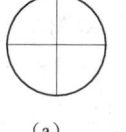 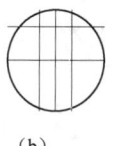 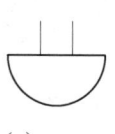

（a） （b） （c）

图 9.116 绘制对讲门铃的步骤

（3）执行画多段线命令画出表示"引上"的箭头。然后复制出表示"由下引上"的箭头，最后将全部四个图形旋转–45°。操作过程如下：

1）启动画多段线命令。

2）捕捉圆的上象限点作为多段线的起点。

3）在正交方式下，向上导向，然后输入长度 160。

4）输入 W↙。

5）指定起点宽度 64。

6）指定端点宽度 0。

7）在正交方式下，向上导向，然后输入长度 150。

8）↙结束命令，如图 9.117（b）所示。

9）选择刚绘制的多段线。

10）启动复制命令。

11）捕捉箭头的尖端点作为复制基点。

12）捕捉圆的下象限点作为复制的目标点，如图9.117（c）所示。

13）选择圆、图案填充及两条多段线。

14）启动旋转命令。

15）捕捉圆心作为基点。

16）输入旋转角度-45°。

效果如图9.117（d）所示。

6. 绘制排风扇符号

（1）画两个同心圆，半径分别为30和120，如图9.118（a）所示。

（2）画连接两圆右象限点的直线，如图9.118（b）所示。

（3）将直线环形阵列，复制6份，如图9.118（c）所示。

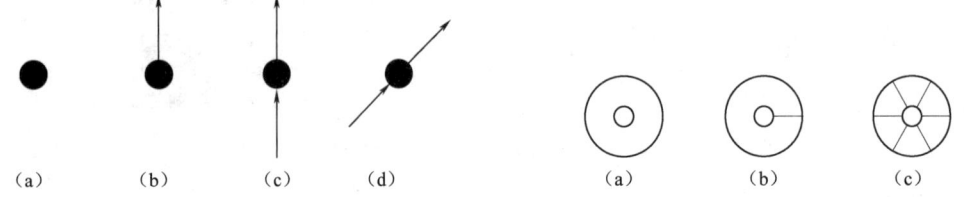

图9.117 绘制导线引线符号的步骤　　　　图9.118 绘制排风扇符号

9.7.3 插入电气设备符号

前面已经绘制出了各种电气设备符号，下面利用移动、复制、旋转以及镜像命令将这些符号插入到建筑平面图中。插入符号的位置并不要求十分精确，因此，这部分的操作不再详细介绍。

插入电气设备符号后的图形如图9.119所示。

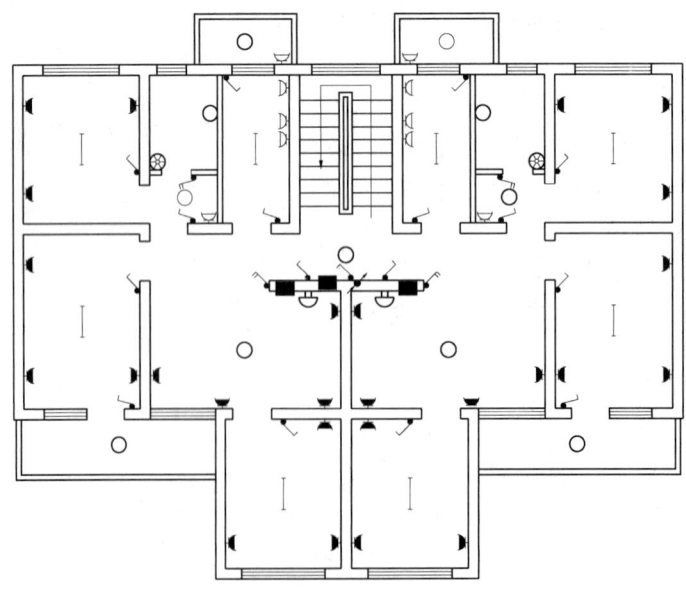

图9.119 插入电气设备符号后的图形

9.7.4 连接导线

首先,应将"导线"层置为当前层,连接导线最好使用画多段线命令,为了突出电气部分,应将多段线绘制成粗线,本例将其线宽设置为 0.5(随层)。

在连接导线时,为减少失误造成的重复工作,宜按干线顺序逐条绘制,而每条干线宜从头至尾连接完毕,再绘制其支线。所有导线绘制完毕,再执行打断命令将导线的交叉部分打断。

最后,对一段导线内同时包括 3 条及 3 条以上导线的情况,还要标注导线的根数。有两种标注方法(以 3 根为例),分别如图 9.120(a)、(b)所示,本例采用后者。连接导线并标注根数后的图形如图 9.121 所示。

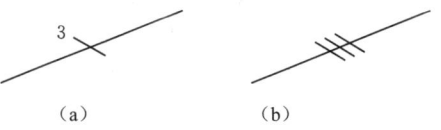

图 9.120 导线根数的表示方式

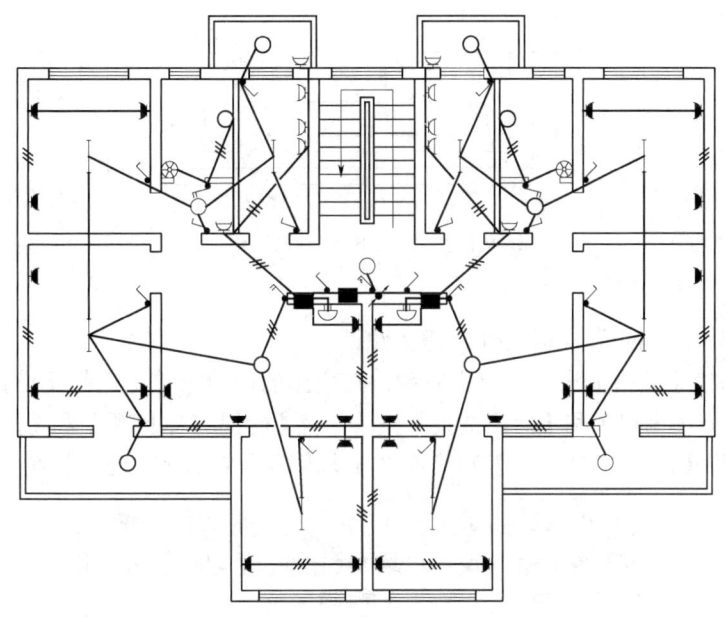

图 9.121 连接导线

9.7.5 图形注释

用单行文字标注配电箱编号、干线编号以及插座的安装高度。图中文字均采用"工程字"文字样式,字高为 250 进行标注。宜先标注一处文字,然后将其复制到其他需要标注文字的位置,随后修改文字内容。标注说明文字后的效果如图 9.107 所示。

9.8 数字电压表线路图

如图 9.122 所示的数字电压表线路图由转换器、BCD 七段显示器 CC14511、LED 显示器及驱动晶体管组成。

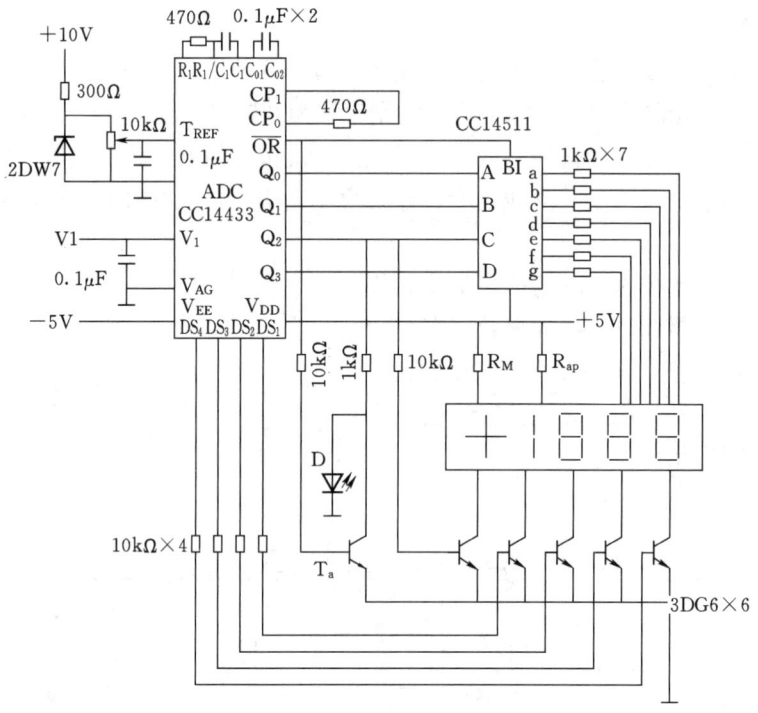

图 9.122 数字电压表线路图

9.8.1 绘制图形

（1）以"06 电气.dwt"样板文件新建文件。

（2）在状态栏【栅格】按钮上单击右键，在弹出的快捷菜单上选择【设置】。

（3）选中【启用栅格】和【启用捕捉】按钮，将【捕捉 X 轴间距】和【捕捉 Y 轴间距】都设置为 2.5，将【栅格 X 轴间距】和【栅格 Y 轴间距】都设置为 5，如图 9.123 所示。

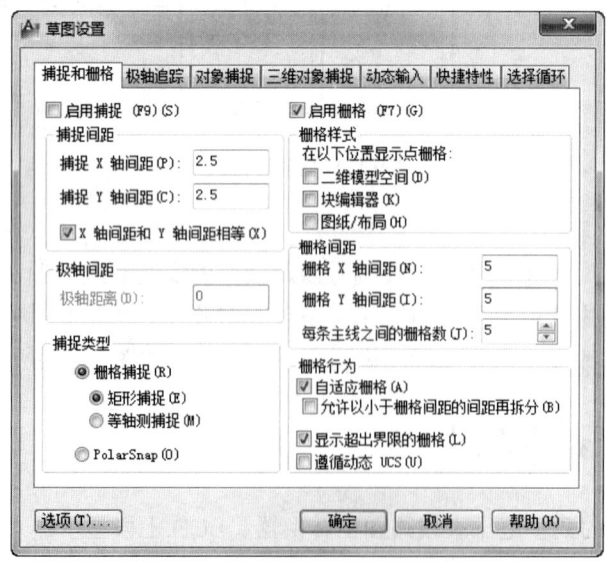

图 9.123 设置【捕捉和栅格】参数

(4) 将"符号"层置为当前层,绘制转换器、译码器及显示器的三个矩形框。同时绘制电阻符号中的矩形,相对位置及尺寸如图 9.124 所示。

说明:在 AutoCAD 2008 中,栅格显示为点;在 AutoCAD 2012 中,栅格显示为线。

(5) 将"连接线"层置为当前层,绘制连接线及电容器符号。注意最后应将电容器符号转换到"符号"层。效果如图 9.125 所示。

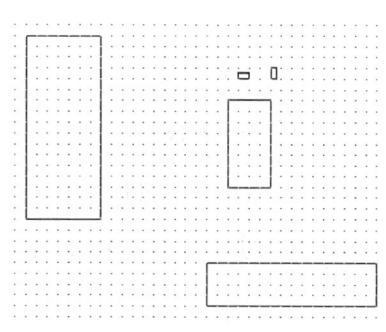

图 9.124　绘制矩形　　　　图 9.125　绘制直线

(6) 将左下角的 ADC 引线向右移动 2,然后执行复制命令,得到另外三条引线。注意要打开正交功能;线间距离为 9。效果如图 9.126 所示。

(7) 关闭【捕捉】功能,打开【对象捕捉】功能。

(8) 将电阻符号分别移动并复制到合适位置,并补充绘制电阻连接线以及表示可调电阻的箭头,其中箭头用起点宽度为 1、终点宽度为 0 的多短线表示。关闭【栅格】按钮后的效果如图 9.127 所示。

(9) 重新打开【捕捉】和【栅格】功能。

(10) 将"符号"层置为当前层。

(11) 绘制稳压二极管符号。该符号由一个边长为 5 的正三角形和直线组成,效果如图 9.128 所示。

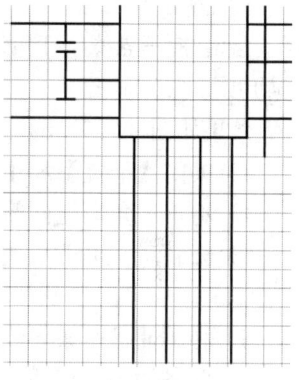

图 9.126　复制直线

(12) 绘制三极管符号。操作如下:

1) 画一个边长为 10 的正三角形。

命令: _polygon 输入边的数目<4>: 3↙

指定正多边形的中心点或 [边(E)]: E↙

指定边的第一个端点:(捕捉一个栅格点)

指定边的第二个端点:(向右 10 个图形单位,捕捉另一个栅格点)

效果如图 9.129(a)所示。

2) 绘制表示三极管发射极的箭头。

命令: _pline

指定起点:(捕捉正三角形的右下角点)

当前线宽为 0.0000

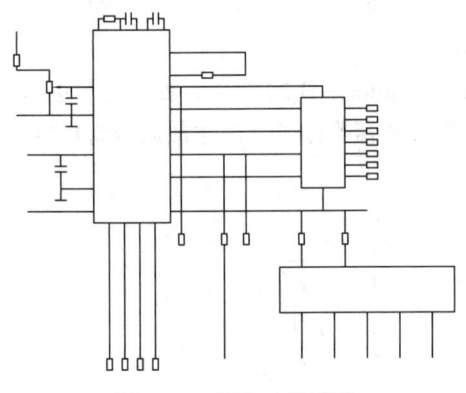

图 9.127 插入电阻符号

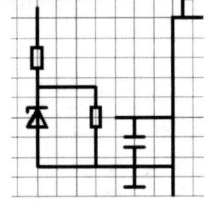

图 9.128 绘制稳压二极管符号

指定下一个点或 [圆弧（A）/半宽（H）/长度（L）/放弃（U）/宽度（W）]：W✓

指定起点宽度<0.0000>：✓

指定端点宽度<0.0000>：1✓

指定下一个点或 [圆弧（A）/半宽（H）/长度（L）/放弃（U）/宽度（W）]：（捕捉向左 2.5 的栅格）

指定下一点或 [圆弧（A）/闭合（C）/半宽（H）/长度（L）/放弃（U）/宽度（W）]：✓

效果如图 9.129（b）所示。

3）关闭【捕捉】和【栅格】功能。

4）将正三角形连同箭头一起旋转–30°，效果如图 9.129（c）所示。

5）分解正三角形，然后将右侧的直线向左移动 5 个图形单位，效果如图 9.129（d）所示。

6）利用捕捉两条斜线的共有端点及竖线的中点绘制一段直线，如图 9.129（e）所示。

7）以竖线为剪切边修剪斜线，然后利用夹点编辑命令，将竖线两端分别缩短 1.5，效果如图 9.129（f）所示。

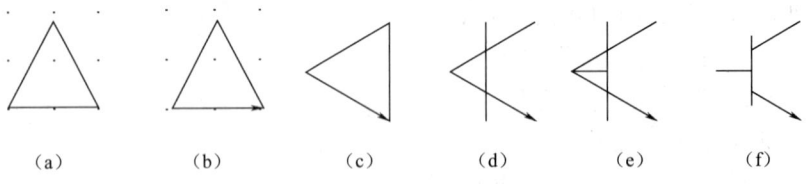

图 9.129 绘制三极管的步骤

（13）发光二极管符号可通过稳压二极管符号进行修改得到，操作如下：

1）复制稳压二极管符号，如图 9.130（a）所示。

2）删除左侧的短竖线，效果如图 9.130（b）所示。

3）以竖线的中点为旋转基点，将图形旋转 180°，效果如图 9.130（c）所示。

4）利用捕捉栅格点功能绘制箭头，效果如图 9.130（d）所示。

5）执行比例缩放命令，将箭头缩小为原来的 0.7 倍，效果如图 9.130（e）所示。

6)将箭头旋转30°,然后移动到合适位置并复制得到另一个箭头,效果如图9.130(f)所示。

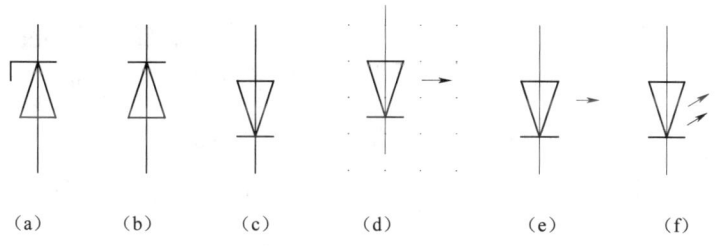

图9.130 绘制发光二极管符号的步骤

(14)移动并复制三极管符号及发光二极管符号。此时的图形效果如图9.131所示。

(15)绘制译码器和显示器之间的连接线,操作说明如下:

如图9.132(a)所示:

1)先画左下方的一条连接线。

2)复制得到另外6条水平线。

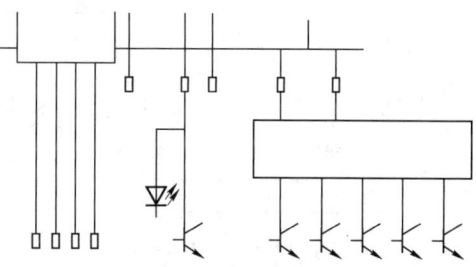

图9.131 插入三极管及发光二极管符号

3)阵列复制得到另外6条竖线,列间距取3。

4)对相对应的水平线和竖线进行倒圆角操作["多个(M)"方式],倒角半径为0。效果如图9.132(b)所示。

(16)绘制电阻与三极管基极之间的连接线。

1)打开正交方式。

2)先画一条连接线。

命令:_line 指定第一点:[捕捉图9.133(a)所示的中点]

指定下一点或[放弃(U)]:25(正交向下导向)

指定下一点或[放弃(U)]:[追踪图9.133(b)所示的端点]

指定下一点或[闭合(C)/放弃(U)]:[捕捉图9.133(b)所示的端点]

指定下一点或[闭合(C)/放弃(U)]:↙

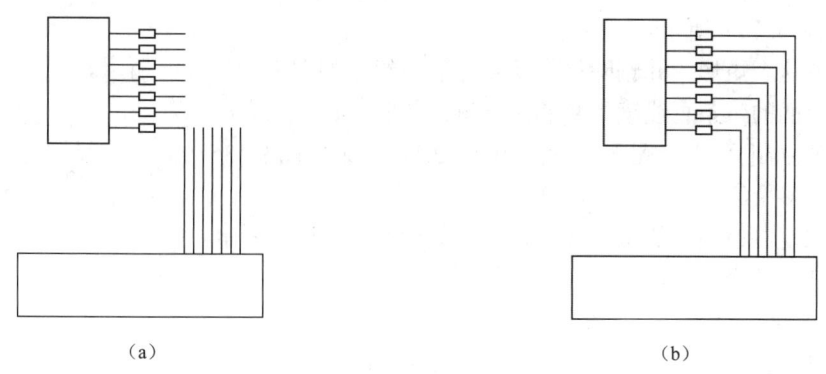

图9.132 绘制译码器和显示器之间的连接线

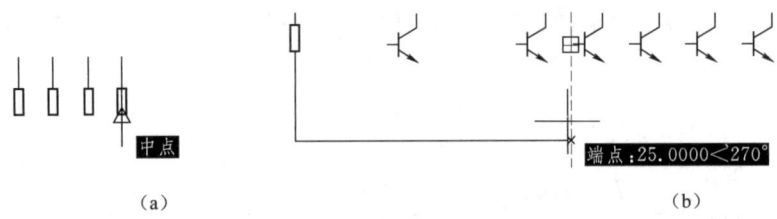

图9.133 利用对象追踪确定点的位置

3）两次执行复制命令，得到3条电阻引出的竖线和3条三极管基极引出的竖线，如图9.134（a）所示。

4）执行复制或矩形阵列命令得到另外3条水平线。水平线间的距离取5。

5）对相对应的水平线和竖线进行倒圆角操作［"多个（M）"方式］，倒角半径为0。效果如图9.134（b）所示。

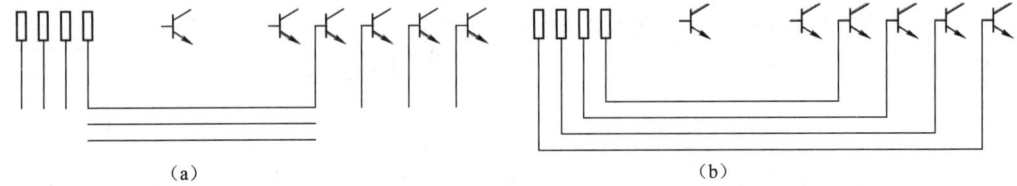

图9.134 电阻与三极管基极之间的连接线

（17）其他连接线的绘制过程不再赘述。

（18）绘显示器框内的数字，操作步骤如下：

1）画一带倒角的矩形。

命令：_rectang

指定第一个角点或［倒角（C）/标高（E）/圆角（F）/厚度（T）/宽度（W）］：c

指定矩形的第一个倒角距离<0.0000>：0.5✓

指定矩形的第二个倒角距离<0.5000>：✓

指定第一个角点或［倒角（C）/标高（E）/圆角（F）/厚度（T）/宽度（W）］：（在合适位置指定一点）

指定另一个角点或［面积（A）/尺寸（D）/旋转（R）］：@7,7✓

如图9.135（a）所示。

2）分解这个矩形，并删除每个倒角处的斜线，如图9.135（b）所示。

3）将上面的三条直线镜像复制到下侧，如图9.135（c）所示。

4）阵列复制"8"字图形：行间距取12.5，效果如图9.135（d）所示。

5）删除多余线段，效果如图9.135（e）所示。

6）镜像复制最左边的水平线段，效果如图9.135（f）所示。

（19）插入数字，并用移动命令调整到合适位置。

9.8.2 标注文字

叙述简便起见，标注文字的操作在【AutoCAD经典】工作空间进行。

9.8 数字电压表线路图

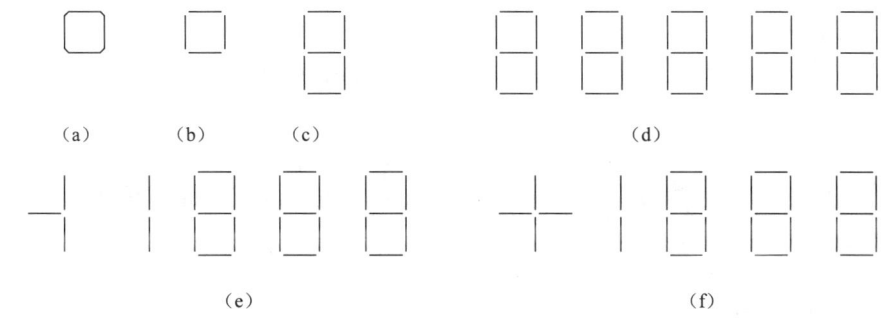

图 9.135　绘制数字

1．新建文字样式

本图有多处需要标注电阻值，为了标注效果美观匀称，可以以"Times New Roman"字体进行标注。为此，可以先创建一个使用该字体的文字样式：

（1）【格式】→【文字样式】，打开【文字样式】对话框。

（2）单击【新建】按钮，然后在弹出的【新建文字样式】对话框中输入样式名"特殊符号"，并单击【确定】按钮。

（3）在【字体名】下拉列表中选择"Times New Roman"。

（4）在【高度】文本框中选择默认高度值为 0。

（5）在【宽度比例】文本框中输入宽度比值为 0.8。

（6）单击【应用】、【关闭】按钮。

2．标注电阻值

首先标注左上角处的电阻值"300Ω"，然后将其复制到其他需要标注电阻值的位置，再修改文字内容，纵向标注的文字应在修改文字内容后旋转 90°。

（1）启动多行文字命令。

（2）在合适位置拾取一点作为文字边界框左上角，然后拾取另一点作为右下角。打开【文字格式】编辑器。

（3）如图 9.136 所示，在【文字格式】对话框中进行参数设置：设置【样式】为"特殊符号"，【字体】为"Times New Roman"，【字高】为 5。

（4）在文字输入窗口输入"300"，然后单击 @ 按钮，在弹出的"符号"菜单中选择"欧姆"符号，如图 9.136 所示。

（5）关闭【文字格式】编辑器。

3．标注电容值

以标注图形上方的"0.1μF×2"为例。

（1）在【文字格式】编辑器的文字输入窗口输入"0.1"，然后单击 @ 按钮，在弹出的"符号"菜单中选择"其他"，弹出 Windows 操作系统自带的【字符映射表】对话框。

（2）在【字体】下拉列表框中选择"Times New Roman"字体。

图 9.136　标注电阻值

(3)拖动右侧的垂直滚动条找到字母"μ"后单击它将其选中。

(4)单击【选择】按钮,则在【复制字符】文本框中出现了需要插入的字母"μ",如图9.137所示。

(5)单击【复制】按钮,并关闭【字符映射表】对话框。

(6)在已输入的文字"0.1"后面按"Ctrl+V"组合键(或在右键快捷菜单中选择【粘贴】)。此时的屏幕效果如图9.138所示。

(7)接着输入字母"F"。

(8)再利用【字符映射表】插入乘号"×"。

(9)最后再输入数字"2"。

其他文字标注不再赘述,在标注时对于文字密集处或下标文字可临时改变为较小的字高。

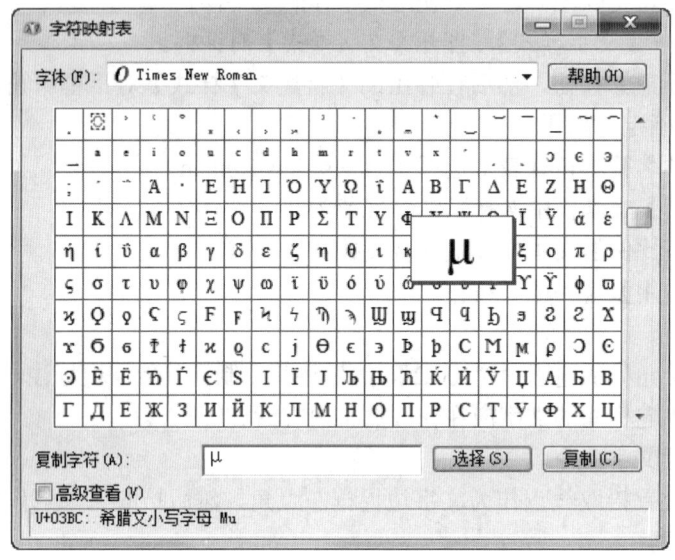

图9.137 【字符映射表】对话框

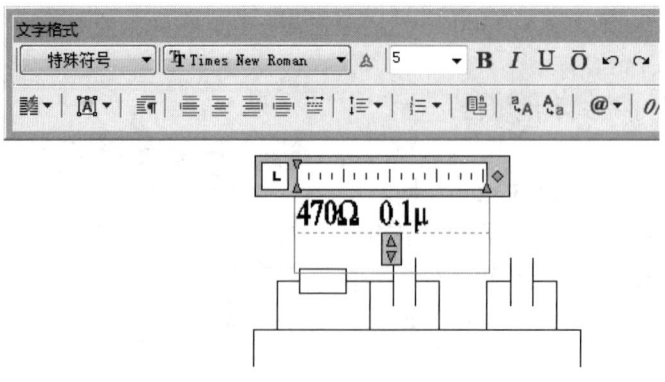

图9.138 标注电容值

9.9 主变主保护原理图

图 9.139 是主变主保护原理图,它由主接线部分,差动保护电流回路和模拟量信号调理、A/D 转换模块,CPU 模块,人机对话/灯光指示模块,电源模块,遥信控制模块,告警开关量输入模块,微机防误编码跳闸输出模块,微机告警输出模块和本体保护跳闸输出模块等组成。

图中文字均采用"仿宋字"文字样式书写,主接线部分的文字高度为 3.5,"CPU 系统"几个字的高度为 7,其余文字高度均为 2.5。表示模块的矩形内的文字都用多行文字书写;其余文字都用单行文字命令书写,注意圆内编号文字的对正方式为"中间"。

9.9.1 主接线部分

主接线部分的大部分图形在第 5 章 5.4 节及本章 9.2 节都已作过介绍,下面仅说明几点:

（1）母线用多段线绘制,"宽度"取 0.9。
（2）电流互感器中圆的半径为 2。
（3）主变压器符号中圆的半径为 4。
（4）主变压器中表示可有载调压的箭头用多段线绘制。箭头部分的"宽度"：起点为 0.6,终点为 0。

9.9.2 差动保护电流回路部分

（1）二次接线图中电流互感器的画法。
1）画圆 R2。
2）复制圆 R2。基点为圆的左象限点,目标点为圆的右象限点,如图 9.140（a）所示。
3）画水平线长 10。
4）移动两圆：基点为两圆的交点,目标点为直线的中点,如图 9.140（b）所示。
5）修剪圆,如图 9.140（c）所示。
6）补充绘制两条长 1.2 的竖线,如图 9.140（d）所示。

（2）画接线端子。先画斜线长度为 3,倾斜角度为 45°。再以斜线中点为圆心,画圆 R0.85。

（3）画表示导线相接的圆环。圆环内经为 0,外径为 0.8。

（4）画接地符号。在 5.4 节介绍了一种接地符号的画法,下面介绍另一种画法：
1）画直线长 4,如图 9.141（a）所示。
2）将直线向下连续复制两条,距离分别为 0.8 和 1.6,如图 9.141（b）所示。
3）将中间直线比例缩放 0.75 倍,下面的直线比例缩放 0.3 倍。缩放基点均为各自的中点,如图 9.141（c）所示。

（5）相邻接线端子间的垂直距离为 7。

第9章 电气工程图绘制实例

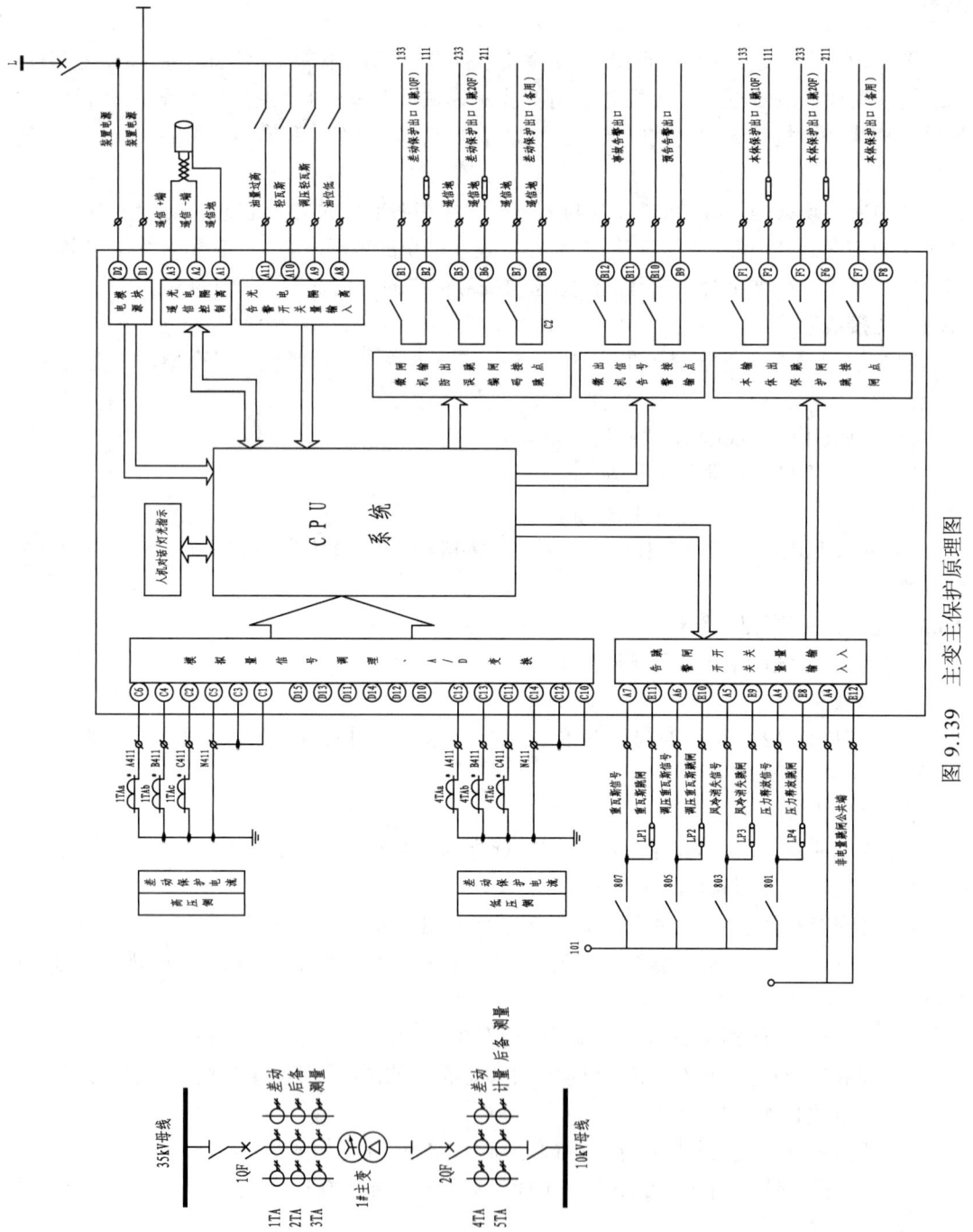

图 9.139 主变主保护原理图

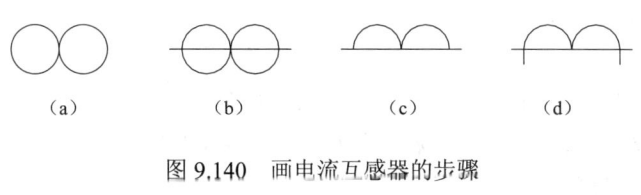

图 9.140 画电流互感器的步骤

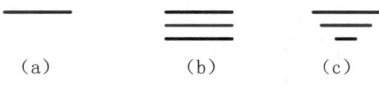

图 9.141 画接地符号的步骤

9.9.3 绘制模拟量信号调理、A/D 转换模块

1. 画模块矩形

矩形宽 12、高 130。

2. 画引脚

（1）画圆 R2.5。

（2）在圆内书写文字"C10"，如图 9.142（a）所示。

（3）阵列复制圆 R2.5：6 行，1 列，行偏移 7，如图 9.142（b）所示。

（4）修改文字，如图 9.142（c）所示。

（5）阵列图 9.142（c）所示的 6 个引脚：3 行，1 列，行偏移为 45。

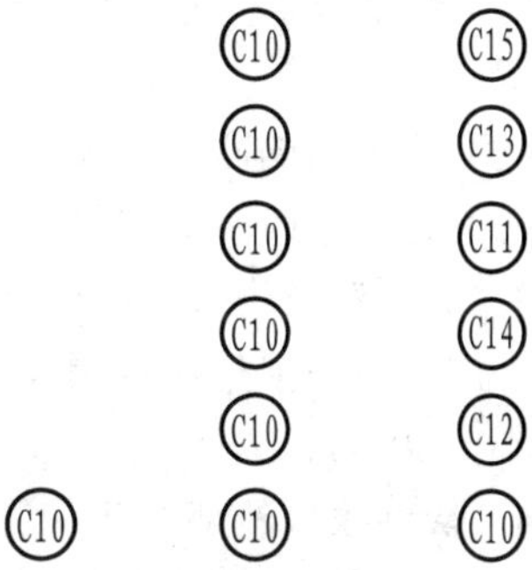

图 9.142 画一组模块引脚的步骤

（6）将中间 6 个引脚的编号中的"C"修改为"D"。除了逐一进行修改外，还可以利用查找/替换功能。

1）选中中间 6 个引脚的编号（可以包括编号外面的圆）。

2）【编辑】→【查找】，打开【查找和替换】对话框，在【查找内容】栏中输入"C"，在【替换为】栏中输入"D"，【搜索范围】为当前选定的对象。

3）单击【全部替换】按钮。

4）单击【关闭】按钮。

（7）逐一修改上面 6 个引脚的编号。

3. 引脚和模块矩形的连接

（1）选中上述 18 个引脚。

（2）启动移动命令：

命令：_move 找到 36 个

指定基点或 [位移（D）] <位移>：（按 Ctrl+鼠标右键，在弹出的对象捕捉快捷菜单中选择"两点之间的中点"）

_m2p 中点的第一点：（捕捉引脚 D11 圆的右象限点）

中点的第二点：（捕捉引脚 D14 圆的右象限点）

指定第二个点或<使用第一个点作为位移>：（捕捉模块矩形左边的中点）

9.9.4 绘制告警开关量输入、跳闸开关量输入模块

1. 画模块矩形

矩形宽 12,高 70;在模拟量信号调理、A/D 转换模块正下方,间距为 6。可以利用对象追踪确定矩形的左上角点,再输入相对坐标(12,−70)。也可以采用下面的方法:

(1) 启动画矩形命令。

指定第一个角点或 [……]:(捕捉模拟量信号调理、A/D 转换模块矩形的左下角点)

指定另一个角点或 [……]:@12,−70↙

(2) 将矩形 12×70 向正下方移动 6。

2. 画引脚

(1) 从模拟量信号调理、A/D 转换模块复制从下到上的 10 个引脚到矩形 12×70 左侧合适位置。

(2) 将上面的四个引脚一起向下移动 3。

(3) 逐一修改引脚编号。

3. 引脚和模块矩形的连接

方法与将模拟量信号调理、A/D 转换模块的引脚和其矩形 12×130 连接相同,以后类似操作不再复述。

4. 绘制模块外部电路

开关、圆环、接线端子可从前面绘制的图纸中复制得到。压板的画法如下:

(1) 画矩形 5×1.3,如图 9.143(a)所示。

(2) 利用捕捉中点和端点功能,在矩形两端画两个小圆,如图 9.143(b)所示。

(3) 执行修剪命令,如图 9.143(c)所示。

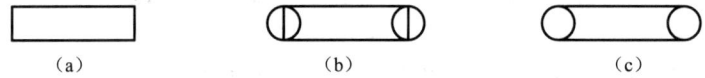

(a)　　　　　　　　(b)　　　　　　　　(c)

图 9.143　画压板的步骤

9.9.5 其他模块及内部连接总线

人机对话/灯光指示模块矩形的宽为 25、高为 10。其余模块矩形的宽都是 12,高从上至下分别为 12、20、35、55、35 和 55。下面仅对本节未述及类似绘图操作的部分简单加以说明。

1. 模拟量信号调理、A/D 转换模块与 CPU 系统的连接总线

(1) 画竖直线长 52,如图 9.144(a)所示。

(2) 旋转复制竖线 17°,如图 9.144(b)所示。

(3) 旋转复制竖线−17°,如图 9.144(c)所示。

(4) 修剪得到三角形,如图 9.144(d)所示。

(5) 移动三角形,基点为钝角顶点,目标点为捕捉 CPU 模块矩形左边偏上些的最近点。如图 9.144(e)所示。

(6) 采用捕捉端点和垂足功能,绘制水平线,如图 9.144(f)所示。

(7) 将水平线向上、下各偏移复制 20,如图 9.144(g)所示。

(8) 修剪，完成总线绘制，效果如图9.144（h）所示。

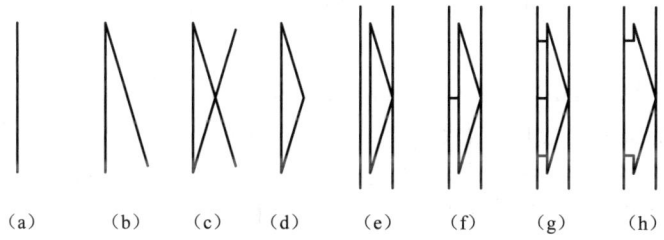

图9.144 画A/D转换模块与CPU系统的连接总线的步骤

2. 其他模块与CPU系统的连接总线以及模块之间的连接总线

（1）画不同方向的箭头。

1）在图形空白处画水平线长1.9，如图9.145（a）所示。

2）复制水平线：正交向右5.1，如图9.145（b）所示。

3）将左右两条水平线分别旋转复制30°和–30°，如图9.145（c）所示。

4）以两条斜线为边界，相互延伸。注意将"边"选项设置为"延伸"，如图9.145（d）所示。

5）复制三个箭头，并将其分别旋转180°、90°、–90°，如图9.145（e）、（f）、（g）所示。

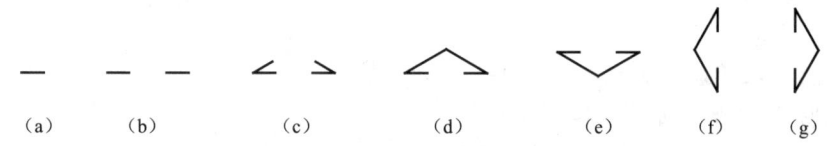

图9.145 画总线各方向箭头的步骤

（2）画人机对话/灯光指示模块与CPU系统的连接总线。

1）复制向上箭头：基点为箭头钝角顶点，目标点为人机对话/灯光指示模块矩形的下边的中点。如图9.146（a）所示。

2）镜像复制箭头，如图9.146（b）所示。

3）移动镜像后得到的向下箭头：基点为箭头钝角顶点，目标点为垂足，如图9.146（c）所示。

第2）、3）步也可在复制向下箭头时，通过对象追踪确定箭头位置。

4）画两个箭头连接的竖线，如图9.146（d）所示。

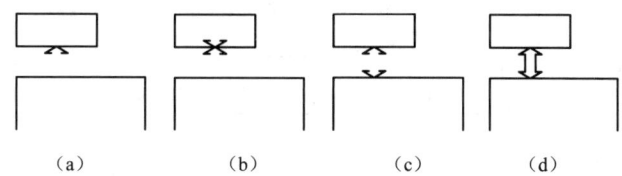

图9.146 画人机对话/灯光指示模块与CPU系统的连接总线的步骤

(3) 画遥信控制模块与 CPU 系统的连接总线。

可以画多线命令绘制：对正=上，比例=3.00，样式=STANDARD。也可以采用下面的方法：

1) 分别将图 9.145 所示的向左、向右箭头复制到合适位置，如图 9.147（a）所示。

2) 利用对象捕捉和追踪画一条连接两个箭头的多段线，如图 9.147（b）所示。

3) 偏移复制多段线，注意选择"通过"选项，效果如图 9.147（c）所示。如果为了美观，需要调整中间两条竖线的位置时，可采用拉伸命令。

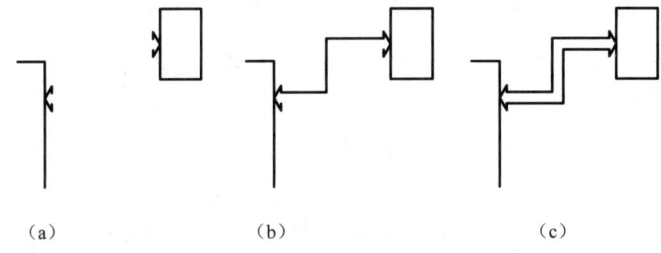

图 9.147 画人机对话/灯光指示模块与 CPU 系统的连接总线的步骤

(4) 其他连接总线。其他连接总线的绘制过程不再赘述。可以采用比例缩放命令改变某些箭头的大小再连线。

3. 绘制遥信装置

画矩形 5×1.3。

1) 画边长为 3 的正三边形，如图 9.148（a）所示。

2) 复制正三边形，如图 9.148（b）所示。

3) 分解两个正三边形，并删除水平直线。然后画一条长 2 的水平直线。效果如图 9.148（c）所示。

4) 镜像复制这 5 条直线，如图 9.148（d）所示。

5) 画矩形 7.2×4.8，如图 9.148（e）所示。

6) 画椭圆：长轴为矩形的右边线，短轴长 2，如图 9.148（f）所示。

7) 执行修剪命令，效果如图 9.148（g）所示。

8) 移动图 9.148（d）所示的图形：基点为捕捉两水平右端点之间的中点，目标点为图 9.148（g）所示的图形左边竖线的中点。效果如图 9.148（h）所示。

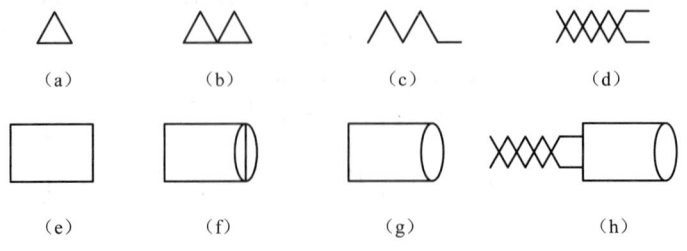

图 9.148 画遥信装置的步骤

9.10 电缆铅套管加工图

电缆铅套管加工图相对不同的电压等级及线芯截面有不同的尺寸，而画法都相同，如图 9.149 所示，图中尺寸标注绝大部分有字母代号表示，各型号规格尺寸参见表 9.2。下面以线芯截面为 16～25mm², 电压等级为 10kV 的电缆铅套管为例，介绍其画法。

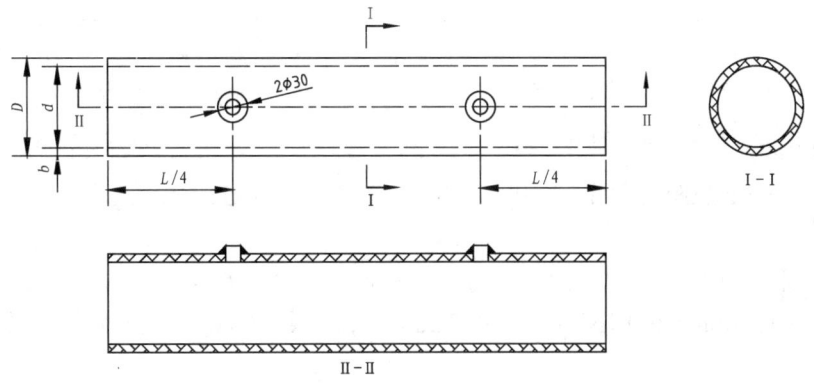

图 9.149 电缆铅套管规格及加工图

表 9.2 电缆铅套管规格尺寸表

序号	缆芯截面/mm²		铅套管尺寸/mm			
	10kV	6kV	d	D	b	L
1	16→25	16→50	90	96	3.0	500
2	35→50	70→95	100	106	3.0	500
3	70→120	120→150	110	116	3.0	550
4	150→185	185	125	132	3.5	550
5	240	240	125	132	3.5	600

（1）在"实体"层画一个宽 500、高 96 的矩形。
（2）在"中心线"层画矩形的中心线，如图 9.150 所示。
（3）分解矩形。
（4）将分解后矩形的上、下边分别向下、上偏移复制 8 个图形单位（实际尺寸为 3，见表 9.2。这样处理是为了印刷的需要）。
（5）将偏移复制得到的直线转换到"虚线"层。
（6）选中两条虚线，通过右键菜单调出【特性】对话框，修改虚线的线型比例为 2。修改线型比例后的效果如图 9.151 所示。
（7）将分解后矩形的左、右两边分别向右、左偏移复制 125 个图形单位。
（8）将偏移复制得到的直线转换到"中心线"层。
（9）将第（7）、（8）步得到的中心线向下移动 20 个图形单位，如图 9.152 所示。

| 图 9.150　画矩形及其中心线 | 图 9.151　画表示套管内壳的虚线 |

（10）在"实体"层分别以两条垂直中心线与水平中心线的交点为圆心，画半径分别为 7.5、15 的同心圆，如图 9.153 所示。

| 图 9.152　画定位圆心的中心线 | 图 9.153　画两组同心圆 |

（11）画Ⅰ—Ⅰ视图的两个同心圆，圆心及半径均可通过对象追踪的方式确定，如图 9.154 所示。

（12）对第（11）步得到的两个同心圆的中间部分进行图案填充。【图案】选择【其他预定义】中的"AR-HBONE"（参见图 2.25），【比例】为 0.08。填充后的效果如图 9.155 所示。

| 图 9.154　画Ⅰ—Ⅰ视图的两个同心圆 | 图 9.155　填充后的Ⅰ—Ⅰ视图 |

（13）正交向下复制图 9.153 所示的图形得到Ⅱ—Ⅱ视图的雏形，如图 9.156 所示。

（14）通过捕捉象限点的方式连接 4 条直线，并执行复制命令，得到另一侧的 4 条直线。如图 9.157 所示。

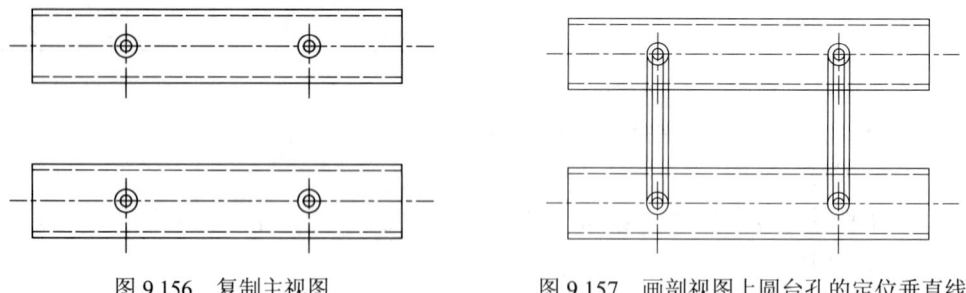

| 图 9.156　复制主视图 | 图 9.157　画剖视图上圆台孔的定位垂直线 |

（15）将铅套管的外皮最上方的水平直线向上偏移复制 8 个图形单位，如图 9.158 所示。

（16）执行修剪及删除命令，并通过捕捉端点及交点方式画出 4 条斜线，得到图 9.159 所示的效果。

（17）图案填充，除实心填充部分外，其他填充模式与Ⅰ—Ⅰ视图中填充的参数设置相同，如图 9.160 所示。

9.10 电缆铅套管加工图

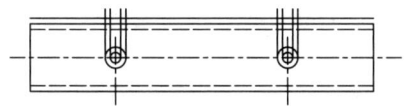

图 9.158 画剖视图上圆台孔的定位水平线

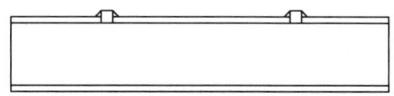

图 9.159 Ⅱ—Ⅱ视图轮廓

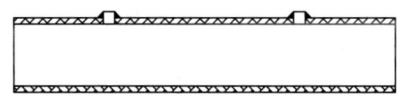

图 9.160 填充后的Ⅱ—Ⅱ视图

（18）标注剖面符号：剖面箭头可采用画多段线命令绘制。

（19）尺寸标注：先采用"GB-35"样式进行标注，然后利用编辑标注命令修改。